建设工程计量计价实训丛书

安装工程工程量清单编制实例与表格详解

张国栋　主编

U0306085

中国建筑工业出版社

图书在版编目（CIP）数据

安装工程工程量清单编制实例与表格详解/张国栋主
编. —北京：中国建筑工业出版社，2015.5（2023.7重印）
（建设工程计量计价实训丛书）
ISBN 978-7-112-18245-9

Ⅰ.①安…　Ⅱ.①张…　Ⅲ.①建筑安装-工程造价
Ⅳ.①TU723.3

中国版本图书馆 CIP 数据核字（2015）第 150457 号

本书主要内容为安装工程，依据住房和城乡建设部新颁布的《建设工程工程量清单计价规范》GB 50500—2013、《通用安装工程工程量计算规范》GB 50856—2013 和部分省、市的预算定额为基础编写，在结合实际的基础上设置案例。内容主要为中、大型实例，以结合实际为主，在实际的基础上运用理论知识进行造价分析。每个案例总体上包含有题干—图纸—不同小专业的清单工程量—不同小专业的定额工程量—对应的综合单价分析—总的施工图预算表—总的清单与计价表，其中清单与定额工程量计算是根据所采用清单规范和定额上的计算规则进行，综合单价分析是在定额和清单工程量的基础上进行。整个案例从前到后结构清晰，内容全面，做到了系统性和完整性的两者合一。

＊　　＊　　＊

责任编辑：赵晓菲　毕凤鸣
责任设计：李志立
责任校对：李美娜　刘梦然

建设工程计量计价实训丛书
安装工程工程量清单编制实例与表格详解
张国栋　主编
＊
中国建筑工业出版社出版、发行（北京西郊百万庄）
各地新华书店、建筑书店经销
霸州市顺浩图文科技发展有限公司制版
北京凌奇印刷有限责任公司印刷
＊
开本：787×1092 毫米　1/16　印张：16¼　插页：2　字数：401 千字
2015 年 9 月第一版　　2023 年 7 月第二次印刷
定价：**42.00** 元
ISBN 978-7-112-18245-9
（27490）

本书编委会

主　编：张国栋

参　编：郭芳芳　马　波　史昆仑　洪　岩

　　　　赵小云　王春花　郑文乐　齐晓晓

　　　　王　真　赵家清　陈　鸽　李　娟

　　　　郭小段　王文芳　张　惠　徐文金

　　　　韩玉红　邢佳慧　宋银萍　王九雪

　　　　张扬扬　张　冰　王瑞金　程珍珍

前　言

　　《建设工程量计量计价实训丛书》本着从工程实例出发，以最新规范和定额为依据，在典型案例选择的基础上进行了系统且详细的图纸解说和工程计量诠释，为即将从事造价行业及已经从事造价工作的人员提供切实可行的参考依据和仿真模拟，适应造价从业人员的需要，同时也迎合了目前多数企业要求造价工作者能独立完成某项工程预算的需求。

　　本书主要内容为安装工程，在编写时参考了《建设工程工程量清单计价规范》GB 50500—2013、《通用安装工程工程量计算规范》GB 50856—2013 和部分省、市的预算定额，每个案例总体上包含有题干—图纸—不同小专业的清单工程量—不同小专业的定额工程量—对应的综合单价分析—总的施工图预算表—总的清单与计价表，以实例阐述各分项工程的工程量计算步骤和方法，同时也简要说明了定额与清单的区别，其目的是帮助工作人员解决实际操作问题，提高工作效率。

　　本书与同类书相比，其显著特点叙述如下：

　　(1) 代表性强，所选案例典型，具有代表性和针对性。

　　(2) 可操作性强。书中主要以实际案例说明实际操作中的有关问题及解决方法，并且书中每项计算之后均跟有"计算说明"，对计算数据的来源给予了详细剖析，便于提高读者的实际操作水平。

　　(3) 形式新颖，在每个小专业的清单和定额工程量计算之后紧跟相应的综合单价分析表，抛开了以往在所有工程量计算之后才开始单价分析的传统模式。

　　(4) 该书结构清晰、内容全面、层次分明、覆盖面广，适用性和实用性强，简单易懂，是造价工作者的一本理想参考书。

　　本书在编写过程中得到了许多同行的支持与帮助，在此表示感谢。由于编者水平有限和时间紧迫，书中难免存在疏漏和不妥之处，望广大读者批评指正。如有疑问，请登录www. gczjy. com（工程造价员网）或 www. ysypx. com（预算员网）或 www. debzw. com（企业定额编制网）或 www. gclqd. com（工程量清单计价网），也可以发邮件至 zz6219@163. com 或 dlwhgs@tom. com 与编者联系。

目　　录

目　录

案例 1 某煤气车间煤气发生炉及附属设备安装工程

第一部分 工程概况

某工厂煤气车间现要安装一套煤气发生炉及附属设备，其示意图如图 1-1 所示。

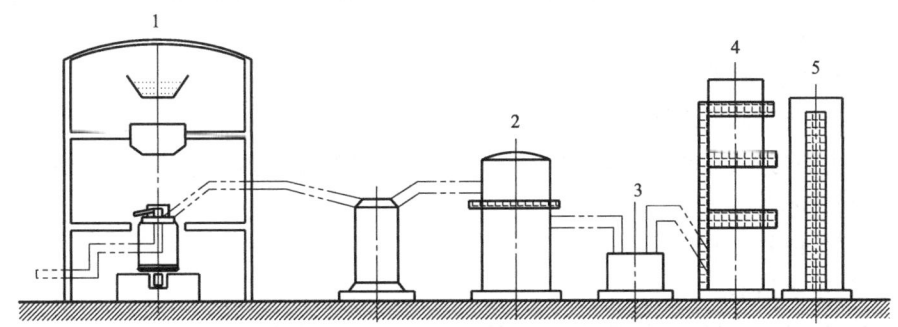

图 1-1 某煤气车间煤气发生炉及附属设备安装示意图
1—煤气发生炉；2—竖管；3—隔离水封；4—洗涤塔；5—电气滤清器

该煤气发生炉及附属设备的数量及规格如下：

1. 煤气发生炉：$\phi 2.0 \mathrm{m}$ 发生炉，炉膛内径 2.0m，横截面积 3.14m²，适应煤种有无烟煤和烟煤标态下煤气产量为 2100～2300m³/h 的混合煤气，外形尺寸（长×宽×高）为 4850mm×4850mm×8790mm，单重 30t，1 台。

2. 单竖管：$\phi 1.42 \mathrm{m}$，高 6.2m，单重 7t，1 台。

3. 隔离水封：$\phi 1.62 \mathrm{m}$，高 5.2m，单重 3t，1 台。

4. 洗涤塔：$\phi 4.02 \mathrm{m}$，高 24.46m，单重 28t，1 台。

5. 电气滤清器：C-97，1 套。

符合预算定额规定的正常施工条件。采用半机械化施工方法，在厂房一侧安设金属桅杆。附属设备的竖管、洗涤塔、电气滤清器采用双桅杆调用。

第二部分 工程量计算及清单表格编制

第一分部 煤气发生炉

一、清单工程量

由已知得需要安装炉膛内径 2.0m，横截面积 3.14m²，适应煤种有无烟煤和烟煤标态下煤气产量为 2100～2300m³/h 的混合煤气，外形尺寸（长×宽×高）为 4850mm×4850mm×8790mm，单重 30t 的 $\phi2.0$m 发生炉 1 台，因此，煤气发生炉本体安装的工程量为 1 台。

二、定额工程量

套用《全国统一安装工程预算定额》（GYD-201-2000）。

（一）煤气发生炉本体安装

同清单工程量，1 台。

查 1-1182 套定额子目。

（二）地脚螺栓孔灌浆

煤气发生炉的地脚螺栓孔灌浆体积为 0.5m³，则煤气发生炉的地脚螺栓灌浆的工程量为 $0.5×1=0.5$m³。

查 1-1414 套定额子目。

（三）底座与基础间灌浆

煤气发生炉与基础间灌浆体积为 0.8m³，则煤气发生炉的底座与基础间灌浆的工程量为 $0.8×1=0.8$m³。

查 1-1419 套定额子目。

（四）起重机吊装

由已知可知煤气发生炉单机重 30t，所以可以选择汽车起重机起吊。一般起重机具摊销费为 $30×1×12=360$ 元。

【注释】 一般起重机具摊销费＝设备总重量×12 元/t，以下的一般起重机具摊销费计算方法与此处相同。

（五）无负荷试运转电费

按照实际情况计算。

（六）脚手架搭拆费

脚手架搭拆费按人工费的 10％计算。

【注释】 脚手架搭拆费可根据情况按人工费的 x％来计算，本例按人工费的 10％来计算，以下的脚手架搭拆费的费率取用方法与此处相同。

三、综合单价分析

根据上述某煤气车间煤气发生炉及附属设备安装工程的煤气发生炉的定额工程量和清单工程量计算，可以知道相应的投标和招标工程量。在实际工程中对某项工程进行造价预算的前提是要知道每个分部工程的单价，接下来，依据上述计算的工程量结合《全国统一安装工程预算定额》GYD-201-2000 和《通用安装工程工程量计算规范》GB 50856—2013 对煤气发生炉进行工程量清单综合单价分析，具体分析过程见表 1-1。

【注释】 综合单价分析表中管理费和利润的取费基数暂定为直接费（直接费＝人工费＋材料费＋机械费），管理费费率为 34％，利润费率为 8％，合为 42％。

工程量清单综合单价分析表

表 1-1

工程名称：某煤气车间煤气发生炉及附属设备安装工程　标段：　　　　第　页　共　页

项目编码	030112001001	项目名称	煤气发生炉安装	计量单位	台	工程量	1

清单综合单价组成明细

定额编号	定额名称	定额单位	数量	单价				合价			
				人工费	材料费	机械费	管理费和利润	人工费	材料费	机械费	管理费和利润
1-1182	煤气发生炉本体安装	台	1.00	6091.16	4272.55	4649.23	6305.43	6091.16	4272.55	4649.23	6305.43
1-1414	地脚螺栓孔灌浆	m³	0.50	81.27	213.84	—	123.95	40.64	106.92	—	61.97
1-1419	设备底座与基础间灌浆	m³	0.80	421.72	119.35	—	227.25	337.38	95.48	—	181.80
	一般机具摊销费	t	30.00	—	12.00	—	—	—	360.00	—	—
	无负荷试运转用电费(估)	元	—	—	200.00	—	—	—	200.00	—	—
	煤油	kg	18.90	—	3.44	—	—	—	65.02	—	—
	机油	kg	6.12	—	3.55	—	—	—	21.73	—	—
	黄油	kg	8.00	—	6.21	—	—	—	49.68	—	—
	脚手架搭拆费	元	—	—	1674.65	—	—	—	1674.65	—	—
人工单价		小计						6469.17	6846.03	4649.23	6549.21
元/工日		未计价材料费						—			
清单项目综合单价								24513.64			

主要材料名称、规格、型号			单位	数量	单价(元)	合价(元)	暂估单价(元)	暂估合价(元)
材料费明细								
	其他材料费							
	材料费小计							

编制综合单价分析表的注意事项：

1. 工程量部分填写的是清单工程量。

2. 清单综合单价组成明细中的数量＝(定额工程量/清单工程量)/定额单位。

3. 人工费、材料费、机械费、管理费和利润的单价是直接从定额中得出的，合价＝单价×数量。

4. 清单项目综合单价＝人工费＋材料费＋机械费＋管理费和利润。

5. 材料费明细中填写的材料是套用定额中的主要材料，单位即定额中给出的单位，材料数量＝定额中给出的材料的数量×清单综合单价组成明细中的数量；单价是直接从定额中得出的，合价＝单价×材料数量。

其他综合单价分析表的数据来源与此表相同，就不再一一详述。

第二分部　单竖管

一、清单工程量

由已知条件可知需要安装 $\phi 1.42m$，高 6.2m，单重 7t 的单竖管 1 台，因此竖管本体安装的工程量为 1 台。

二、定额工程量

套用《全国统一安装工程预算定额》GYD-201-2000。

（一）竖管本体安装

同清单工程量，1 台。

查 1-1197 套定额子目。

（二）地脚螺栓孔灌浆

竖管每台的地脚螺栓孔灌浆体积为 $0.2m^3$，所以竖管的地脚螺栓灌浆的工程量为 $0.2 \times 1 = 0.2m^3$。

查 1-1413 套定额子目。

（三）底座与基础间灌浆

竖管的底座与基础间灌浆体积为 $0.3m^3$，所以竖管的底座与基础间灌浆的工程量为 $0.3 \times 1 = 0.3m^3$。

查 1-1418 套定额子目。

（四）起重机吊装

由已知可知竖管单机重 7t，所以可以选择汽车起重机起吊。一般起重机具摊销费为 $7 \times 1 \times 12 = 84$ 元。

（五）无负荷试运转电费

按照实际情况计算。

（六）脚手架搭拆费

脚手架搭拆费按人工费的 10% 计算。

三、综合单价分析

根据上述某煤气车间煤气发生炉及附属设备安装工程的单竖管的定额工程量和清单工程量计算，可以知道相应的投标和招标工程量。在实际工程中对某项工程进行造价预算的前提是要知道每个分部工程的单价，接下来，依据上述计算的工程量结合《全国统一安装工程预算定额》GYD-201-2000 和《通用安装工程工程量计算规范》GB 50856—2013 对单竖管进行工程量清单综合单价分析，具体分析过程见表 1-2。

工程量清单综合单价分析表 表 1-2

工程名称：某煤气车间煤气发生炉及附属设备安装工程　标段：　　第 页 共 页

项目编码	030112004001	项目名称	竖管安装	计量单位	台	工程量	1

清单综合单价组成明细

定额编号	定额名称	定额单位	数量	单价				合价			
				人工费	材料费	机械费	管理费和利润	人工费	材料费	机械费	管理费和利润
1-1197	竖管本体安装	台	1.00	592.85	233.64	643.96	617.59	592.85	233.64	643.96	617.59
1-1413	地脚螺栓孔灌浆	m³	0.20	122.14	81.27	—	85.43	24.43	16.25	—	17.09
1-1418	设备底座与基础间灌浆	m³	0.30	172.06	306.01	—	200.79	51.62	91.80	—	60.24
	一般机具摊销费	t	7.00	—	12.00	—	—	—	84.00	—	—
	无负荷试运转用电费(估)	元	—	—	200.00	—	—	—	200.00	—	—
	煤油	kg	0.32	—	3.44	—	—	—	1.10	—	—
	机油	kg	0.20	—	3.55	—	—	—	0.71	—	—
	脚手架搭拆费	元	—	—	592.85	—	—	—	592.85	—	—
人工单价		小计						668.90	1220.36	643.96	694.91
元/工日		未计价材料费						—			
清单项目综合单价								3228.13			

	主要材料名称、规格、型号		单位		数量		单价(元)	合价(元)	暂估单价(元)	暂估合价(元)
材料费明细										
	其他材料费										
	材料费小计										

第三分部　隔离水封

一、清单工程量

由已知条件可知需要安装 φ1.62m，高 5.2m，单重 3t 的隔离水封 1 台，因此隔离水封本体安装的工程量为 1 台。

二、定额工程量

套用《全国统一安装工程预算定额》GYD-201-2000。

（一）隔离水封本体安装

同清单工程量，1 台。

查 1-1209 套定额子目。

（二）地脚螺栓孔灌浆

隔离水封每台的地脚螺栓孔灌浆体积为 $0.1m^3$，所以隔离水封的地脚螺栓灌浆的工程量为 $0.1×1＝0.1m^3$。

查 1-1412 套定额子目。

（三）底座与基础间灌浆

隔离水封的底座与基础间灌浆体积为 $0.2m^3$，所以隔离水封的底座与基础间灌浆的工程量为 $0.2×1＝0.2m^3$。

查 1-1418 套定额子目。

（四）起重机吊装

由已知可知隔离水封单机重 3t，所以可以选择汽车起重机起吊。一般起重机具摊销费为 $3×1×12＝36$ 元。

（五）无负荷试运转电费

按照实际情况计算。

（六）脚手架搭拆费

脚手架搭拆费按人工费的 10% 计算。

三、综合单价分析

根据上述某煤气车间煤气发生炉及附属设备安装工程的隔离水封的定额工程量和清单工程量计算，可以知道相应的投标和招标工程量。在实际工程中对某项工程进行造价预算的前提是要知道每个分部工程的单价，接下来，依据上述计算的工程量结合《全国统一安装工程预算定额》GYD-201-2000 和《通用安装工程工程量计算规范》GB 50856—2013 对隔离水封进行工程量清单综合单价分析，具体分析过程见表 1-3。

工程量清单综合单价分析表　　　　　　　　　　　　　　　表 1-3

工程名称：某煤气车间煤气发生炉及附属设备安装工程　　标段：　　　　　第　页　共　页

项目编码	030112005001	项目名称		隔离水封安装		计量单位		台	工程量		1
清单综合单价组成明细											

定额编号	定额名称	定额单位	数量	单价				合价			
				人工费	材料费	机械费	管理费和利润	人工费	材料费	机械费	管理费和利润
1-1209	隔离水封本体安装	台	1.00	443.64	162.07	196.93	337.11	443.64	162.07	196.93	337.11
1-1412	地脚螺栓孔灌浆	m³	0.10	155.57	230.12	—	161.99	15.56	23.01	—	16.20
1-1418	设备底座与基础间灌浆	m³	0.20	172.06	306.01	—	200.79	34.41	61.20	—	40.16
	一般机具摊销费	t	3.00	—	—	12.00	—	—	—	36.00	—
	无负荷试运转用电费(估)	元	—	—	200.00	—	—	—	200.00	—	—
	煤油	kg	0.53	—	3.44	—	—	—	1.82	—	—
	机油	kg	0.51	—	3.55	—	—	—	1.81	—	—

定额编号	定额名称	定额单位	数量	单价				合价			
				人工费	材料费	机械费	管理费和利润	人工费	材料费	机械费	管理费和利润
	黄油	kg	0.10	—	6.21	—	—	—	0.62	—	—
	脚手架搭拆费	元	—	—	443.64	—	—	—	443.64	—	—
人工单价			小计					493.61	930.18	196.93	393.47
元/工日			未计价材料费					—			
		清单项目综合单价						2014.18			

	主要材料名称、规格、型号		单位		数量		单价(元)	合价(元)	暂估单价(元)	暂估合价(元)
材料费明细										
	其他材料费									
	材料费小计									

第四分部　洗涤塔

一、清单工程量

由已知条件可知需要 $\phi 4.02m$，高 24.46m，单重 28t 的洗涤塔 1 台，因此洗涤塔本体安装的工程量为 1 台。

二、定额工程量

套用《全国统一安装工程预算定额》GYD-201-2000。

（一）洗涤塔本体安装

同清单工程量，1 台。

查 1-1192 套定额子目。

（二）地脚螺栓孔灌浆

洗涤塔每台的地脚螺栓孔灌浆体积为 0.5m³，所以洗涤塔的地脚螺栓灌浆的工程量为 $0.5 \times 1 = 0.5m^3$。

查 1-1414 套定额子目。

（三）底座与基础间灌浆

洗涤塔的底座与基础间灌浆体积为 0.8m³，所以洗涤塔的底座与基础间灌浆的工程量为 $0.8 \times 1 = 0.8m^3$。

查 1-1419 套定额子目。

（四）起重机吊装

由已知可知洗涤塔单机重 28t，所以可以选择汽车起重机起吊。一般起重机具摊销费为 $28 \times 1 \times 12 = 336$ 元。

（五）无负荷试运转电费

按照实际情况计算。

（六）脚手架搭拆费

脚手架搭拆费按人工费的 10％计算。

三、综合单价分析

根据上述某煤气车间煤气发生炉及附属设备安装工程的洗涤塔的定额工程量和清单工程量计算，我们可以知道相应的投标和招标工程量。在实际工程中对某项工程进行造价预算的前提是要知道每个分部工程的单价，接下来，我们依据上述计算的工程量结合《全国统一安装工程预算定额》GYD-201-2000 和《通用安装工程工程量计算规范》GB 50856—2013 对洗涤塔进行工程量清单综合单价分析，具体分析过程见表 1-4。

工程量清单综合单价分析表　　　　　　　　　　　　　　　表 1-4

工程名称：某煤气车间煤气发生炉及附属设备安装工程　　标段：　　　第　页　共　页

项目编码	030112005001	项目名称		洗涤塔安装		计量单位		台	工程量	1
清单综合单价组成明细										
定额编号	定额名称	定额单位	数量	单　　价				合　　价		
				人工费	材料费	机械费	管理费和利润	人工费	材料费	机械费	管理费和利润
1-1209	洗涤塔本体安装	台	1.00	443.64	162.07	196.93	337.11	443.64	162.07	196.93	337.11
1-1412	地脚螺栓孔灌浆	m³	0.50	155.57	230.12	—	161.99	77.79	115.06	—	81.00
1-1418	设备底座与基础间灌浆	m³	0.80	172.06	306.01	—	200.79	137.65	244.81	—	160.63
	一般机具摊销费	t	28.00	—	12.00	—	—	—	336.00	—	—
	无负荷试运转用电费（估）	元	—	—	200.00	—	—	—	200.00	—	—
	煤油	kg	0.53	—	3.44	—	—	—	1.82	—	—
	机油	kg	0.51	—	3.55	—	—	—	1.81	—	—
	黄油	kg	0.10	—	6.21	—	—	—	0.62	—	—
	脚手架搭拆费	元	—	—	5352.12	—	—	—	5352.12	—	—
人工单价			小计					493.61	6138.66	196.93	393.47
元/工日			未计价材料费					—			
清单项目综合单价								7222.66			
材料费明细	主要材料名称、规格、型号				单位		数量	单价（元）	合价（元）	暂估单价（元）	暂估合价（元）
	其他材料费										
	材料费小计										

第五分部　电气滤清器

一、清单工程量

由已知条件可知需要 C-97 滤清器 1 套，因此电气滤清器本体安装的工程量为 1 台。

清单工程量计算表见表 1-5。

二、定额工程量

套用《全国统一安装工程预算定额》GYD-201-2000。

（一）电气滤清器本体安装

同清单工程量，1 台。

查 1-1195 套定额子目。

（二）地脚螺栓孔灌浆

电气滤清器的地脚螺栓孔灌浆体积为 $0.3m^3$，则电气滤清器的地脚螺栓灌浆的工程量为 $0.3×1=0.3m^3$。

查 1-1413 套定额子目。

（三）底座与基础间灌浆

电气滤清器与基础间灌浆体积为 $0.5m^3$，则电气滤清器的底座与基础间灌浆的工程量为 $0.5×1=0.5m^3$。

查 1-1419 套定额子目。

（四）起重机吊装

由已知可知电气滤清器单机重 20t，所以可以选择汽车起重机起吊。一般起重机具摊销费为 $20×1×12=240$ 元。

（五）无负荷试运转电费

按照实际情况计算。

（六）脚手架搭拆费

脚手架搭拆费按人工费的 10％计算。

（七）地脚螺栓孔灌浆（综合）

总的地脚螺栓灌浆量为各台设备地脚螺栓孔灌浆量之和。

$$0.5+0.2+0.1+0.5+0.3=1.6m^3$$

【注释】　0.5——煤气发生炉的地脚螺栓孔灌浆量；

0.2——竖管的地脚螺栓孔灌浆量；

0.1——隔离水封的地脚螺栓孔灌浆量；

0.5——洗涤塔的地脚螺栓孔灌浆量；

0.3——电气滤清器的地脚螺栓孔灌浆量；

1.6——综合的地脚螺栓孔灌浆量。

查 1-1414 套定额子目。

（八）基础间灌浆（综合）

总的基础间灌浆量为各台设备基础间灌浆量之和。

$$0.8+0.3+0.2+0.8+0.5=2.6m^3$$

【注释】 0.8——煤气发生炉与基础间灌浆量；

0.3——竖管与基础间灌浆量；

0.2——隔离水封与基础间灌浆量；

0.8——洗涤塔与基础间灌浆量；

0.5——电气滤清器与基础间灌浆量；

2.6——综合的基础间灌浆量。

查 1-1419 套定额子目。

（九）一般起重机具摊销费

总的一般起重机具摊销费为各台设备一般起重机具摊销费之和。

$$(30+7+3+28+20) \times 12 = 88 \times 12 = 1056 \; 元$$

【注释】 30——煤气发生炉的重量；

7——竖管的重量；

3——隔离水封的重量；

28——洗涤塔的重量；

20——电气滤清器的重量。

（十）无负荷试运转用油、电费

各台设备按照实际情况计算，然后相加即可。现先作出估计值 1000 元。

（十一）脚手架搭拆费

各台设备的脚手架搭拆费可根据情况按人工费的 $x\%$ 来计算，本例中各台设备的脚手架搭拆费都是按人工费的 10% 计算的，然后相加即可。

设备的脚手架搭拆费共为

$$(6091.16+592.85+443.64+5352.12+4266.68) \times 10\% = 1674.65 \; 元$$

【注释】 6091.16——煤气发生炉安装的人工费；

592.85——竖管安装的人工费；

443.64——隔离水封安装的人工费；

5352.12——洗涤塔安装的人工费；

4266.68——电气滤清器安装的人工费。

三、综合单价分析

根据上述某煤气车间煤气发生炉及附属设备安装工程的电气滤清器的定额工程量和清单工程量计算，可以知道相应的投标和招标工程量。在实际工程中对某项工程进行造价预算的前提是要知道每个分部工程的单价，接下来，依据上述计算的工程量结合《全国统一安装工程预算定额》GYD-201-2000 和《通用安装工程工程量计算规范》GB 50856—2013 对电气滤清器进行工程量清单综合单价分析，具体分析过程见表 1-5。

某工厂煤气车间煤气发生炉及附属设备安装工程见表 1-6。

某工厂煤气车间煤气发生炉及附属设备安装工程预算表见表 1-7，分部分项工程和单价措施项目清单与计价表见表 1-8，工程量清单综合单价分析表见表 1-1～表 1-5。

工程量清单综合单价分析表
表 1-5

工程名称：某煤气车间煤气发生炉及附属设备安装工程 标段： 第 页 共 页

| 项目编码 | 030112003001 | 项目名称 | | 电气滤清器安装 | | 计量单位 | 台 | 工程量 | 1 |

清单综合单价组成明细

定额编号	定额名称	定额单位	数量	单价				合价			
				人工费	材料费	机械费	管理费和利润	人工费	材料费	机械费	管理费和利润
1-1195	电气滤清器本体安装	台	1.00	4266.68	3356.72	4206.90	4968.73	4266.68	3356.72	4206.90	4968.73
1-1413	地脚螺栓孔灌浆	m³	0.30	122.14	217.49	—	142.64	36.64	65.25	—	42.79
1-1419	设备底座与基础间灌浆	m³	0.50	119.35	302.37	—	177.12	59.68	151.19	—	88.56
	一般机具摊销费	t	20.00	—	12.00	—	—	—	240.00	—	—
	无负荷试运转用电费(估)	元	—	—	—	200.00	—	—	—	200.00	—
	煤油	kg	3.15	—	3.44	—	—	—	10.84	—	—
	机油	kg	4.08	—	3.55	—	—	—	14.48	—	—
	黄油	kg	2.00	—	6.21	—	—	—	12.42	—	—
	脚手架搭拆费	元	—	—	4266.68	—	—	—	4266.68	—	—
人工单价		小计						4363.00	8317.57	4206.90	5100.08
元/工日		未计价材料费						—			
清单项目综合单价								21987.55			

	主要材料名称、规格、型号		单位		数量		单价(元)	合价(元)	暂估单价(元)	暂估合价(元)
材料费明细										
	其他材料费									
	材料费小计									

清单工程量计算表
表 1-6

序号	项目编号	项目名称	项目特征描述	计量单位	工程量
1	030112001001	煤气发生炉	φ2.0m 发生炉，炉膛内径 2.0m，横截面积 3.14m²，适应煤种有无烟煤和烟煤标态下煤气产量为 2100～2300m³/h 的混合煤气，外形尺寸(长×宽×高)为 4850mm×4850mm×8790mm，单重30t	台	1
2	030112004001	竖管	单竖管，φ1.42m，高 6.2m，单重7t	台	1
3	030112005001	隔离水封	φ1.62m，高 5.2m，单重3t	台	1
4	030112002001	洗涤塔	φ4.02m，高 24.46m，单重28t	台	1
5	030112003001	电气滤清器	C-97	台	1

煤气发生炉及附属设备安装工程预算表　　表 1-7

序号	定额编号	工程或费用名称	计量单位	工程量	基价(元)	人工费	材料费	机械费	合价/元
						其中(元)			
1	1-1182	煤气发生炉	台	1.00	15012.94	6091.16	4272.55	4649.23	15012.94
2	1-1197	竖管	台	1.00	1470.45	592.85	233.64	643.96	1470.45
3	1-1209	隔离水封	台	1.00	802.64	443.64	162.07	196.93	802.64
4	1-1192	洗涤塔	台	1.00	19238.93	5352.12	5570.75	8316.06	19238.93
5	1-1195	电气滤清器	台	1.00	11830.30	4266.68	3356.72	4206.90	11830.30
6	1-1414	地脚螺栓孔灌浆(综合)	m³	1.60	295.11	81.27	213.84	—	472.18
7	1-1419	基础间灌浆(综合)	m³	2.60	421.72	119.35	302.37	—	1096.47
8		一般起重机具摊销费	t	88.00	12.00	—	12.00		1056.00
9		无负荷试运转用油、电费(估)	元		1000.00		1000.00		1000.00
10		脚手架搭拆费	元	—	1674.65	—	1674.65		1674.65
合计									53654.56

　　【注释】 该表中的地脚螺栓孔灌浆量和基础间灌浆量是各台设备的地脚螺栓孔灌浆和基础间灌浆之和；一般起重机具摊销费是各台设备的一般起重机具摊销费之和；无负荷试运转用油、电费是各台设备无负荷试运转所消耗的油、电费的总估计值。

分部分项工程和单价措施项目清单与计价表　　表 1-8

工程名称：某煤气车间煤气发生炉及附属设备安装工程　　标段：　　　第　页　共　页

序号	项目编号	项目名称	项目特征描述	计量单位	工程量	综合单价	合价	其中:暂估价
						金额(元)		
1	030112001001	煤气发生炉安装	φ2.0m 发生炉，炉膛内径 2.0m，横截面积 3.14m²，适应煤种有无烟煤和烟煤标态下煤气产量为 2100~2300m³/h 的混合煤气，外形尺寸(长×宽×高)为 4850mm×4850mm×8790mm，单重 40.54t	台	1.00	24513.64	24513.64	—
2	030112004001	竖管安装	单竖管，φ1.42m，高 6.2m，单重 7t	台	1.00	3228.13	3228.13	—
3	030112005001	隔离水封安装	φ1.62m，高 5.2m，单重 3t	台	1.00	2014.18	2014.18	—
4	030112002001	洗涤塔安装	φ4.02m，高 24.46m，单重 28t	台	1.00	7222.66	7222.66	—
5	030112003001	电气滤清器安装	C-97	台	1.00	21987.55	21987.55	—
本页小计								
合计							58966.16	—

投标报价根据《建设工程工程量清单计价规范》GB 50500—2013 等编制而成，由分部分项工程和单价措施项目、总价措施项目、其他项目、规费和税金组成。

一份完整的投标报价包括封面、扉页、总说明、建设项目投标报价汇总表、单项工程投标报价汇总表、单位工程投标报价汇总表、分部分项工程和措施项目清单与计价表（包括分部分项工程和单价措施项目清单与计价表、综合单价分析表、总价措施项目清单与计价表等）、其他项目计价表（包括其他项目清单与计价汇总表、暂列金额明细表、材料（工程设备）暂估单价及调整表、专业工程暂估价、计日工表、总承包服务费计价表等）、规费、税金项目计价表。

某煤气车间煤气发生炉及附属设备安装工程的投标报价如下所示：

投标报价：

投标总价

招标人：某工厂

工程名称：某煤气车间煤气发生炉及附属设备安装工程

投标总价(小写)：　　　83579　　　
　　　　　(大写)：　　捌万叁仟伍佰柒拾玖　　　
投标人：某某机械设备安装公司单位公章
　　　（单位盖章）

法定代表人：某某机械设备安装公司
或其授权人：法定代表人

　　　（签字或盖章）

编制人：×××签字盖造价工程师或造价员专用章
　　　（造价人员签字盖专用章）

编制时间：××××年×月×日

总说明

工程名称：某煤气车间煤气发生炉及附属设备安装工程　　　　　第　页　共　页

1. 工程概况：本工程为某煤气车间煤气发生炉及附属设备安装工程。该煤气发生炉及附属设备的数量及规格如下：①煤气发生炉：$\phi2.0$m 发生炉，炉膛内径 2.0m，横截面积 3.14m^2，适应煤种有无烟煤和烟煤标态下煤气产量为 2100～2300m^3/h 的混合煤气，外形尺寸（长×宽×高）为 4850mm×4850mm×8790mm，单重30t，1台。②单竖管：$\phi1.42$m，高 6.2m，单重 7t，1台。③隔离水封：$\phi1.62$m，高 5.2m，单重 3t，1台。④洗涤塔：$\phi4.02$m，高 24.46m，单重 28t，1台。⑤电气滤清器：C-97，1套。符合预算定额规定的正常施工条件，采用半机械化施工方法，在厂房一侧安设金属桅杆。附属设备的竖管、洗涤塔、电气滤清器采用双桅杆调用。

2. 投标控制价包括范围：为本次招标的煤气车间煤气发生炉及附属设备安装工程施工图范围内的设备安装工程。

3. 投标控制价编制依据：

(1) 招标文件及其所提供的工程量清单和有关计价的要求，招标文件的补充通知和答疑纪要。

(2) 该煤气车间煤气发生炉及附属设备安装工程施工图及投标施工组织设计。

(3) 有关的技术标准、规范和安全管理规定。

(4) 省建设主管部门颁发的计价定额和计价管理办法及有关计价文件。

(5) 材料价格采用工程所在地工程造价管理机构发布的价格信息，对于造价信息没有发布的材料，其价格参照市场价。

相关附表见表 1-9～表 1-15。

工程项目投标报价汇总表　　表 1-9

工程名称：某煤气车间煤气发生炉及附属设备安装工程　　　　　第　页　共　页

序号	单项工程名称	金额（元）	其中（元）		
			暂估价	安全文明施工费	规费
1	某煤气车间煤气发生炉及附属设备安装工程	83579.79	5000.00	206.24	4057.80
	合　计	83579.79	5000.00	206.24	4057.80

单项工程投标报价汇总表 表 1-10

工程名称：某煤气车间煤气发生炉及附属设备安装工程 第 页 共 页

序号	单项工程名称	金额(元)	其中(元)		
			暂估价	安全文明施工费	规费
1	某煤气车间煤气发生炉及附属设备安装工程	83579.79	5000.00	206.24	4057.80
	合　计	83579.79	5000.00	206.24	4057.80

单位工程投标报价汇总表 表 1-11

工程名称：某煤气车间煤气发生炉及附属设备安装工程 第 页 共 页

序号	汇总内容	金额(元)	其中暂估价(元)
1	分部分项工程	58966.16	
1.1	某煤气车间煤气发生炉及附属设备安装工程	58966.16	
1.2			
1.3			
1.4			
2	措施项目	1950.93	
2.1	安全文明施工费	206.24	
3	其他项目	16283.72	
3.1	暂列金额	5896.62	
3.2	专业工程暂估价	5000	
3.3	计日工	5187.10	
3.4	总承包服务费	200	
4	规费	4057.80	
5	税金	2321.18	
	合计＝1＋2＋3＋4＋5	83579.79	

【注释】 这里的分部分项工程中存在暂估价。

分部分项工程量和单价措施项目清单与计价表见表 1-8

总价措施项目清单与计价表 表 1-12

工程名称：某煤气车间煤气发生炉及附属设备安装工程　　　标段：　　　第 页 共 页

序号	项目名称	计算基础	费率（%）	金额（元）
1	环境保护费	人工费（17186.79 元）	0.3	51.56
2	文明施工费	人工费	0.5	85.93
3	安全施工费	人工费	0.7	120.31
4	临时设施费	人工费	7.0	1203.08
5	夜间施工增加费	人工费	0.05	8.59
6	缩短工期增加费	人工费	2	343.74
7	二次搬运费	人工费	0.6	103.12
8	已完工程及设备保护费	人工费	0.2	34.37
	合　　计			1950.93

【注释】 该表费率参考《浙江省建设工程施工取费定额》（2003 年）。

其他项目清单与计价汇总表 表 1-13

工程名称：某煤气车间煤气发生炉及附属设备安装工程　　　标段：　　　第 页 共 页

序号	项目名称	计量单位	金额（元）	备　注
1	暂列金额	项	5896.62	一般按分部分项工程的（58966.16 元）10%～15%，这里按分部分项工程的 10%计算
2	暂估价		5000	
2.1	材料暂估价			
2.2	专业工程暂估价	项	5000	按实际发生计算
3	计日工		5187.10	
4	总承包服务费		200	一般为专业工程估价的 3%～5%，这里按专业工程估价的 4%计算
	合　　计		16283.72	

【注释】 第 1、4 项备注参考《房屋建筑与装饰工程计算规范》。
材料暂估单价进入清单项目综合单价，此处不汇总。

计日工表 表 1-14

工程名称：某煤气车间煤气发生炉及附属设备安装工程　　　标段：　　　第 页 共 页

编号	项目名称	单位	暂定数量	综合单价（元）	合价（元）
一	人工				
1	普工	工日	20	100	2000
2	技工（综合）	工日	10	150	1500
3					
4					
	人 工 小 计				3500

续表

编号	项目名称	单位	暂定数量	综合单价(元)	合价(元)
二	材料				
1					
2					
3					
4					
5					
6					
材料小计					
三	施工机械				
1	载重汽车,8t	台班	2	303.44	606.88
2	汽车式起重机,300t	台班	1	1080.22	1080.22
3					
4					
施 工 机 械 小 计					1687.10
总 计					5187.10

【注释】 此表项目,名称由招标人填写,编制招标控制价时,单价由招标人按有关计价规定确定;投标时,单价由投标人自主报价,计入投标总价中。

规费税金项目清单与计价表   表 1-15

工程名称:某煤气车间煤气发生炉及附属设备安装工程   标段: 第 页 共 页

序号	项目名称	计算基础	费率(%)	金额(元)
一	规费	人工费(17186.79元)	23.61	4057.80
1.1	工程排污费			
1.2	工程定额测定费			
1.3	工伤保险费			
1.4	养老保险费			
1.5	失业保险费			
1.5	医疗保险费			
1.4	住房公积金			
1.5	危险作业意外伤害保险费			
二	税金	直接费+综合费用+规费 (69914.98元)	3.320	2321.18
2.1	税费	直接费+综合费用+规费	3.220	2251.26
2.2	水利建设基金	直接费+综合费用+规费	0.100	69.91
合 计				6378.98

【注释】 1. 该表费率参考《浙江省建设工程施工取费定额》(2003年)。

2. 综合费用的基数为人工费,费率为71%,故综合费用为 17186.79×71%=12202.62 元,所以直接费+综合费用+规费=53654.56+12202.62+4057.80=69914.98 元。

工程量清单综合单价分析表见前文中的表 1-1～表 1-5。

案例 2　某化肥加工厂设备安装工程

第一部分　工程概况

　　某化肥加工厂需要新安装一部分设备，图 2-1 是化肥加工厂某车间设备的平面布置示意图。

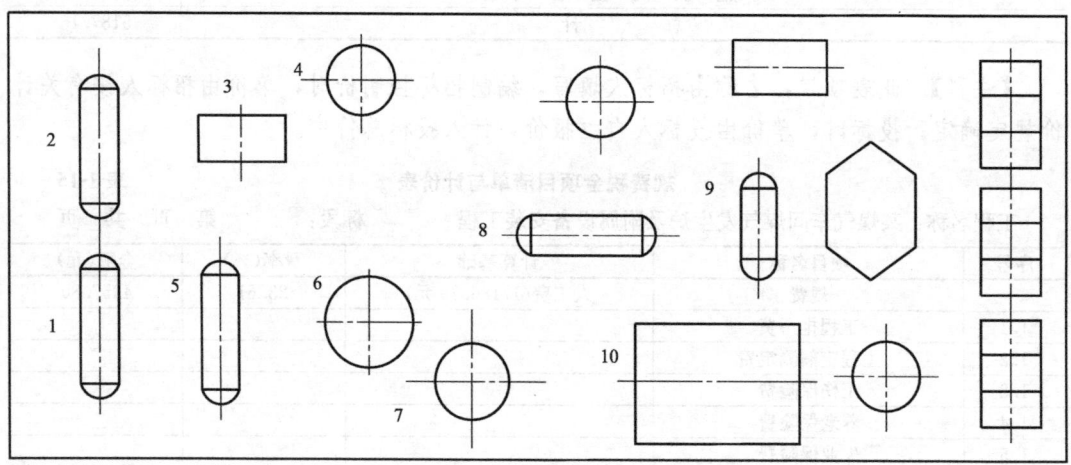

图 2-1　某化肥加工厂车间设备平面布置示意图

1、2—原料存储罐；3—电解槽；4—箱式玻璃钢电除雾器；5—催化剂灌；

6—反应器；7—加热炉；8—缓冲罐；9—U 形管式换热器；10—电除尘器；

（其余设备为加氮装置以及造粒机等机械设备，在此不再列出）

　　需要安装的设备名称与规格如下：

　　（1）原料存储罐：卧式，$\phi 2000mm \times 7100mm$，设备单重 4.36t，底座安装标高在 6m 以内，2 台；

　　（2）反应器：$\phi 4000mm \times 9000mm$，设备单重 10.56t，底座安装标高在 6m 以内，1 台；

　　（3）化肥装置加热炉：$\phi 4670mm \times 9500mm$，设备单重 12.35t，底座安装标高在 6m 以内，1 台；

　　（4）电解槽：$2860mm \times 1490mm \times 2110mm$（长×宽×高），单机重量为 5.50t，1 台；

　　（5）箱式玻璃钢电除雾器：$\phi 4000mm \times 7500mm$，设备单重 8.35t，底座安装标高在 6m 以内，1 台；

　　（6）催化剂罐：卧式，$\phi 1700mm \times 7000mm$，设备单重 4.10t，底座安装标高在 6m 以

内，1 台；

（7）缓冲罐：卧式，ϕ2200mm×7350mm，设备单重 4.85t，底座安装标高在 6m 以内，1 台；

（8）U 形管式换热器：ϕ1200mm×2000mm，单机重量为 2.86t，1 台；

（9）电除尘器：10370mm×4300mm×10740mm（长×宽×高），单机重量为 18t，1 台。

（其余设备为加氮装置以及造粒机等机械设备，在此不再列出）

第二部分　工程量计算及清单表格编制

第一分部　原料存储罐

一、清单工程量

计量单位：台。

工程量：2 台/1 台（计量单位）＝2。

二、定额工程量

套用《全国统一安装工程预算定额》GYD-201-2000、GYD-205-2000、GYD-211-2000。

（一）本体安装

同清单工程量，2 台。

查 5-709 套用定额子目。

（二）吊耳制作、安装

计量单位：个。

每台设备需要安装 2 个吊耳，则 2 台设备需要安装 4 个吊耳。

工程量：4 个/1 个（计量单位）＝4。

查 5-1611 套用定额子目。

（三）水压试验

设备需要进行水压试验，设计压力为 2.0MPa。

设备体积：$\pi L D^2/4 = 3.14×7.10×2.0^2÷4 = 22.29m^3$

【注释】　L——设备长度；

　　　　　　D——设备直径。

计量单位：台。

工程量：2 台/1 台（计量单位）＝2。

查 5-1160 套用定额子目。

（四）气密试验

水压试验以后，设备需要进行水压试验。

计量单位：台。

工程量：2台/1台（计量单位）=2。

查5-1296套用定额子目。

（五）除锈

计量单位：$10m^2$。

设备表面积：$\pi DL = 3.14 \times 2.0 \times 7.1 = 44.59m^2$。

【注释】 L——设备长度；

D——设备直径。

每台设备工程量：$44.59m^2/10m^2$（计量单位）=4.46。

2台设备工程量：$4.46 \times 2 = 8.92$。

查11-17套定额子目。

（六）防锈漆一遍

计量单位：$10m^2$。

每台设备工程量：$44.59m^2$（设备表面积）$/10m^2$（计量单位）=4.46。

2台设备工程量：$4.46 \times 2 = 8.92$。

查11-86套定额子目。

（七）防锈漆两遍

计量单位：$10m^2$。

每台设备工程量：$44.59m^2$（设备表面积）$/10m^2$（计量单位）=4.46。

2台设备工程量：$4.46 \times 2 = 8.92$。

查11-87套定额子目。

（八）清洗

计量单位：台。

工程量：2台/1台（计量单位）=2。

查5-1415套用定额子目。

（九）二次灌浆

每台设备的二次灌浆量为$0.4m^3$，则两台设备的二次灌浆量为$0.8m^3$。

计量单位：m^3。

工程量：$0.8m^3/1m^3$（计量单位）=0.8。

查1-1419套用定额子目。

（十）起重机吊装

每台设备的重量为4.360t，所以可以选择汽车起重机起吊。

一般机具摊销费为$4.3602 \times 2 \times 12 =$ 元。

【注释】 一般机具摊销费=设备总重×12元/t，以下的一般起重机具摊销费计算方法同此处。

（十一）脚手架搭拆费

脚手架搭拆费按人工费的10%来计算，其中人工工资占25%，材料费占75%。

三、综合单价分析

见表2-1。

工程量清单综合单价分析表　　　　　　　　　　表 2-1

工程名称：某化肥加工厂设备安装工程　　　　　　标段：　　　　第　页　共　页

项目编码	030302002001	项目名称	原料存储罐安装	计量单位	台	工程量	2

清单综合单价组成明细

定额编号	定额名称	定额单位	数量	单价				合价			
				人工费	材料费	机械费	管理费和利润	人工费	材料费	机械费	管理费和利润
5-709	原料储存罐本体安装	台	1.00	489.48	422.84	528.69	813.12	489.48	422.84	528.69	813.12
5-1611	吊耳制作安装(30t)	个	2.00	71.05	223.31	64.07	118.03	142.10	446.62	128.14	236.06
5-1160	水压试验	台	1.00	191.80	631.91	99.81	318.62	191.80	631.91	99.81	318.62
5-1296	气密试验	台	1.00	138.39	187.85	121.86	229.89	138.39	187.85	121.86	229.89
11-17	除锈	10m²	4.46	25.08	11.48	—	41.66	111.86	51.20	—	185.82
11-86	防锈漆一遍	10m²	4.46	5.80	1.19	—	9.63	25.87	5.31	—	42.97
11-87	防锈漆两遍	10m²	4.46	5.57	1.10	—	9.25	24.84	4.91	—	41.27
5-1415	清洗	台	1.00	10.91	12.38	3.27	18.12	10.91	12.38	3.27	18.12
1-1419	二次灌浆	m³	0.40	119.35	302.37	—	198.26	47.74	120.95	—	79.31
	一般起重机具摊销费	t	4.360	—	12.00	—			52.32		
	脚手架搭拆费	元	1135.25	10%×25%	10%×75%	—	10%×25%×166.12%	28.38	85.14	—	47.15
人工单价		小计						1211.37	2021.43	881.77	2012.32
23.22 元/日		未计价材料费						128.99			
清单项目综合单价								6255.88			

	主要材料名称、规格、型号		单位	数量	单价(元)	合价(元)	暂估单价(元)	暂估合价(元)
材料费明细	酚醛防锈漆各色(防锈漆一遍)		kg	1.30×4.46	12.00	69.58	—	—
	酚醛防锈漆各色(防锈漆两遍)		kg	1.11×4.46	12.00	59.41	—	—
	其他材料费							
	材料费小计				—	128.99	—	—

【注释】　1. 参考《建设工程工程量清单计价规范宣贯辅导教材》，静置设备安装工程的管理费以人工费为基数，费率为 130%，即管理费＝人工费×130%；利润以人工费为基数，费率为 36.12%，即利润＝人工费×36.12%；管理费和利润＝人工费×166.12%。

2. 未计价材料的单价是根据市场价格而定的，可根据实际情况作出调整。

第二分部　反应器

一、清单工程量

计量单位：台。

工程量：1 台/1 台（计量单位）=1。

二、定额工程量

套用《全国统一安装工程预算定额》GYD-201-2000、GYD-205-2000、GYD-211-2000。

（一）本体安装

同清单工程量，1台。

查5-836套用定额子目。

（二）水压试验

需要进行水压试验，设计压力为3.2MPa。

反应器体积：$\pi L D^2/4=3.14\times9.00\times4.00^2\div4=113.04m^3$

【注释】 L——设备长度；

D——设备直径。

计量单位：台。

工程量：1台/1台（计量单位）=1。

查5-1172套用定额子目。

（三）气密试验

水压试验之后需要进行气密试验，设计压力为3.00MPa，反应器体积为113.04m³。

计量单位：台。

工程量：1台/1台（计量单位）=1。

查5-1308套用定额子目。

（四）调和漆一遍

反应器表面积：$\pi D L=3.14\times4.00\times9.00=113.04m^2$

【注释】 L——设备长度；

D——设备直径。

计量单位：10m²。

工程量：113.04m²（设备表面积）/10m²（计量单位）=11.30。

查11-93套定额子目。

（五）调和漆两遍

计量单位：10m²。

工程量：113.04m²（设备表面积）/10m²（计量单位）=11.30。

查11-94套定额子目。

（六）二次灌浆

每台设备的二次灌浆量为0.8m³。

计量单位：m³。

工程量：0.8/1（计量单位）=0.8m³。

查1-1419套定额子目。

（七）反应器绝热

采用泡沫玻璃板绝热，厚度为40mm。

绝热层体积为：

$$V=\pi(D+1.033\delta)\times1.033\delta\times L$$
$$=3.14\times(4.00+1.033\times0.04)\times1.033\times0.04\times9.0$$
$$=4.72m^3$$

【注释】　D——设备直径；

δ——绝热层厚度；

L——设备长度（或高度）。

计量单位；m^3。

工程量：$4.72m^3$（绝热层体积）/$1m^3$（计量单位）＝4.72。

查 11-1803 套定额子目。

（八）起重机吊装

每台设备的重量为 10.560t，所以可以选择汽车起重机起吊。

一般机具摊销费为 $10.560 \times 1 \times 12 = 126.72$ 元。

（九）脚手架搭拆费

脚手架搭拆费按人工费的 10% 来计算，其中人工工资占 25%，材料费占 75%。

三、综合单价分析

见表 2-2。

工程量清单综合单价分析表　　　　　　　　　表 2-2

工程名称：某化肥加工厂设备安装工程　　　　　　　标段：　　　　　第　页　共　页

项目编码	030302007001	项目名称	反应器安装	计量单位	台	工程量	1

清单综合单价组成明细

定额编号	定额名称	定额单位	数量	单价				合价			
				人工费	材料费	机械费	管理费和利润	人工费	材料费	机械费	管理费和利润
5-836	反应器本体安装	台	1.00	1634.22	2058.72	4587.18	2714.77	1634.22	2058.72	4587.18	2714.77
5-1172	水压试验	台	1.00	518.04	1731.30	285.24	860.57	518.04	1731.30	285.24	860.57
5-1308	气密试验	台	1.00	267.49	794.63	629.81	444.35	267.49	794.63	629.81	444.35
11-93	调和漆一遍	$10m^2$	11.30	5.80	0.32	—	9.63	65.54	3.62	—	108.88
11-94	调和漆两遍	$10m^2$	11.30	5.57	0.29	—	9.25	62.94	3.28	—	104.56
11-1803	反应器绝热	m^3	4.72	484.60	354.80	44.89	805.02	2287.31	1674.66	211.88	3799.68
1-1419	二次灌浆	m^3	0.80	119.35	302.37	—	198.26	95.48	241.90		158.61
	一般起重机具摊销费	t	10.560	—	12.00	—	—		126.72	—	—
	脚手架搭拆费	元	4835.54	10%×25%	10%×75%	—	10%×25%×166.12%	120.89	362.67	—	200.82
人工单价			小计					5051.91	6997.48	5714.11	8392.24
23.22 元/日			未计价材料费					345.72			
清单项目综合单价								26501.46			

材料费明细	主要材料名称、规格、型号	单位	数量	单价（元）	合价（元）	暂估单价（元）	暂估合价（元）
	酚醛调和漆各色（调和漆一遍）	kg	1.04×11.30	12.54	147.38	—	—
	酚醛调和漆各色（调和漆两遍）	kg	0.92×11.30	12.54	130.37	—	—
	泡沫玻璃板（换热器绝热）	m^3	1.20×4.72	12.00	67.97	—	—
	其他材料费						
	材料费小计			—	345.72		

第三分部 化肥装置加热炉

一、清单工程量

计量单位：台。

工程量：1 台/1 台（计量单位）＝1。

二、定额工程量

套用《全国统一安装工程预算定额》GYD-201-2000、GYD-205-2000、GYD-211-2000。

（一）本体安装

同清单工程量，1 台。

查 5-1019 套用定额子目。

（二）水压试验

设备需要进行水压试验，设计压力为 2.0MPa。

设备体积：$\pi L D^2 / 4 = 3.14 \times 9.50 \times 4.67^2 \div 4 = 162.64 m^3$

【注释】 L——设备长度；

D——设备直径。

计量单位：台。

工程量：1 台/1 台（计量单位）＝1。

查 5-1256 套用定额子目。

（三）气密试验

水压试验以后设备需要进行气密试验。

计量单位：台。

工程量：1 台/1 台（计量单位）＝1。

查 5-1383 套用定额子目。

（四）除锈

计量单位：$10m^2$。

设备表面积：$\pi D L = 3.14 \times 4.67 \times 9.50 = 139.31 m^2$

每台设备工程量：$139.31 m^2 / 10 m^2$（计量单位）＝13.93。

查 11-17 套定额子目。

（五）防锈漆一遍

计量单位：$10m^2$。

每台设备工程量：$139.31 m^2$（设备表面积）$/10m^2$（计量单位）＝13.93。

查 11-86 套定额子目。

（六）防锈漆两遍

计量单位：$10m^2$。

每台设备工程量：$139.31 m^2$（设备表面积）$/10m^2$（计量单位）＝13.93。

查 11-87 套定额子目。

（七）起重机吊装

每台设备的重量为 12.350t，所以可以选择汽车起重机起吊。

一般机具摊销费为 12.350×1×12＝148.20 元

（八）脚手架搭拆费

脚手架搭拆费按人工费的 10% 来计算，其中人工工资占 25%，材料费占 75%。

三、综合单价分析

见表 2-3。

工程量清单综合单价分析表　　　　　　　　　表 2-3

工程名称：某化肥加工厂设备安装工程　　　　　　标段：　　　　第　页　共　页

| 项目编码 | 030303004001 | 项目名称 | 化肥装置加热炉安装 | 计量单位 | 台 | 工程量 | 1 |

清单综合单价组成明细

定额编号	定额名称	定额单位	数量	单价				合价			
				人工费	材料费	机械费	管理费和利润	人工费	材料费	机械费	管理费和利润
5-1019	化肥装置加热炉本体安装	台	1.00	1782.06	1433.83	4449.07	2960.36	1782.06	1433.83	4449.07	2960.36
5-1256	水压试验	台	1.00	721.91	1935.38	306.19	1199.24	721.91	1935.38	306.19	1199.24
5-1383	气密试验	台	1.00	328.10	973.84	401.96	545.04	328.10	973.84	401.96	545.04
11-17	除锈	10m²	13.93	25.08	11.48	—	41.66	349.36	159.92	—	580.36
11-86	防锈漆一遍	10m²	13.93	5.80	1.19	—	9.63	80.79	16.58	—	134.21
11-87	防锈漆两遍	10m²	13.93	5.57	1.10	—	9.25	77.59	15.32	—	128.89
	一般起重机具摊销费	t	12.350	—	12.00	—	—	—	148.20	—	—
	脚手架搭拆费	元	3339.82	10%×25%	10%×75%		10%×25%×166.12%	83.50	250.49		138.70
人工单价			小计					3423.31	4933.55	5157.22	5686.81
23.22 元/日			未计价材料费					402.86			
清单项目综合单价								19603.76			

材料费明细	主要材料名称、规格、型号	单位	数量	单价（元）	合价（元）	暂估单价（元）	暂估合价（元）
	酚醛防锈漆各色（防锈漆一遍）	kg	1.30×13.93	12.00	217.31	—	—
	酚醛防锈漆各色（防锈漆两遍）	kg	1.11×13.93	12.00	185.55	—	—
	其他材料费						
	材料费小计			—	402.86		

第四分部　电解槽

一、清单工程量

计量单位：台。

工程量：1台/1台（计量单位）＝1。

二、定额工程量

套用《全国统一安装工程预算定额》GYD-201-2000、GYD-205-2000、GYD-211-2000。

（一）本体安装

同清单工程量，1台。

查5-1130套用定额子目。

（二）调和漆一遍

设备表面积：$2×(2.86×1.49＋2.86×2.11＋1.49×2.11)＝26.88m^2$。

【注释】 电解槽表面积＝2×（长×宽＋长×高＋宽×高）；

2.86——电解槽长；

1.49——电解槽宽；

2.11——电解槽高。

计量单位：$10m^2$。

工程量：$26.88m^2$（设备表面积）$/10m^2$（计量单位）＝2.69。

查11-93套定额子目。

（三）调和漆两遍

计量单位：$10m^2$。

工程量：$26.88m^2$（设备表面积）$/10m^2$（计量单位）＝2.69。

查11-94套定额子目。

（四）起重机吊装

每台设备的重量为5.5t，所以可以选择汽车起重机起吊。

一般机具摊销费为$5.5×1×12＝66$元。

（五）脚手架搭拆费

脚手架搭拆费按人工费的10%来计算，其中人工工资占25%，材料费占75%。

三、综合单价分析见表2-4

工程量清单综合单价分析表　　　　　　　　　　　表2-4

工程名称：某化肥加工厂设备安装工程　　　　　标段：　　　第　页　共　页

项目编码	030302012001	项目名称	电解槽安装		计量单位	台	工程量	1

清单综合单价组成明细

定额编号	定额名称	定额单位	数量	单　价				合　价			
				人工费	材料费	机械费	管理费和利润	人工费	材料费	机械费	管理费和利润
5-1130	电解槽本体安装	台	1.00	823.38	929.10	646.28	1367.80	823.38	929.10	646.28	1367.80
11-93	调和漆一遍	$10m^2$	2.69	5.80	0.32	—	9.63	15.60	0.86	—	25.92

续表

定额编号	定额名称	定额单位	数量	单价				合价			
				人工费	材料费	机械费	管理费和利润	人工费	材料费	机械费	管理费和利润
11-94	调和漆两遍	10m²	2.69	5.57	0.29	—	9.25	14.98	0.78	—	24.89
	一般起重机具摊销费	t	5.500	—	12.00	—	—	—	66.00	—	—
	脚手架搭拆费	元	853.97	10%×25%	10%×75%	—	10%×25%×166.12%	21.35	64.05	—	35.47
人工单价		小计						875.31	1060.79	646.28	1454.07
23.22元/日		未计价材料费						66.11			
清单项目综合单价								4102.57			

材料费明细	主要材料名称、规格、型号	单位	数量	单价（元）	合价（元）	暂估单价（元）	暂估合价（元）
	酚醛调和漆各色（调和漆一遍）	kg	1.04×2.69	12.54	35.08	—	—
	酚醛调和漆各色（调和漆两遍）	kg	0.92×2.69	12.54	31.03	—	—
	其他材料费						
	材料费小计			—	66.11	—	—

第五分部　箱式玻璃钢电除雾器

一、清单工程量

计量单位：套。

工程量：1套/1套（计量单位）＝1。

二、定额工程量

套用《全国统一安装工程预算定额》GYD-201-2000、GYD-205-2000、GYD-211-2000。

（一）本体安装

同清单工程量，1套。

查5-1137套用定额子目。

（二）起重机吊装

每台设备的重量为8.35t，所以可以选择汽车起重机起吊。

一般机具摊销费为8.35×1×12＝100.20元。

（三）脚手架搭拆费

脚手架搭拆费按人工费的10%来计算，其中人工工资占25%，材料费占75%。

三、综合单价分析见表 2-5

工程量清单综合单价分析表　　　　　　　　　　　　　　**表 2-5**

工程名称：某化肥加工厂设备安装工程　　　　　　标段：　　　　　第　页　共　页

| 项目编码 | 030302013001 | 项目名称 | 箱式玻璃钢电除雾器安装 | | 计量单位 | | 套 | | |

清单综合单价组成明细

定额编号	定额名称	定额单位	数量	单价				合价			
				人工费	材料费	机械费	管理费和利润	人工费	材料费	机械费	管理费和利润
5-1130	箱式玻璃钢电除雾器安装	套	1.00	215.48	47.20	524.83	357.96	215.48	47.20	524.83	357.96
	一般起重机具摊销费	t	8.350	—	12.00	—	—		100.20		
	脚手架搭拆费	元	215.48	10%× 25%	10%× 75%	—	10%× 25%× 166.12%	5.39	16.16	—	8.95
人工单价		小计						220.87	163.56	524.83	366.90
23.22 元/日		未计价材料费						—			
清单项目综合单价								1276.16			

	主要材料名称、规格、型号		单位	数量		单价（元）	合价（元）	暂估单价（元）	暂估合价（元）
材料费明细									
	其他材料费								
	材料费小计								

第六分部　催化剂罐

一、清单工程量

计量单位：台。

工程量：1 台/1 台（计量单位）＝1。

二、定额工程量

套用《全国统一安装工程预算定额》GYD-201-2000、GYD-205-2000、GYD-211-2000。

（一）本体安装

同清单工程量，1 台。

查 5-709 套用定额子目。

（二）吊耳制作、安装

计量单位：个。

每台设备需要安装2个吊耳。

工程量：2个/1个（计量单位）＝2。

查5-1611套用定额子目。

（三）水压试验

设备需要进行水压试验，设计压力为2.0MPa。

设备体积：$\pi LD^2/4＝3.14×7.0×1.7^2÷4＝15.88m^3$

【注释】 L——设备长度；

D——设备直径。

计量单位：台。

工程量：1台/1台（计量单位）＝1。

查5-1160套用定额子目。

（四）气密试验

水压试验以后设备需要进行气密试验。

计量单位：台。

工程量：1台/1台（计量单位）＝1。

查5-1295套用定额子目。

（五）除锈

计量单位：$10m^2$。

设备表面积：$\pi DL＝3.14×1.7×7.0＝37.37m^2$。

工程量：$37.37m^2/10m^2$（计量单位）＝3.74。

查11-17套定额子目。

（六）防锈漆一遍

计量单位：$10m^2$。

工程量：$37.37m^2$（设备表面积）$/10m^2$（计量单位）＝3.74。

查11-86套定额子目。

（七）防锈漆两遍

计量单位：$10m^2$。

工程量：$37.37m^2$（设备表面积）$/10m^2$（计量单位）＝3.74。

查11-87套定额子目。

（八）清洗

计量单位：台。

工程量：1台/1台（计量单位）＝1。

查5-1414套用定额子目。

（九）二次灌浆

每台设备的二次灌浆量为$0.3m^3$。

计量单位：m^3。

工程量：$0.3m^3/1m^3$（计量单位）＝0.3。

查1-1418套用定额子目。

（十）起重机吊装

每台设备的重量为 4.100t，所以可以选择汽车起重机起吊。

一般机具摊销费为 4.100×2×12＝49.20 元。

（十一）脚手架搭拆费

脚手架搭拆费按人工费的 10％来计算，其中人工工资占 25％，材料费占 75％。

三、综合单价分析见表 2-6

工程量清单综合单价分析表 表 2-6

工程名称：某化肥加工厂设备安装工程　　　　　标段：　　　第　页　共　页

项目编码	030302002002	项目名称	催化剂罐安装	计量单位	台	工程量	1

清单综合单价组成明细

定额编号	定额名称	定额单位	数量	单价				合价			
				人工费	材料费	机械费	管理费和利润	人工费	材料费	机械费	管理费和利润
5-709	催化剂罐本体安装	台	1.00	489.48	422.84	528.69	813.12	489.48	422.84	528.69	813.12
5-1611	吊耳制作安装(30t)	个	2.00	71.05	223.31	64.07	118.03	142.10	446.62	128.14	236.06
5-1160	水压试验	台	1.00	191.80	631.91	99.81	318.62	191.80	631.91	99.81	318.62
5-1295	气密试验	台	1.00	97.52	117.22	84.83	162.00	97.52	117.22	84.83	162.00
11-17	除锈	10m²	3.74	25.08	11.48	—	41.66	93.80	42.94	—	155.82
11-86	防锈漆一遍	10m²	3.74	5.80	1.19	—	9.63	21.69	4.45	—	36.03
11-87	防锈漆两遍	10m²	3.74	5.57	1.10	—	9.25	20.83	4.11	—	34.61
5-1414	清洗	台	1.00	9.75	10.31	2.80	16.20	9.75	10.31	2.80	16.20
1-1418	二次灌浆	m³	0.30	172.06	306.01	—	285.83	51.62	91.80	—	85.75
	一般起重机具摊销费	t	4.100	—	12.00					49.20	
	脚手架搭拆费	元	1066.97	10%×25%	10%×75%		10%×25%×166.12%	26.67	80.02		44.31
人工单价			小计					1145.27	1901.43	844.27	1902.51
23.22 元/日			未计价材料费					108.16			
清单项目综合单价								5901.64			

	主要材料名称、规格、型号		单位	数量		单价(元)	合价(元)	暂估单价(元)	暂估合价(元)
材料费明细	酚醛防锈漆各色(防锈漆一遍)		kg	1.30×3.74		12.00	58.34	—	—
	酚醛防锈漆各色(防锈漆两遍)		kg	1.11×3.74		12.00	49.82	—	—
	其他材料费							—	—
	材料费小计					—	108.16	—	—

第七分部　缓冲罐

一、清单工程量

计量单位：台。

工程量：1 台/1 台（计量单位）＝1。

二、定额工程量

套用《全国统一安装工程预算定额》GYD-201-2000、GYD-205-2000、GYD-211-2000。

（一）本体安装

同清单工程量，1 台。

查 5-709 套用定额子目。

（二）吊耳制作、安装

计量单位：个。

每台设备需要安装 2 个吊耳。

工程量：2 个/1 个（计量单位）＝2。

查 5-1611 套用定额子目。

（三）水压试验

设备需要进行水压试验，设计压力为 2.0MPa。

设备体积：$\pi L D^2 / 4 = 3.14 \times 7.35 \times 2.2^2 \div 4 = 27.93 \text{m}^3$

【注释】　L——设备长度；

　　　　　D——设备直径。

计量单位：台。

工程量：1 台/1 台（计量单位）＝1。

查 5-1160 套用定额子目。

（四）气密试验

水压试验以后，设备需要进行气密试验。

计量单位：台。

工程量：1 台/1 台（计量单位）＝1。

查 5-1296 套用定额子目。

（五）除锈

计量单位：10m²。

设备表面积：$\pi D L = 3.14 \times 2.2 \times 7.35 = 50.77 \text{m}^2$。

【注释】　L——设备长度；

　　　　　D——设备直径。

工程量：50.77m²/10m²（计量单位）＝5.08。

查 11-17 套定额子目。

（六）防锈漆一遍

计量单位：10m²。

工程量：50.77m²（设备表面积）/10m²（计量单位）＝5.08。

查 11-86 套定额子目。

（七）防锈漆两遍

计量单位：10m²。

工程量：50.77m²（设备表面积）/10m²（计量单位）＝5.08。

查 11-87 套定额子目。

（八）清洗

计量单位：台。

工程量：1 台/1 台（计量单位）＝1。

查 5-1415 套用定额子目。

（九）二次灌浆

每台设备的二次灌浆量为 0.5m³。

计量单位：m³。

工程量：0.5m³/1m³（计量单位）＝0.5。

查 1-1419 套用定额子目。

（十）起重机吊装

每台设备的重量为 4.850t，所以可以选择汽车起重机起吊。

一般机具摊销费为 4.850×1×12＝58.20 元。

（十一）脚手架搭拆费

脚手架搭拆费按人工费的 10% 来计算，其中人工工资占 25%，材料费占 75%。

三、综合单价分析见表 2-7

工程量清单综合单价分析表

表 2-7

工程名称：某化肥加工厂设备安装工程　　　　　　标段：　　　　　第 页 共 页

项目编码	030302002003	项目名称	缓冲罐安装		计量单位	台	工程量	1

清单综合单价组成明细

定额编号	定额名称	定额单位	数量	单　　价				合　　价			
				人工费	材料费	机械费	管理费和利润	人工费	材料费	机械费	管理费和利润
5-709	缓冲罐本体安装	台	1.00	489.48	422.84	528.69	813.12	489.48	422.84	528.69	813.12
5-1611	吊耳制作安装（30t）	个	2.00	71.05	223.31	64.07	118.03	142.10	446.62	128.14	236.06
5-1160	水压试验	台	1.00	191.80	631.91	99.81	318.62	191.80	631.91	99.81	318.62
5-1296	气密试验	台	1.00	138.39	187.85	121.86	229.89	138.39	187.85	121.86	229.89
11-17	除锈	10m²	5.08	25.08	11.48	—	41.66	127.41	58.32	—	211.65
11-86	防锈漆一遍	10m²	5.08	5.80	1.19	—	9.63	29.46	6.05	—	48.95
11-87	防锈漆两遍	10m²	5.08	5.57	1.10	—	9.25	28.30	5.59	—	47.00

定额编号	定额名称	定额单位	数量	单价				合价			
				人工费	材料费	机械费	管理费和利润	人工费	材料费	机械费	管理费和利润
5-1415	清洗	台	1.00	10.91	12.38	3.27	18.12	10.91	12.38	3.27	18.12
1-1419	二次灌浆	m³	0.50	119.35	302.37	—	198.26	59.68	151.19	—	99.13
	一般起重机具摊销费	t	4.850	—	12.00	—	—	—	58.20	—	—
	脚手架搭拆费	元	1157.85	10%×25%	10%×75%	—	10%×25%×166.12%	28.95	86.84	—	48.09
人工单价			小计					1246.47	2067.78	881.77	2070.63
23.22 元/日			未计价材料费					146.92			
		清单项目综合单价						6413.56			

	主要材料名称、规格、型号	单位	数量	单价(元)	合价(元)	暂估单价(元)	暂估合价(元)
材料费明细	酚醛防锈漆各色(防锈漆一遍)	kg	1.30×5.08	12.00	79.25	—	
	酚醛防锈漆各色(防锈漆两遍)	kg	1.11×5.08	12.00	67.67	—	
	其他材料费						
	材料费小计			—	146.92		

第八分部 冷却器

一、清单工程量

计量单位：台。

工程量：1 台/1 台(计量单位)=1。

二、定额工程量

套用《全国统一安装工程预算定额》GYD-201-2000、GYD-205-2000、GYD-211-2000。

（一）本体安装

同清单工程量，1 台。

查 5-925 套用定额子目。

（二）换热器地面抽芯检查

计量单位：台。

工程量：1 台/1 台(计量单位)=1。

查 5-998 套用定额子目。

（三）水压试验

需要进行水压试验，设计压力为 1.6MPa。

设备体积：$\pi L D^2/4 = 3.14 \times 2.0 \times 1.2^2 \div 4 = 2.26\text{m}^3$

【注释】 L——设备长度；

D——设备直径。

计量单位：台。

工程量：1台/1台（计量单位）＝1。

查5-1195套用定额子目。

（四）调和漆一遍

设备表面积：$\pi D L = 3.14 \times 1.2 \times 2.0 = 7.54\text{m}^3$

【注释】 L——设备长度；

D——设备直径。

计量单位：10m^2。

工程量：7.54m^2（设备表面积）/10m^2（计量单位）＝0.75。

查11-93套定额子目。

（五）调和漆两遍

计量单位：10m^2。

工程量：7.54m^2（设备表面积）/10m^2（计量单位）＝0.75。

查11-94套定额子目。

（六）二次灌浆

每台设备的二次灌浆量为0.2m^3。

计量单位：m^3。

工程量：0.2m^3/1m^3（计量单位）＝0.2。

查1-1418套定额子目。

（七）换热器绝热

采用泡沫玻璃板绝热，厚度为40mm。

绝热层体积为：

$$V = \pi(D+1.033\delta) \times 1.033\delta \times L$$
$$= 3.14 \times (1.2+1.033 \times 0.04) \times 1.033 \times 0.04 \times 2.0$$
$$= 0.32\text{m}^3$$

【注释】 D——设备直径；

δ——绝热层厚度；

L——设备长度（或高度）。

计量单位；m^3。

工程量：0.32m^3（绝热层体积）/1m^3（计量单位）＝0.32。

查11-1803套定额子目。

（八）起重机吊装

每台设备的重量为2.86t，所以可以选择汽车起重机起吊。

一般机具摊销费为$2.86 \times 1 \times 12 = 34.32$元。

（九）脚手架搭拆费

脚手架搭拆费按人工费的10%来计算，其中人工工资占25%，材料费占75%。

三、综合单价分析见表2-8

工程量清单综合单价分析表   表2-8

工程名称：某化肥加工厂设备安装工程   标段：   第 页 共 页

项目编码	030302005001	项目名称	U形管式换热器安装	计量单位	台	工程量	1

清单综合单价组成明细

定额编号	定额名称	定额单位	数量	单价 人工费	单价 材料费	单价 机械费	单价 管理费和利润	合价 人工费	合价 材料费	合价 机械费	合价 管理费和利润
5-925	U形管式换热器本体安装	台	1.00	442.34	703.00	463.00	734.82	442.34	703.00	463.00	734.82
5-998	换热器地面抽芯检查	台	1.00	387.31	159.40	246.16	643.40	387.31	159.40	246.16	643.40
5-1195	水压试验	台	1.00	130.73	290.30	82.73	217.17	130.73	290.30	82.73	217.17
11-93	调和漆一遍	10m²	0.75	5.80	0.32	—	9.63	4.35	0.24	—	7.23
11-94	调和漆两遍	10m²	0.75	5.57	0.29	—	9.25	4.18	0.22	—	6.94
11-1803	换热器绝热	m³	0.32	484.60	354.80	44.89	805.02	155.07	113.54	14.36	257.61
1-1418	二次灌浆	m³	0.20	172.06	306.01		285.83	34.41	61.20		57.17
	一般起重机具摊销费	t	2.860	—	12.00	—	—		34.32	—	—
	脚手架搭拆费	元	1123.98	10%×25%	10%×75%	—	10%×25%×166.12%	28.10	84.30	—	46.68
人工单价			小计					1186.49	1446.51	806.25	1971.00
23.22 元/日			未计价材料费					23.04			
清单项目综合单价								5433.30			

	主要材料名称、规格、型号	单位	数量	单价(元)	合价(元)	暂估单价(元)	暂估合价(元)
材料费明细	酚醛调和漆各色(调和漆一遍)	kg	1.04×0.75	12.54	9.78	—	—
	酚醛调和漆各色(调和漆两遍)	kg	0.92×0.75	12.54	8.65	—	—
	泡沫玻璃板(换热器绝热)	m³	1.20×0.32	12.00	4.61	—	—
	其他材料费						
	材料费小计			—	23.04	—	—

第九分部 电除尘器

一、清单工程量

计量单位：台。

工程量：1台/1台（计量单位）＝1。

二、定额工程量

套用《全国统一安装工程预算定额》GYD-201-2000、GYD-205-2000、GYD-211-2000。

（一）电除尘器壳体安装

计量单位：t。

工程量：18t（设备重量）/1t（计量单位）＝18。

查5-1140套定额子目。

（二）电除尘器内件安装

计量单位：t。

工程量：18t（设备重量）/1t（计量单位）＝18。

查5-1141套定额子目。

（三）调和漆一遍

设备表面积：$2×(10.37×4.30＋10.37×10.74＋4.30×10.74)＝404.29m^2$。

【注释】 电解槽表面积＝2×（长×宽＋长×高＋宽×高）；

10.37——电解槽长；

4.30——电解槽宽；

10.74——电解槽高。

计量单位：$10m^2$。

工程量：$404.29m^2$（设备表面积）/$10m^2$（计量单位）＝40.43。

查11-93套定额子目。

（四）调和漆两遍

计量单位：$10m^2$。

工程量：$404.29m^2$（设备表面积）/$10m^2$（计量单位）＝40.43。

查11-94套定额子目。

（五）起重机吊装

每台设备的重量为18.000t，所以可以选择汽车起重机起吊。

一般机具摊销费为18.000×1×12＝216元。

（六）脚手架搭拆费

脚手架搭拆费按人工费的10%来计算，其中人工工资占25%，材料费占75%。

（七）二次灌浆（综合）

总的二次灌浆工程量为各台设备二次灌浆工程量之和。

$$0.40×2＋0.80＋0.30＋0.50＋0.20＝2.60m^3$$

【注释】 0.40×2——两台原料存储罐的二次灌浆工程量；

0.80——一台反应器的二次灌浆工程量；

0.30——一台刮泥机的二次灌浆工程量；

0.50——一台调节机（调节堰板）的二次灌浆工程量；

0.20——一台离心式耐腐蚀泵的二次灌浆工程量；

2.60——综合的二次灌浆工程量。

查1-1419套用定额子目。

（八）一般起重机具摊销费（综合）

总的一般起重机具摊销费为各台设备一般起重机具摊销费之和。

（4.360×2＋10.560＋12.350＋5.500＋8.350＋4.100＋4.850＋2.860＋18.000）×12

　＝75.290×12

　＝903.48元

【注释】　4.360×2——两台原料存储罐的重量；

　　　　　10.560——一台反应器的重量；

　　　　　12.350——一台化肥装置加热炉的重量；

　　　　　5.500——一台电解槽的重量；

　　　　　8.350——一台箱式玻璃钢电除雾器的重量；

　　　　　4.100——一台催化剂罐的重量；

　　　　　4.850——一台缓冲罐的重量；

　　　　　2.860——一台U形管式换热器的重量；

　　　　　18.000——一台电除尘器的重量；

　　　　　75.290——某化肥加工车间部分设备的总重量；

　　　　　903.48——综合的一般起重机具摊销费。

三、综合单价分析见表2-9

工程量清单综合单价分析表　　　　　　　　　　　表2-9

工程名称：某化肥加工厂设备安装工程　　　　　　　标段：　　　　　第　页　共　页

| 项目编码 | 030302014001 | 项目名称 | 电除尘器安装 | 计量单位 | 台 | 工程量 | 1 |

清单综合单价组成明细

定额编号	定额名称	定额单位	数量	单价				合价			
				人工费	材料费	机械费	管理费和利润	人工费	材料费	机械费	管理费和利润
5-1140	电除尘器壳体安装	台	1.00	494.59	135.87	1281.65	821.61	494.59	135.87	1281.65	821.61
5-1141	电除尘器内件安装	台	1.00	694.51	188.08	1413.39	1153.72	694.51	188.08	1413.39	1153.72
11-93	调和漆一遍	10m²	40.43	5.80	0.32	—	9.63	234.49	12.94	—	389.54
11-94	调和漆两遍	10m²	40.43	5.57	0.29	—	9.25	225.20	11.72	—	374.09
	一般起重机具摊销费	t	18.000	—	12.00	—		—	216.00		
	脚手架搭拆费	元	1648.79	10%×25%	10%×75%	—	10%×25%×166.12%	41.22	123.66	—	68.47
人工单价		小计						1195.42	552.40	1413.39	1985.83
23.22元/日		未计价材料费						971.00			
	清单项目综合单价							6118.04			

材料费明细	主要材料名称、规格、型号	单位	数量	单价(元)	合价(元)	暂估单价(元)	暂估合价(元)
	酚醛调和漆各色(调和漆一遍)	kg	1.04×40.43	12.54	504.57	—	—
	酚醛调和漆各色(调和漆两遍)	kg	0.92×40.43	12.54	466.43	—	—
	其他材料费						
	材料费小计			—	971.00		

某化肥加工厂设备安装工程清单工程量计算表见表 2-10。

清单工程量计算表　　　　　　　　　　　　表 2-10

序号	项目编号	项目名称	项目特征描述	计量单位	工程量
1	030302002001	整体容器	原料存储罐：卧式，ϕ2000mm×7100mm，设备单重 4.36t，底座安装标高在 6m 以内	台	2.00
2	030302007001	反应器	反应器：ϕ4000mm×9000mm，设备单重 10.56t，底座安装标高在 6m 以内	台	1.00
3	030303004001	化肥装置加热炉安装	化肥装置加热炉：ϕ4670mm×9500mm，设备单重 12.35t，底座安装标高在 6m 以内	台	1.00
4	030302012001	电解槽	2860mm×1490mm×2110mm（长×宽×高），单机重量为 5.50t	台	1.00
5	030303013001	箱式玻璃钢电除雾器	箱式玻璃钢电除雾器：ϕ4000mm×7500mm，设备单重 8.35t，底座安装标高在 6m 以内	套	1.00
6	030302002002	整体容器	催化剂罐：卧式，ϕ1700mm×7000mm，设备单重 4.10t，底座安装标高在 6m 以内	台	1.00
7	030302002003	整体容器	缓冲罐：卧式，ϕ2200mm×7350mm，设备单重 4.85t，底座安装标高在 6m 以内	台	1.00
8	030302005001	换热器	U 形管式换热器：ϕ1200mm×2000mm，单机重量为 2.86t	台	1.00
9	030302014001	电除尘器	电除尘器：10370mm×4300mm×10740mm（长×宽×高），单机重量为 18t	台	1.00

某化肥加工厂设备安装工程预算表见表 2-11，分部分项工程量清单与计价表见表 2-12，工程量清单综合单价分析表见表 2-1 至表 2-9。

煤气发生炉及附属设备安装工程预算表　　　　　　　　　表 2-11

序号	定额编号	分部分项工程名称	计量单位	工程量	基价（元）	其中（元）			合价（元）
						人工费	材料费	机械费	
1	5-709	原料储存罐本体安装	台	1.00	1441.01	489.48	422.84	528.69	1441.01
2	5-1611	原料储存罐吊耳制作安装(30t)	个	2.00	923.52	191.80	631.91	99.81	1847.04
3	5-1296	原料储存罐气密试验	台	1.00	448.10	138.39	187.85	121.86	448.10
4	5-1415	原料储存罐清洗	台	1.00	26.56	10.91	12.38	3.27	26.56
5	11-17	原料储存罐除锈	10m²	13.93	36.56	25.08	11.48	—	509.28
6	11-86	原料储存罐防锈漆一遍	10m²	13.93	6.99	5.80	1.19	—	97.37
7	11-87	原料储存罐防锈漆两遍	10m²	13.93	6.67	5.57	1.10	—	92.91
8	5-836	反应器本体安装	台	1.00	8280.12	1634.22	2058.72	4587.18	8280.12
9	5-1172	反应器水压试验	台	1.00	2534.58	518.04	1731.30	285.24	2534.58
10	5-1308	反应器气密试验	台	1.00	1691.93	267.49	794.63	629.81	1691.93
11	11-1803	反应器绝热	m³	4.72	884.29	484.60	354.80	44.89	4173.85
12	11-93	反应器调和漆一遍	10m²	11.30	6.12	5.80	0.32	—	69.16
13	11-94	反应器调和漆两遍	10m²	11.30	5.86	5.57	0.29	—	66.22

续表

序号	定额编号	分部分项工程名称	计量单位	工程量	基价（元）	其中（元）			合价（元）
						人工费	材料费	机械费	
14	5-1019	化肥装置加热炉本体安装	台	1.00	7664.96	1782.06	1433.83	4449.07	7664.96
15	5-1256	化肥装置加热炉水压试验	台	1.00	2963.48	721.91	1935.38	306.19	2963.48
16	5-1383	化肥装置加热炉气密试验	台	1.00	1703.90	328.10	973.84	401.96	1703.90
17	11-17	化肥装置加热炉除锈	10m²	13.93	36.56	25.08	11.48	—	509.28
18	11-86	化肥装置加热炉防锈漆一遍	10m²	13.93	6.99	5.80	1.19	—	97.37
19	11-87	化肥装置加热炉防锈漆两遍	10m²	13.93	6.67	5.57	1.10	—	92.91
20	5-1130	电解槽本体安装	台	1.00	2398.76	823.38	929.10	646.28	2398.76
21	11-93	电解槽调和漆一遍	10m²	2.69	6.12	5.80	0.32	—	16.46
22	11-94	电解槽调和漆两遍	10m²	2.69	5.86	5.57	0.29	—	15.76
23	5-1130	箱式玻璃钢电除雾器安装	套	1.00	787.51	215.48	47.20	524.83	787.51
24	5-709	催化剂罐本体安装	台	1.00	1441.01	489.48	422.84	528.69	1441.01
25	5-1611	催化剂罐吊耳制作安装(30t)	个	2.00	358.43	71.05	223.31	64.07	716.86
26	5-1295	催化剂罐气密试验	台	1.00	299.57	97.52	117.22	84.83	299.57
27	5-1414	催化剂罐清洗	台	1.00	22.86	9.75	10.31	2.80	22.86
28	11-17	催化剂罐除锈	10m²	3.74	36.56	25.08	11.48	—	136.73
29	11-86	催化剂罐防锈漆一遍	10m²	3.74	6.99	5.80	1.19	—	26.14
30	11-87	催化剂罐防锈漆两遍	10m²	3.74	6.67	5.57	1.10	—	24.95
31	5-709	缓冲罐本体安装	台	1.00	1441.01	489.48	422.84	528.69	1441.01
32	5-1611	缓冲罐吊耳制作安装(30t)	个	2.00	358.43	71.05	223.31	64.07	716.86
33	5-1160	缓冲罐水压试验	台	1.00	923.52	191.80	631.91	99.81	923.52
34	5-1296	缓冲罐气密试验	台	1.00	448.10	138.39	187.85	121.86	448.10
35	5-1415	缓冲罐清洗	台	1.00	26.56	10.91	12.38	3.27	26.56
36	11-17	缓冲罐除锈	10m²	5.08	36.56	25.08	11.48	—	185.72
37	11-86	缓冲罐防锈漆一遍	10m²	5.08	6.99	5.80	1.19	—	35.51
38	11-87	缓冲罐防锈漆两遍	10m²	5.08	6.67	5.57	1.10	—	33.88
39	5-925	U形管式换热器本体安装	台	1.00	1608.34	442.34	703.00	463.00	1608.34
40	5-998	U形管式换热器地面抽芯检查	台	1.00	792.87	387.31	159.40	246.16	792.87
41	5-1195	U形管式换热器水压试验	台	1.00	503.76	130.73	290.30	82.73	503.76
42	11-1803	U形管式换热器绝热	m³	0.32	884.29	484.60	354.80	44.89	282.97
43	11-93	U形管式换热器调和漆一遍	10m²	0.75	6.12	5.80	0.32	—	4.59
44	11-94	U形管式换热器调和漆两遍	10m²	0.75	5.86	5.57	0.29	—	4.40
45	5-1140	电除尘器壳体安装	台	1.00	1912.11	494.59	135.87	1281.65	1912.11
46	5-1141	电除尘器内件安装	台	1.00	2295.98	694.51	188.08	1413.39	2295.98
47	11-93	电除尘器调和漆一遍	10m²	40.43	6.12	5.80	0.32	—	247.43
48	11-94	电除尘器调和漆两遍	10m²	40.43	5.86	5.57	0.29	—	236.92

续表

序号	定额编号	分部分项工程名称	计量单位	工程量	基价(元)	人工费	材料费	机械费	合价(元)
						\multicolumn{3}{c} 其中(元)		
49	1-1419	二次灌浆(综合)	m²	2.60	421.72	119.35	302.37	—	1096.47
50		一般起重机具摊销费(综合)	t	75.290	12.00		12.00	—	903.48
51		脚手架搭拆费(综合)	元	15580.72	10.00%	10%×25%	10%×75%	—	1558.07
		合计							55455.21

【注释】 该表格中所有标有"(综合)"字样项目的工程量都是各台设备或管道对应的工程量之和,各台设备或管道对应的工程量的计算说明详见"二、定额工程量"。

分部分项工程和单价措施项目清单与计价表 表 2-12

工程名称:某工厂空分站设备安装工程　　　　　标段:　　　　第 页 共 页

序号	项目编号	项目名称	项目特征描述	计量单位	工程量	综合单价	合价	其中:暂估价
						\multicolumn{3}{c} 金额(元)		
1	030302002001	整体容器	原料存储罐:卧式,φ2000mm×7100mm,设备单重 4.36t,底座安装标高在 6m 以内	台	2.00	6255.88	12511.76	—
2	030302007001	反应器	反应器:φ4000mm×9000mm,设备单重 10.56t,底座安装标高在 6m 以内	台	1.00	26501.46	26501.46	—
3	030303004001	化肥装置加热炉安装	化肥装置加热炉:φ4670mm×9500mm,设备单重 12.35t,底座安装标高在 6m 以内	台	1.00	19603.76	19603.76	—
4	030302012001	电解槽	2860mm×1490mm×2110mm(长×宽×高),单机重量为 5.50t	台	1.00	4102.57	4102.57	—
5	030302013001	箱式玻璃钢电除雾器	箱式玻璃钢电除雾器:φ4000mm×7500mm,设备单重 8.35t,底座安装标高在 6m 以内	套	1.00	1276.16	1276.16	—
6	030302002002	整体容器	催化剂罐:卧式,φ1700mm×7000mm,设备单重 4.10t,底座安装标高在 6m 以内	台	1.00	5901.64	5901.64	—
7	030302002003	整体容器	缓冲罐:卧式,φ2200mm×7350mm,设备单重 4.85t,底座安装标高在 6m 以内	台	1.00	6413.56	6413.56	—
8	030302005001	换热器	U 形管式换热器:φ1200mm×2000mm,单机重量为 2.86t	台	1.00	5433.30	5433.30	—
9	030302014001	电除尘器	电除尘器:10370mm×4300mm×10740mm(长×宽×高),单机重量为 18t	台	1.00	6118.04	6118.04	—
			本页小计					
			合计				87862.25	—

投标报价：

投标总价

招标人：某化肥加工厂

工程名称：某化肥加工厂设备安装工程

投标总价(小写)：　　　120994 元　　　
　　　　　　(大写)：　　拾贰万零玖佰玖拾肆圆　　　

投标人：某某设备安装公司单位公章
　　　　(单位盖章)

法定代表人：某某设备安装公司
或其授权人：法定代表人

　　　　(签字或盖章)

编制人：×××签字盖造价工程师或造价员专用章
　　　　(造价人员签字盖专用章)

编制时间：××××年×月×日

总说明

工程名称：某化肥加工厂设备安装工程　　　　　　　　　第　页　共　页

1. 工程概况：本工程为某化肥加工厂设备安装工程。需要安装的设备名称与规格如下：①原料存储罐：卧式，ϕ2000mm×7100mm，设备单重 4.36t，底座安装标高在 6m 以内，2 台；②反应器：ϕ4000mm×9000mm，设备单重 10.56t，底座安装标高在 6m 以内，1 台；③化肥装置加热炉：ϕ4670mm×9500mm，设备单重 12.35t，底座安装标高在 6m 以内，1 台；④电解槽：2860mm×1490mm×2110mm(长×宽×高)，单机重量为 5.50t，1 台；⑤箱式玻璃钢电除雾器：ϕ4000mm×7500mm，设备单重 8.35t，底座安装标高在 6m 以内，1 台；⑥催化剂罐：卧式，ϕ1700mm×7000mm，设备单重 4.10t，底座安装标高在 6m 以内，1 台；⑦缓冲罐：卧式，ϕ2200mm×7350mm，设备单重 4.85t，底座安装标高在 6m 以内，1 台；⑧U 形管式换热器：ϕ1200mm×2000mm，单机重量为 2.86t，1 台；⑨电除尘器：10370mm×4300mm×10740mm，单机重量为 18t，1 台。

2. 投标控制价包括范围：为本次招标的化肥加工厂设备安装工程施工图范围内的设备安装工程。

3. 投标控制价编制依据：

(1)招标文件及其所提供的工程量清单和有关计价的要求，招标文件的补充通知和答疑纪要。

(2)该化肥加工厂设备安装工程施工图及投标施工组织设计。

(3)有关的技术标准、规范和安全管理规定。

(4)省建设主管部门颁发的计价定额和计价管理办法及有关计价文件。

(5)材料价格采用工程所在地工程造价管理机构发布的价格信息，对于造价信息没有发布的材料，其价格参照市场价。

相关附表见表 2-13～表 2-19。

工程项目投标报价汇总表　　表 2-13

工程名称：某化肥加工厂设备安装工程　　　　　　　　　　第　页　共　页

序号	单项工程名称	金额(元)	其中(元)		
			暂估价	安全文明施工费	规费
1	某化肥加工厂设备安装工程	120994.13	7000.00	195.36	3843.84
	合　计	120994.13	7000.00	195.36	3843.84

单项工程投标报价汇总表　　表 2-14

工程名称：某化肥加工厂设备安装工程　　　　　　　　　　第　页　共　页

序号	单项工程名称	金额(元)	其中(元)		
			暂估价	安全文明施工费	规费
1	某化肥加工厂设备安装工程	120994.13	7000.00	195.36	3843.84
	合　计	120994.13	7000.00	195.36	3843.84

单位工程投标报价汇总表　　　　　　　　　　　　　　　表 2-15

工程名称：某化肥加工厂设备安装工程　　　　　　　　　　第　页　共　页

序号	汇总内容	金额(元)	其中:暂估价(元)
1	分部分项工程	87862.25	
1.1	某化肥加工厂设备安装工程	87862.25	
1.2			
1.3			
1.4			
2	措施项目	1847.84	
2.1	安全文明施工费	195.36	
3	其他项目	25087.71	
3.1	暂列金额	8786.23	
3.2	专业工程暂估价	7000.00	
3.3	计日工	6501.48	
3.4	总承包服务费	280.00	
4	规费	3843.84	
5	税金	2352.49	
	合计＝1＋2＋3＋4＋5	120994.13	

注：这里的分部分项工程中存在暂估价。

分部分项工程和单价措施项目清单与计价表见表 2-12。

总价措施项目清单与计价表　　　　　　　　　　　　　表 2-16

工程名称：某化肥加工厂设备安装工程　　　　标段：　　　　第　页　共 1 页

序号	项目名称	计算基础	费率(%)	金额(元)
1	环境保护费	人工费(16280.55 元)	0.3	48.84
2	文明施工费	人工费	0.5	81.40
3	安全施工费	人工费	0.7	113.96
4	临时设施费	人工费	7.0	1139.64
5	夜间施工增加费	人工费	0.05	8.14
6	缩短工期增加费	人工费	2	325.61
7	二次搬运费	人工费	0.6	97.68
8	已完工程及设备保护费	人工费	0.2	32.56
	合　计			1847.84

注：该表费率参考《浙江省建设工程施工取费定额》(2003 年)。

其他项目清单与计价汇总表
表 2-17

工程名称：某化肥加工厂设备安装工程 　　　　　　　　　　　标段：　　第　页　共　页

序号	项目名称	计量单位	金额(元)	备　注
1	暂列金额	项	8786.23	一般按分部分项工程的（87862.25 元）10%～15%,这里按分部分项工程的10%计算
2	暂估价		7000.00	
2.1	材料暂估价			
2.2	专业工程暂估价	项	7000.00	按实际发生计算
3	计日工		6501.48	
4	总承包服务费		280.00	一般为专业工程估价的3%～5%,这里按专业工程估价的4%计算
	合　　计		25087.71	

注：第1、4项备注参考《工程量清单计价规范》。
　　材料暂估单价进入清单项目综合单价，此处不汇总。

计日工表
表 2-18

工程名称：某化肥加工厂设备安装工程 　　　　　　　　　　　标段：第　页　共　页

编号	项目名称	单位	暂定数量	综合单价	合价
一	人工				
1	普工	工日	25	100	2500.00
2	技工(综合)	工日	12	150	1800.00
3					
4					
	人工小计				4200.00
二	材料				
1					
2					
3					
4					
5					
6					
	材料小计				
三	施工机械				
1	载重汽车,8t	台班	3	303.44	910.32
2	汽车式起重机,16t	台班	2	695.58	1391.16
3					
4					
	施工机械小计				2301.48
	总计				6501.48

注：此表项目,名称由招标人填写,编制招标控制价时,单价由招标人按有关计价规定确定;投标时,单价由投标人自主报价,计入投标总价中。

规费税金项目清单与计价表　　　　　　　　表 2-19

工程名称：某化肥加工厂设备安装工程　　　　　标段：　　　　　第　页　共　页

序号	项 目 名 称	计 算 基 础	费率(%)	金额(元)
一	规费	人工费(16280.55元)	23.61	3843.84
1.1	工程排污费			
1.2	工程定额测定费			
1.3	工伤保险费			
1.4	养老保险费			
1.5	失业保险费			
1.6	医疗保险费			
1.7	住房公积金			
1.8	危险作业意外伤害保险费			
二	税金	直接费+综合费用+规费 (70858.24元)	3.320	2352.49
2.1	税费	直接费+综合费用+规费	3.220	2281.64
2.2	水利建设基金	直接费+综合费用+规费	0.100	70.86
	合计			6196.33

注：1. 该表费率参考《浙江省建设工程施工取费定额》(2003年)。

2. 综合费用的基数为人工费，费率为71%，故综合费用为16280.55×71%=11559.19元，所以直接费+综合费用+规费=55455.21+11559.19+3843.84=70858.24元。

工程量清单综合单价分析表见前文中的表 2-1～表 2-9。

案例3 某小镇配线工程

第一部分 工程概况

某镇变压器负责向镇内的钢筋加工厂、生活区医院等多处场所供电，其供电示意图如图 3-1 和图 3-2 所示。10kV 进线由最近的 92 号杆塔引向杆上变压器，N0 杆塔架设 S11-315/10 变压器（安装时需调试、干燥），经变压器变压后由架空线路引向各个用电场所。架空线和进户线均采用 JKLY 型铝芯聚乙烯绝缘架空电缆，每个用电场所进户线型号如图 3-1 所示，距离均为 20m，架设两端埋设式进户线横担两线、四线各一组。图 3-1 中 WL1、WL2、WL3、WL4 均采用 JKLY（3×185＋1×65）型铝芯聚乙烯绝缘架空电缆，其中 WL3、WL4 同杆架设，各混凝土杆情况说明见表 3-1。试计算该小镇配线系统的工程量并套用定额。

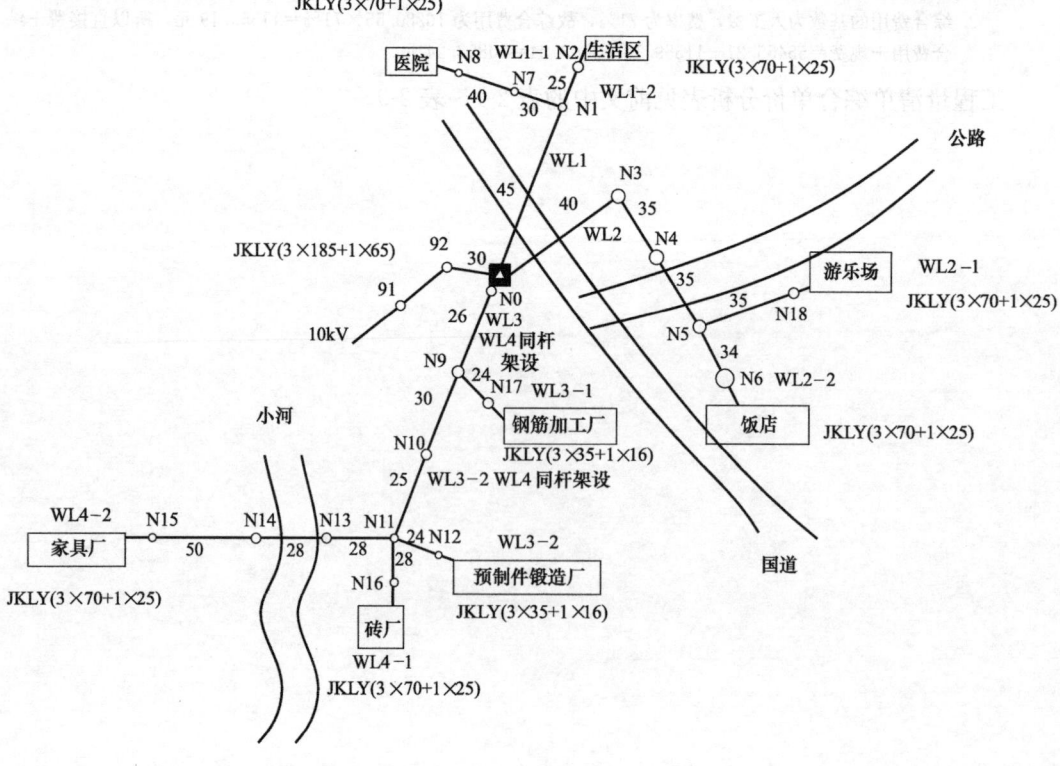

图 3-1 某小镇配线工程示意图

图 3-2　架空线示意图
(a) 俯视图；(b) 正视图

各杆塔情况说明表　　**表 3-1**

杆塔编号	规格	横　担	底盘	拉线	杆上设备	卡盘
N0	ϕ190-10-A	2×L63×6(2Ⅰ) 2×L75×8(2Ⅱ)	800mm×800mm	2×GJ-65-3	S11-315/10 变压器	KP12
N1	ϕ190-10-A	2×L75×8(2Ⅱ)	800mm×800mm	2×GJ-65-3	避雷器(需调试)	KP12
N2	ϕ190-10-A	L75×8(Ⅱ)	800mm×800mm	2×GJ-65-3	—	KP12
N3	ϕ190-10-A	L75×8(Ⅱ)	—	—	—	KP12
N4	ϕ190-10-A	L75×8(Ⅱ)	—	—	—	KP12
N5	ϕ190-10-A	L75×8(2Ⅱ)	800mm×800mm	2×GJ-65-3	—	KP12
N6	ϕ190-10-A	2×L75×8(2Ⅱ)	800mm×800mm	2×GJ-65-3	—	KP12
N7	ϕ190-10-A	L75×8(Ⅱ)	—	—	—	KP12
N8	ϕ190-10-A	2×L75×8(2Ⅱ)	800mm×800mm	2×GJ-65-3	—	KP12
N9	ϕ190-10-A	L63×6(2Ⅰ) 2×L75×8(2Ⅱ)	800mm×800mm	2×GJ-65-3	避雷器(需调试)	KP12
N10	ϕ190-10-A	2×L75×8(2Ⅱ)	800mm×800mm	2×GJ-65-3	—	KP12
N11	ϕ190-10-A	L63×6(2Ⅰ) 2×L75×8(2Ⅱ)	800mm×800mm	2×GJ-65-3	—	KP12
N12	ϕ190-10-A	2×L75×8(2Ⅱ)	800mm×800mm	2×GJ-65-3	—	KP12
N13	ϕ190-10-A	L75×8(Ⅱ)	800mm×800mm	2×GJ-65-3	—	KP12
N14	ϕ190-10-A	L75×8(Ⅱ)	—	—	—	KP12
N15	ϕ190-10-A	2×L75×8(2Ⅱ)	800mm×800mm	2×GJ-65-3	—	KP12
N16	ϕ190-10-A	2×L75×8(2Ⅱ)	800mm×800mm	2×GJ-65-3	—	KP12
N17	ϕ190-10-A	L75×8(Ⅱ)	—	—	—	KP12
N18	ϕ190-10-A	L75×8(Ⅱ)	—	—	—	KP12

第二部分　工程量计算及清单表格编制

本工程属于电气设备安装工程中的 1kV 以下架空线路的安装工程，首先依据国家清

单计价规范计算其清单工程量。定额工程量计算套用定额《2001年北京市建设工程预算定额 第四册 电气工程（下册)》，并按照定额工程量计算规则计算定额工程量，并找出其价格。

第一分部 油浸电力变压器 S11-315/10

一、清单工程量计算

油浸电力变压器 S11-315/10（按设计数量计算）　　　　　　1台

二、定额工程量计算

(1) 杆上变压器 S11-315/10 安装　　　　　　1台　套用定额 2-832

(2) 油浸电力变压器 S11-315/10 干燥　　　　1台　套用定额 2-24

(3) 油浸电力变压器 S11-315/10 油过滤　　　0.320t 套用定额 2-30

【注释】查表得 S11-315/10 油浸电力变压器自身油重为 0.320t。

三、综合单价分析见表 3-2

工程量清单综合单价分析表　　　　　　　　　表 3-2

工程名称：某小镇配线工程　　　　　标段：　　　　　　第 页 共 页

项目编码	030401001001	项目名称		油浸电力变压器		计量单位		台	工程量		1

清单综合单价组成明细

定额编号	定额名称	定额单位	数量	单价				合价			
				人工费	材料费	机械费	管理费和利润	人工费	材料费	机械费	管理费和利润
2-832	杆上油浸电力变压器 S11-315/10 安装	台	1	280.03	81.38	153.81	140.02	280.03	81.38	153.81	140.02
2-24	油浸电力变压器 S11-315/10 干燥	台	1	316.95	364.22	34.13	158.48	316.95	364.22	34.13	158.48
2-30	油浸电力变压器 S11-315/10 油过滤	t	0.32	78.48	219.56	328.10	39.24	25.11	70.26	104.99	12.56
人工单价			合计					675.46	665.16	516.04	337.73
23.22 元/工日			未计价材料费								
清单项目综合单价								2194.39			

	主要材料名称、规格、型号			单位	数量	单价（元)	合价（元）	暂估单价（元)	暂估合价（元)
材料费明细									
	其他材料费								
	材料费小计								

注：管理费与利润以人工费为计费基础，费率取50%，这里仅供参考，下同。
　　未计价材料参照某省市材料价格，在这里仅供参考，下同。

第二分部　S11-315/10 电力变压器系统调整试验

一、清单工程量计算

S11-315/10 电力变压器系统调整试验（按设计数量计算）　1 个系统

二、定额工程量计算

油浸电力变压器 S11-315/10 系统调整试验　1 个系统　套用定额 2-848

三、综合单价分析见表 3-3

工程量清单综合单价分析表　　　　　　　　表 3-3

工程名称：某小镇配线工程　　　　标段：　　　　　　　　　第　页　共　页

项目编码	030414001001	项目名称		电力变压器系统		计量单位		系统	工程量		1

清单综合单价组成明细

定额编号	定额名称	定额单位	数量	单　价				合　价			
				人工费	材料费	机械费	管理费和利润	人工费	材料费	机械费	管理费和利润
2-848	油浸电力变压器 S11-315/10 系统调整试验	系统	1	3993.84	79.88	6759.13	1996.92	3993.84	79.88	6759.13	1996.92
人工单价		合计						3993.84	79.88	6759.13	1996.92
23.22 元/工日		未计价材料费									
清单项目综合单价								12829.77			

材料费明细	主要材料名称、规格、型号	单位	数量	单价（元）	合价（元）	暂估单价(元)	暂估合价(元)
	其他材料费						
	材料费小计						

第三分部　避雷器

一、清单工程量计算

避雷器（按设计数量计算）　　　　　　　　　　　　　2 组

二、定额工程量计算

避雷器安装　　　　　　　　　　　　　　　　　　2 组　套用定额 2-834

三、综合单价分析见表3-4

工程量清单综合单价分析表　　　　　　　　　　表3-4

工程名称：某小镇配线工程　　　　　标段：　　　　　　　　　　第　页　共　页

项目编码	030402010001		项目名称		避雷器		计量单位	组	工程量	2

清单综合单价组成明细

定额编号	定额名称	定额单位	数量	单价				合价			
				人工费	材料费	机械费	管理费和利润	人工费	材料费	机械费	管理费和利润
2-834	杆上避雷器安装	组	1	31.11	55.16	—	15.56	31.11	55.16	—	15.56
人工单价			合计					31.11	55.16	—	15.56
23.22元/工日			未计价材料费								
清单项目综合单价								101.83			

材料费明细	主要材料名称、规格、型号	单位	数量	单价（元）	合价（元）	暂估单价（元）	暂估合价（元）
	其他材料费						
	材料费小计						

第四分部　避雷器的调整试验

一、清单工程量计算

避雷器的调整试验（按设计数量计算）　　　　　　2组

二、定额工程量计算

避雷器的调整试验　　　　　　　　　　2组　套用定额2-882

三、综合单价分析见表3-5

工程量清单综合单价分析表　　　　　　　　　　表3-5

工程名称：某小镇配线工程　　　　　标段：　　　　　　　　　　第　页　共　页

项目编码	030414009001		项目名称		避雷器的调整试验		计量单位	组	工程量	2

清单综合单价组成明细

定额编号	定额名称	定额单位	数量	单价				合价			
				人工费	材料费	机械费	管理费和利润	人工费	材料费	机械费	管理费和利润
2-882	避雷器的调整试验	组	1	278.64	5.57	522.00	139.32	278.64	5.57	522.00	139.32
人工单价			合计					278.64	5.57	522.00	139.32
23.22元/工日			未计价材料费								
清单项目综合单价								945.53			

材料费明细	主要材料名称、规格、型号	单位	数量	单价（元）	合价（元）	暂估单价（元）	暂估合价（元）
	其他材料费						
	材料费小计						

第五分部　混凝土杆 ϕ190-10-A 电杆组立

一、清单工程量计算

混凝土杆 ϕ190-10-A 电杆组立（按设计数量计算）　　　　　　19 根

二、定额工程量计算

1. 电杆挖土方

（1）单个土方量的计算

1）带底盘无卡盘的电线杆，其挖土方体积为：

$$V_1 = h/6 \times [ab + (a+a_1) \times (b+b_1) + a_1 \times b_1]$$

【注释】　V_1——土方量体积（m³）；

　　　　　h——坑深（m），查表得底盘规格为 800mm × 800mm 时，坑深可取 1.7m、1.8m、2.0m，本设计中取 1.8m；

　　　　　a（b）——坑底宽（m），$a(b)$=底（拉）盘底宽+2×每边操作裕度；

　　　　　a_1（b_1）——坑口宽（m），$a_1(b_1)$=$a(b)$+2×h×放坡系数，设计中土质为普通土，放坡系数取 0.3。

所以代入数值可得每个带底盘无卡盘的电线杆，其挖土方体积为：

V_1 = 1.8/6 × {(0.8+2×0.1)×(0.8+2×0.1)+[(0.8+2×0.1)+(0.8+2×0.1)+ 2×1.8×0.3]×[(0.8+2×0.1)+(0.8+2×0.1)+2×1.8×0.3]+[(0.8+2× 0.1)+2×1.8×0.3][(0.8+2×0.1)+2×1.8×0.3]}

= 0.3×(1.0×1.0+4.16×4.16+3.16×3.16)=28.29m³

2）无底盘卡盘的电杆坑，其挖方体积为：

$$V_2 = 0.8 \times 0.8 \times h = 0.8 \times 0.8 \times 1.8 = 1.15\text{m}^3$$

3）电杆坑的马道土方量按每坑 0.2m³ 计算。

4）土方量计算公式同样适用于拉线坑的计算。

5）带卡盘的电线坑，如原有尺寸不能满足卡盘安装时，因卡盘超长而增加的土方量另计，本设计中原有尺寸能满足卡盘安装。

（2）总的土方量计算

1）带底盘（拉线）的电线杆共 13 根，不带底盘（拉线）的电线杆共 6 根。

2）带底盘和拉线的电线杆总的挖土方量为：

V_1 =（带底盘的电线杆挖土方量+带拉线的电线杆挖土方量+马道坑土方量）×13

　　=［28.2912+28.2912+0.2］×13

　　=738.17m³

3）不带底盘和拉线的电线杆的挖土方量为：

V_2 =（电杆坑挖土方量+马道坑挖土方量）×6

　　=（1.152+0.2）×6

　　=8.11m³

4）工程中总的挖土方量为：

$V = V_1 + V_2 = 738.17 + 8.11 = 746.28\text{m}^3$　　　　　　　套用定额 2-757

2. 混凝土杆 $\phi190-10-A$ 电杆组立　　　　19 根　　　套用定额 2-771

3. 底盘安装　　　　13 块　　　套用定额 2-763

4. 卡盘安装　　　　19 块　　　套用定额 2-764

5. 拉线的制作安装　　　$13 \times 2 = 26$ 根　套用定额 2-805

6. 拉盘安装　　　　26 块　　　套用定额 2-766

7. 铁横担安装

横担是靠近负荷侧装设的，横担的根数及线数是综合分析架空线路的情况和横担的根数后才能得到。

N0 电线杆用两种双根横担 $2 \times L63 \times 6$、$2 \times L75 \times 8$，WL1、WL2、WL3、WL4 同杆架设，每回线上有 L1、L2、L3、L4 和 PEN 五条架空线，所以 N0 线杆上用 $2 \times L63 \times 6$ 横担，每个横担上架设五条架空线供给 WL1、WL2 回路用电，用 $2 \times L75 \times 8$ 横担，每个横担上架设四条架空线供给 WL3、WL4 回路用电，即 N0 电线杆有双根四线横担两组，同理可得：

N1 电线杆上用一个双根横担 $2 \times L75 \times 8$，每个横担上需架设四条架空线供给 WL1-1、WL1-2 回路用电，即 N1 电线杆有双根四线横担一组；

N3、N4、N5、N7、N13、N14 电线杆上用一个单根横担 L75×8 分别两个供给 WL2、WL2、WL1-1、WL4-2 回路用电，N3、N4、N5、N7、N13、N14 电线杆有单根四线横担各一组，共 6 组；

N9 电电线杆用一个双根横担 $2 \times L75 \times 8$，一个单根横担 L63×6，WL3-2、WL4、WL3-1 三回线同杆架设，每回线上有 L1、L2、L3、L4 和 PEN 五条架空线，所以 N9 电线杆上用 L63×6 横担，架设四条架空线供给 WL3-1 回路用电，用 $2 \times L75 \times 8$ 横担，每个横担上架设四条架空线供给 WL3-2、WL4、WL3-1 回路用电，即 N0 电线杆有双根四线横担一组，单根四线横担一组；

N10 电线杆用一个双根横担 $2 \times L75 \times 8$，WL3-2、WL4 两回线同杆架设，每回线上有 L1、L2、L3、L4 和 PEN 五条架空线，所以 N10 线杆上用 $2 \times L75 \times 8$ 横担，每个横担上架设五条架空线供给 WL3-2、WL4 回路用电，即 N10 电线杆有单根四线横担两组；

N11 电线杆用一个双根横担 $2 \times L75 \times 8$，一个单根横担 L63×6，WL3-2、WL4-1、WL4-2 三回线同杆架设，每回线上有 L1、L2、L3、L4 和 PEN 五条架空线，所以 N11 线杆上用 L63×6 横担，架设四条架空线供给 WL3-2 回路用电，用 $2 \times L75 \times 8$ 横担，每个横担上架设四条架空线供给 WL4-1、WL4-2 回路用电，即 N11 电线杆有双根四线横担一组，单根四线横担一组；

N2、N6、N8、N12、N15、N16、N17、N18 为进户线横担安装，本工程采用两端埋设式，两线、四线横担各一组，所以进户线横担安装两端埋设两线式 8 根，两端埋设四线式 8 根，其中 JKLY（3×70+2×25）进户线的横担安装 6 根，JKLY（3×35+2×16）进户线的横担安装 2 根；

综上所述：

（1）1kV 以下横担安装（单根四线）　　　　10 组　套用定额 2-793

（2）1kV 以下横担安装（双根四线）　　　　4 组　套用定额 2-794

（3）JKLY（3×70+2×25）型进户线横担安装（两端埋设式，两线）　　6 根

套用定额 2-801

（4）JKLY（3×70＋2×25）型进户线横担安装（两端埋设式，四线）　　　6根

套用定额 2-802

（5）JKLY（3×35＋2×16）型进户线横担安装（两端埋设式，两线）　　　2根

套用定额 2-801

（6）JKLY（3×35＋2×16）型进户线横担安装（两端埋设式，四线）　　　2根

套用定额 2-802

三、综合单价分析见表3-6

工程量清单综合单价分析表

表3-6

工程名称：某小镇配线工程　　　　　标段：　　　　　　　　　　　　　第　页　共　页

| 项目编码 | 030410001001 | 项目名称 | 电杆组立 | | 计量单位 | 根 | 工程量 | 19 |

清单综合单价组成明细

定额编号	定额名称	定额单位	数量	单价				合价			
				人工费	材料费	机械费	管理费和利润	人工费	材料费	机械费	管理费和利润
2-771	混凝土杆φ190-10-A电杆组立（单杆）	根	1.000	30.88	3.92	12.30	15.44	30.88	3.92	12.30	15.44
2-757	土石方工程（普通土）	10m³	3.928	123.53	31.16	—	61.77	485.23	122.40	0.00	242.61
2-763	底盘安装	块	0.684	14.40	—		7.20	9.85	0.00	0.00	4.93
2-764	卡盘安装	块	1.000	6.27	—		3.135	6.27	0.00	0.00	3.14
2-766	拉盘安装	块	1.368	5.11	—		2.56	6.99	0.000	0.00	3.50
2-805	拉线制作安装（普通拉线）	根	1.368	12.77	3.08		6.39	17.47	4.21	0.00	8.74
2-793	1kV以下横担安装（单根四线）	组	0.526	6.27	3.70		3.14	3.30	1.95	0.00	1.65
2-794	1kV以下横担安装（双根四线）	组	0.211	9.98	9.61		4.99	2.11	2.03	0.00	1.053
人工单价		合计						562.09	134.50	12.30	281.05
23.22元/工日		未计价材料费									
	清单项目综合单价							989.94			
材料费明细	主要材料名称、规格、型号			单位	数量			单价（元）	合价（元）	暂估单价（元）	暂估合价（元）
	其他材料费										
	材料费小计										

第六分部　导线架设（按设计尺寸以长度计算）

一、清单工程量计算

（一）JKLY（3×185＋1×65）型铝芯聚乙烯绝缘导线

WL1架设长度：　　　　　　　　45.00m

WL2 架设长度：　　　　　　　40＋35＋35＝110.00m

WL3 架设长度：　　　　　　　26.00km

WL4 架设长度：　　　　　　　26＋30＋25＝81.00m

92 电杆至 N0 电杆：　　　　　30.00m

所以，JKLY（3×185＋1×65）型铝芯聚乙烯绝缘导线架设总长度为：

45＋110＋26＋61＋30＝292.00m

（二）JKLY（3×70＋1×25）型铝芯聚乙烯绝缘导线

WL1-1 架设长度：　　　　　　30＋40＋20＝90.00m

注：20m 为进户线长度，下同。

WL1-2 架设长度：　　　　　　25＋20＝45.00m

WL2-1 架设长度：　　　　　　35＋20＝55.00m

WL2-2 架设长度：　　　　　　34＋20＝54.00m

WL4-1 架设长度：　　　　　　28＋20＝48.00m

WL4-2 架设长度：　　　　　　28＋28＋50＋20＝126.00m

所以，JKLY（3×70＋1×25）型铝芯聚乙烯绝缘导线架设总长度为：

90＋45＋55＋54＋48＋126＝418.00m

（三）JKLY（3×35＋1×16）型铝芯聚乙烯绝缘导线

WL3-1 架设长度：　　　　　　24＋20＝44.00m

WL3-2 架设长度：　　　　　　30＋25＋24＋20＝99.00m

所以，JKLY（3×35＋1×16）型铝芯聚乙烯绝缘导线架设总长度为：

44＋99＝143.00m

二、定额工程量计算

（一）导线架设（依不同截面分别按单线每公里计算）（表 3-7）

导线预留长度规定表　　　　　　　　　　　　表 3-7

项 目 名 称		预留长度(m)
低压	分支、终端	0.5
	交叉、跳线、转角	1.5
与设备连接		0.5
进户线		2.5

1. JKLY（3×185＋1×65）型铝芯聚乙烯绝缘导线

（1）WL1 架设长度

0.5(N0处与S11-500/10变压器连接预留长度)＋45＋0.5(N1处分支预留长度)＝46.00m

（2）WL2 架设长度

0.5(N0处与S11-500/10变压器连接预留长度)＋40＋1.5(N3处转角预留长度)＋35＋

35＋0.5(N5处分支预留长度)＝112.50m

（3）WL3 架设长度

0.5(N0处与S11-500/10变压器连接预留长度)+26+0.5(N9处分支预留长度)=27.00m

（4）WL4 架设长度

0.5(N0处与S11-500/10变压器连接预留长度)+26+30+25+

0.5(N11处分支预留长度)=62.00m

（5）92 电杆至 N0 电杆

0.5(N0处与S11-500/10变压器连接预留长度)+30+1.5(N0处转角预留长度)+

0.5(N0处分支预留长度)=32.50m

所以，JKLY（3×185+1×65）型铝芯聚乙烯绝缘导线架设总长度为：

46.00+112.50+27.00+62.00+32.50=253.00m

故 185m² 的导线架设长度为 253×3＝759m＝0.76km　　套用定额 2-821

65m² 的导线架设长度为 253×1＝253m＝0.25km　　套用定额 2-819

2. JKLY（3×70+1×25）型铝芯聚乙烯绝缘导线

（1）WL1-1 架设长度

1.5(N1处转角预留长度)+30+40+0.5(N8处终端预留长度)=72.00m

（2）WL1-2 架设长度

25+0.5(N2处终端预留长度)=25.50m

（3）WL2-1 架设长度

1.5(N5处转角预留长度)+35+0.5(N18处终端预留长度)=37.00m

（4）WL2-2 架设长度

34+0.5(N6处终端预留长度)=34.50m

（5）WL4-1 架设长度

1.5(N11处转角预留长度)+28+0.5(N16处终端预留长度)=30.00m

（6）WL4-2 架设长度

1.5(N11处转角预留长度)+28+28+50+0.5(N15处终端预留长度)=108.00m

所以，JKLY（3×70+1×25）型铝芯聚乙烯绝缘导线架设总长度为：

72.00+25.50+37.00+34.50+30.00+108.00=307.00m

故 70m² 的导线架设长度为 307×3＝921m＝0.92km　　套用定额 2-819

25m² 的导线架设长度为 307×1＝307m＝0.31km　　套用定额 2-818

3. JKLY（3×35+1×16）型铝芯聚乙烯绝缘导线

（1）WL3-1 架设长度

1.5(N9处转角预留长度)+24+0.5(N17处终端预留长度)=26.00m

（2）WL3-2 架设长度

30+25+1.5(N11处转角预留长度)+24+0.5(N12处终端预留长度)=101.00m

所以，JKLY（3×35+1×16）型铝芯聚乙烯绝缘导线架设总长度为：

26+101=127.00m

故 35m² 的导线架设长度为 127×3＝381m＝0.38km　　套用定额 2-818

16m² 的导线架设长度为 127×1＝127m＝0.13km　　套用定额 2-818

（二）导线跨越

查图得：

JKLY（3×185＋1×65）型铝芯聚乙烯绝缘导线跨越公路两处　套用定额 2-822

JKLY（3×70＋1×25）型铝芯聚乙烯绝缘导线跨越河流一处　套用定额 2-824

（三）进户线架设

1. JKLY（3×70＋1×25）型铝芯聚乙烯绝缘进户线架设

　　　　6（进户线个数）×[20＋2.5（进户线预留长度）]＝135.00m

故 70m² 的进户线架设长度为 135×3＝405.00m　　　套用定额 2-826

25m² 的进户线架设长度为 135×1＝135.00m　　　套用定额 2-825

2. JKLY（3×35＋1×16）型铝芯聚乙烯绝缘进户线架设

　　　　2（进户线个数）×[20＋2.5（进户线预留长度）]＝45.00m套用定额2-832

故 35m² 的进户线架设长度为 45×3＝135.00m　　　套用定额 2-825

16m² 的进户线架设长度为 45×1＝45.00m　　　套用定额 2-825

三、综合单价分析见表 3-8～表 3-10

工程量清单综合单价分析表　　　　　　　　　　表 3-8

工程名称：某小镇配线工程　　　　　标段：　　　　　　　　　　　第　页　共　页

项目编码	030410003001	项目名称		导线架设		计量单位		km	工程量	
				清单综合单价组成明细						

定额编号	定额名称	定额单位	数量	单价				合价			
				人工费	材料费	机械费	管理费和利润	人工费	材料费	机械费	管理费和利润
2-821	铝芯聚乙烯绝缘导线架设（185mm²）	1km/单线	3.143	494.12	683.97	47.09	247.060	1553.02	2149.72	148.00	776.51
2-819	铝芯聚乙烯绝缘导线架设（65mm²）	1km/单线	1.048	223.84	203.39	33.19	111.920	234.58	213.15	34.78	117.29
2-822	JKLY（3×185＋1×65)型铝芯聚乙烯绝缘导线跨越公路	处	7.353	204.80	188.71	20.72	102.400	1505.89	1387.58	152.35	752.95
人工单价			合计					3293.50	3750.46	335.14	1646.75
23.22 元/工日			未计价材料费								
清单项目综合单价								9025.84			

材料费明细	主要材料名称、规格、型号		单位	数量	单价（元）	合价（元）	暂估单价（元）	暂估合价（元）
	其他材料费							
	材料费小计							

工程量清单综合单价分析表

表 3-9

工程名称：某小镇配线工程　　　　　标段：　　　　　　　　第 页 共 页

项目编码	030410003002	项目名称		导线架设			计量单位			km	

清单综合单价组成明细

定额编号	定额名称	定额单位	数量	单　价				合　价			
				人工费	材料费	机械费	管理费和利润	人工费	材料费	机械费	管理费和利润
2-819	铝芯聚乙烯绝缘导线架设（70mm²）	1km/单线	2.244	223.84	203.39	33.19	111.920	502.30	456.41	74.48	251.15
2-818	铝芯聚乙烯绝缘导线架设（25mm²）	1km/单线	0.749	111.92	105.03	23.07	55.960	83.83	78.67	17.28	41.91
2-824	JKLY(3×70+1×25)型铝芯聚乙烯绝缘导线跨越河流	处	2.392	192.03	20.71	48.32	96.015	459.34	49.54	115.58	229.67
2-826	铝芯聚乙烯绝缘进户线架设（70mm²）	100m/单线	9.864	39.47	117.06	0	19.735	389.33	1154.68	0.00	194.67
2-825	铝芯聚乙烯绝缘进户线架设（25mm²）	100m/单线	3.287	20.2	64.07	0	10.100	66.40	210.60	0.00	33.20
2-801	JKLY(3×70+1×25)型进户线横担安装（两端埋设式,两线）	根	14.354	7.66	0.99	0	3.830	109.95	14.21	0.00	54.98
2-802	JKLY(3×70+1×25)型进户线横担安装（两端埋设式,四线）	根	14.354	8.59	36.81	0	4.295	123.30	528.37	0.00	61.65
人工单价		合计						1734.44	2492.47	207.34	867.22
23.22 元/工日		未计价材料费									
	清单项目综合单价							5301.48			

材料费明细	主要材料名称、规格、型号		单位	数量	单价（元）	合价（元）	暂估单价(元)	暂估合价(元)
	其他材料费							
	材料费小计							

工程量清单综合单价分析表 表 3-10

工程名称：某小镇配线工程　　　　标段：　　　　　　第 页 共 页

| 项目编码 | 030410003003 | 项目名称 | | 导线架设 | | 计量单位 | | km |

清单综合单价组成明细

定额编号	定额名称	定额单位	数量	单价				合价			
				人工费	材料费	机械费	管理费和利润	人工费	材料费	机械费	管理费和利润
2-818	铝芯聚乙烯绝缘导线架设（35mm²）	1km/单线	2.713	111.92	105.03	23.07	55.96	303.64	284.95	62.59	151.82
2-818	铝芯聚乙烯绝缘导线架设（16mm²）	1km/单线	0.902	111.92	105.03	23.07	55.96	100.95	94.74	20.81	50.48
2-825	铝芯聚乙烯绝缘进户线架设（35mm²）	100m/单线	9.608	20.2	64.07	0	10.10	194.08	615.59	0.00	97.04
2-825	铝芯聚乙烯绝缘进户线架设（16mm²）	100m/单线	3.203	20.2	64.07	0	10.10	64.70	205.22	0.00	32.35
2-801	JKLY（3×35+1×16）型进户线横担安装（两端埋设式,两线）	根	13.99	7.66	0.99	0	3.83	107.13	13.85	0.00	53.57
2-802	JKLY（3×35+1×16）型进户线横担安装（两端埋设式,四线）	根	13.99	8.59	36.81	0	4.30	120.14	514.83	0.00	60.07
人工单价		合计						890.65	1729.16	83.40	445.32
23.22 元/工日		未计价材料费									
清单项目综合单价								3148.52			

材料费明细	主要材料名称、规格、型号		单位	数量	单价（元）	合价（元）	暂估单价（元）	暂估合价（元）
	其他材料费							
	材料费小计							

根据以上计算的清单工程量列出清单工程量计算表，见表 3-11。

某小镇配线工程清单工程量计算表　　　　表 3-11

序号	项目编码	项目名称	项目特征描述	计量单位	工程量
1	030401001001	油浸电力变压器	杆上油浸电力变压器 S11-315/10 安装,变压器干燥,油过滤	台	1
2	030414001001	电力变压器系统	S11-315/10 电力变压器系统调整试验	系统	1
3	030402010001	避雷器	杆上避雷器安装	组	2
4	030414009001	避雷器	1kV 以下避雷器的调整试验	组	2
5	030410001001	电杆组立	混凝土杆 φ190-10-A 电杆组立,电杆挖土方,底盘、卡盘、拉盘安装,拉线制作安装,1kV 以下横担安装(四线)	根	19
6	030410003001	导线架设	JKLY(3×185+1×65)型铝芯聚乙烯绝缘导线架设,导线跨越公路	km	0.29
7	030410003002	导线架设	JKLY(3×70+1×25)型铝芯聚乙烯绝缘导线架设,导线跨越河流,进户线架设,进户线横担安装	km	0.42
8	030410003003	导线架设	JKLY(3×35+1×16)型铝芯聚乙烯绝缘导线架设,进户线架设,进户线横担安装(一端埋设式,四线)	km	0.14

某小镇配线工程预算表见表 3-12。

某小镇配线工程预算表　　　　表 3-12

序号	定额编号	分项工程名称	计量单位	工程量	基价(元)	人工费	材料费	机械费	合价(元)
1	2-832	杆上油浸电力变压器 S11-315/10 安装	台	1	515.22	280.03	81.38	153.81	99.70
2	2-24	油浸电力变压器 S11-315/10 干燥	台	1	715.30	316.95	364.22	34.13	78.36
3	2-30	油浸电力变压器 S11-315/10 油过滤	t	0.32	626.14	78.48	219.56	328.10	929.91
4	2-848	油浸电力变压器 S11-315/10 系统调整试验	系统	1	10832.85	3993.84	79.88	6759.13	116.74
5	2-834	杆上避雷器安装	组	2	86.27	31.11	55.16	—	828.46
6	2-882	避雷器的调整试验	组	2	806.21	278.64	5.57	522.00	424.97
7	2-771	混凝土杆 φ190-10-A 电杆组立(单杆)	根	19	47.10	30.88	3.92	12.30	73.72
8	2-757	土石方工程(普通土)	10m³	74.63	154.69	123.53	31.16	—	261.06
9	2-763	底盘安装	块	13	14.40	14.40	—	—	633.95
10	2-764	卡盘安装	块	19	6.27	6.27	—	—	113.77
11	2-766	拉盘安装	块	26	5.11	5.11	—	—	51.90
12	2-805	拉线制作安装(普通拉线)	根	26	15.85	12.77	3.08	—	272.40
13	2-793	1kV 以下横担安装(单根四线)	组	10	9.97	6.27	3.70	—	91.49

续表

序号	定额编号	分项工程名称	计量单位	工程量	基价（元）	其中（元）			合价（元）
						人工费	材料费	机械费	
14	2-794	1kV 以下横担安装（双根四线）	组	4	19.59	9.98	9.61	—	30.50
15	2-821	铝芯聚乙烯绝缘导线架设（185mm²）	1km/单线	0.76	1225.18	494.12	683.97	47.09	113.77
16	2-819	铝芯聚乙烯绝缘导线架设（65mm²）	1km/单线	0.25	461.42	223.84	203.39	33.19	37.92
17	2-822	JKLY(3×185+1×65)型铝芯聚乙烯绝缘导线跨越公路	处	2	414.23	204.80	188.71	20.72	17.30
18	2-819	铝芯聚乙烯绝缘导线架设（70mm²）	1km/单线	0.92	461.42	223.84	203.39	33.19	90.80
19	2-818	铝芯聚乙烯绝缘导线架设（25mm²）	1km/单线	0.31	240.12	111.92	105.03	23.07	75.16
20	2-824	JKLY(3×70+1×25)型铝芯聚乙烯绝缘导线跨越河流	处	1	261.06	192.03	20.71	48.32	261.06
21	2-826	铝芯聚乙烯绝缘进户线架设（70mm²）	100m/单线	4.05	156.53	39.47	117.06	—	645.37
22	2-825	铝芯聚乙烯绝缘进户线架设（25mm²）	100m/单线	1.35	84.27	20.20	64.07	—	115.79
23	2-801	JKLY(3×70+1×25)型进户线横担安装（两端埋设式，两线）	根	6	8.65	7.66	0.99		51.90
24	2-802	JKLY(3×70+1×25)型进户线横担安装（两端埋设式，四线）	根	6	45.40	8.59	36.81		272.40
25	2-818	铝芯聚乙烯绝缘导线架设（35mm²）	1km/单线	0.38	240.12	111.92	105.03	23.07	93.17
26	2-818	铝芯聚乙烯绝缘导线架设（16mm²）	1km/单线	0.13	240.12	111.92	105.03	23.07	30.98
27	2-825	铝芯聚乙烯绝缘进户线架设（35mm²）	100m/单线	1.35	84.27	20.20	64.07	—	115.79
28	2-825	铝芯聚乙烯绝缘进户线架设（16mm²）	100m/单线	0.45	84.27	20.20	64.07	—	38.60
29	2-801	JKLY(3×35+1×16)型进户线横担安装（两端埋设式，两线）	根	2	8.65	7.66	0.99		17.30
30	2-802	JKLY(3×35+1×16)型进户线横担安装（两端埋设式，四线）	根	2	45.40	8.59	36.81		90.80
		合计							31606.09

将定额计价转换为清单计价形式，见表 3-13。

分部分项工程和单价措施项目清单与计价表　　　　表 3-13

序号	项目编码	项目名称	项目特征描述	计量单位	工程量	金额（元）		
						综合单价	合价	其中：暂估价
1	030401001001	油浸电力变压器	杆上油浸电力变压器 S11-315/10 安装，变压器干燥，油过滤	台	1	2194.39	2194.39	
2	030414001001	电力变压器系统	S11-315/10 电力变压器系统调整试验	系统	1	12829.77	12829.77	

续表

序号	项目编码	项目名称	项目特征描述	计量单位	工程量	综合单价	合价	其中:暂估价
3	030402010001	避雷器	杆上避雷器安装	组	2	101.83	203.66	
4	030414009001	避雷器	1kV以下避雷器的调整试验	组	2	945.53	1891.06	
5	030410001001	电杆组立	混凝土杆 φ190-10-A 电杆组立,电杆挖土方,底盘、卡盘、拉盘安装,拉线制作安装,1kV以下横担安装(四线)	根	19	989.94	18808.80	
6	030410003001	导线架设	JKLY(3×185+2×65)型铝芯聚乙烯绝缘导线架设,导线跨越公路	km	0.292	9025.84	2635.55	
7	030410003002	导线架设	JKLY(3×70+2×25)型铝芯聚乙烯绝缘导线架设,导线跨越河流,进户线架设,进户线横担安装	km	0.418	5301.48	2216.02	
8	030410003003	导线架设	JKLY(3×35+2×16)型铝芯聚乙烯绝缘导线架设,进户线架设,进户线横担安装(一端埋设式,四线)	km	0.143	3148.52	450.24	
			合计				41229.49	

四、投标报价

投标总价

招标人:某小镇

工程名称:某小镇配线工程

投标总价(小写): <u>   56265   </u>

　　　　(大写): <u>   伍万陆仟贰佰陆拾伍   </u>

投标人:某某建筑装饰公司

（单位盖章）

法定代表人:某某建筑装饰公司

或其授权人:法定代表人

　　（签字或盖章）

编制人:×××签字盖造价工程师或造价员专用章

　　（造价人员签字盖专用章）

编制时间:××××年×月×日

总说明

工程名称：某小镇配线工程

1. 工程概况：本工程为某小镇配线工程，该镇变压器负责向镇内的钢筋加工厂、生活区医院等多处场所供电，其供电示意图见图 3-1。10kV 进线由最近的 92 号杆塔引向杆上变压器，N0 杆塔架设 S11-315/10 变压器（安装时需调试、干燥），经变压器变压后由架空线路引向各个用电场所。架空线和进户线均采用 JKLY 型铝芯聚乙烯绝缘架空电缆，每个用电场所进户线型号如图 3-1 所示，距离均为 20m，架设两端埋设式进户线横担两线、四线各一组。图 3-1 中 WL1、WL2、WL3、WL4 均采用 JKLY(3×185+1×65)型铝芯聚乙烯绝缘架空电缆，其中 WL3、WL4 同杆架设，各混凝土杆情况说明见表 3-1。

2. 投标控制价包括范围：为本次招标的某小镇施工图范围内的配线工程。

3. 投标控制价编制依据：

(1)招标文件及其所提供的工程量清单和有关计价的要求，招标文件的补充通知和答疑纪要

(2)该小镇施工图及投标施工组织设计。

(3)有关的技术标准、规范和安全管理规定。

(4)省建设主管部门颁发的计价定额和计价管理办法及有关计价文件。

(5)材料价格采用工程所在地工程造价管理机构发布的价格信息，对于造价信息没有发布的材料，其价格参照市场价。

相关附表见表 3-14～表 3-26。

工程项目投标报价汇总表 表 3-14

工程名称：某小镇配线工程 第 页 共 页

序号	单项工程名称	金额(元)	其中		
			暂估价(元)	安全文明施工费(元)	规费(元)
1	某小镇配线工程	56265	—	888.30	2190.46
	合　计	56265	—	888.30	2190.46

注：暂估价包括分部分项工程中的暂估价和专业工程暂估价。

单项工程投标报价汇总表　　　　　　　　　　　表 3-15

工程名称：某小镇配线工程　　　　　　　　　　　　　　第　页　共　页

| 序号 | 单项工程名称 | 金额(元) | 其中 | | |
			暂估价(元)	安全文明施工费(元)	规费(元)
1	某小镇配线工程	56265	—	888.30	2190.46
	合　计	56265	—	888.30	2190.46

【注释】 投标报价表格参考黑龙江省费用组成及费率（管理费与利润除外），在这里仅提供一种计算方法（仅供参考），具体工程应参照具体省市规定计算并填写相应法律文件。

注：暂估价包括分部分项工程中的暂估价和专业工程暂估价。

单位工程投标报价汇总表　　　　　　　　　　　表 3-16

工程名称：某小镇配线工程　　　　标段：　　　　　　　第　页　共　页

序号	汇总内容	金额(元)	其中:暂估价(元)
1	分部分项工程费	41229.49	—
1.1	某小镇配线工程	41229.49	—
2	措施费	675.81	—
2.1	定额措施费	按工程实际情况填写	—
2.2	通用措施费	675.81	—
3	其他费用	8743.59	—
3.1	暂列金额	6157.35	—
3.2	专业工程暂估价	按工程实际情况填写	—
3.3	计日工	按工程实际情况填写	—
3.4	总承包服务费	2586.24	—
4	安全文明施工费	888.30	—
4.1	环境保护费等五项费用	888.30	—
4.2	脚手架费	按工程实际情况填写	—
5	规费	2190.46	—
6	税金	1826.06	—
	合计	56264.51	—

注：此处暂不列暂估价，暂估价见其他项目费表中。

分部分项工程和单价措施项目清单与计价表见表 3-13。

总价措施项目清单报价表
表 3-17

工程名称：某小镇配线工程　　　　　　　标段：　　　　　　　第　页　共　页

序号	项目名称	计算基础	费率(%)	金额(元)
1	夜间施工费		0.08	14.08
2	二次搬运费		0.14	24.64
3	已完工程及设备保护费		0.21	36.96
4	工程定位、复测、点交、清理费		0.14	24.64
5	生产工具、用具使用费	人工费	0.14	24.64
6	雨期施工费		0.11	19.36
7	冬期施工费		1.02	179.51
8	校验试验费		2.00	351.99
9	室内空气污染测试费		按实际发生计算	
10	地上、地下设施、建筑物的临时保护设施		按实际发生计算	
11	赶工施工费		按实际发生计算	
	合计			675.81

【注释】 表中按实际发生的量未参与最终的综合计算，在实际工程中要根据实际含量计算，并综合在相应费用中，下同。

其他项目清单报价表
表 3-18

工程名称：某小镇配线工程　　　　　　　标段：　　　　　　　第　页　共　页

序号	项目名称	计量单位	金额(元)	备　注
1	暂列金额	项	6157.35	明细详见表 3-19
2	暂估价	项	根据工程实际填写	—
2.1	材料暂估价	项	根据工程实际填写	明细详见表 3-20
2.2	专业工程暂估价	项	根据工程实际填写	明细详见表 3-21
3	计日工	项	根据工程实际填写	明细详见表 3-22
4	总承包服务费	项	2586.24	明细详见表 3-23
	合计		8743.59	—

暂列金额报价明细表
表 3-19

工程名称：某商务建筑火灾自动报警系统安装工程　　　　标段：　　　　第　页　共　页

序号	项目名称	计量单位	计算基础	费率(%)	暂定金额(元)	备注
1	某商务建筑火灾自动报警系统安装工程	项	分部分项工程费	10~15	6157.35	取15%
2						
3						
4						
	合计				6157.35	—

材料暂估单价明细表　　　　　　　　　　　　　表 3-20

工程名称：某小镇配线工程　　　　　　　标段：　　　　　　　第　页　共　页

序号	材料名称、规格、型号	计量单位	单价(元)	备　注
合　计				—

【注释】　材料暂估价表是由甲方给出并应列在相应位置内。

专业工程暂估价明细表　　　　　　　　　　　　表 3-21

工程名称：某小镇配线工程　　　　　　　标段：　　　　　　　第　页　共　页

序号	工　程　名　称	计量单位	金额(元)	备　注
合　计				—

计日工报价明细表　　　　　　　　　　　　　表 3-22

工程名称：某小镇配线工程　　　　　　　标段：　　　　　　　第　页　共　页

编号	项目名称	单位	暂定数量	综合单价	合价
一	人工				
1					
2					
3					
4					
人工小计					
二	材料				
1					
2					
材料小计					
三	施工机械				
1					
2					
施工机械小计					
总　计					

注：项目名称、数量按招标人提供的填写，单价由投标人自主报价，计入投标报价。

总承包服务费报价明细表   表 3-23

工程名称：某小镇配线工程　　　　　　标段：　　　　　　　　第　页　共　页

序号	项目名称	项目价值(元)	计算基础	服务内容	费率(%)	金额(元)
1	发包人采购设备	50000	供应材料费用	根据工程实际填写	1	500
2	总承包对专业工程管理和协调并提供配合服务	41724.78	分部分项工程费＋措施费	根据工程实际填写	3～5	2086.24
	合　计					2586.24

【注释】　表中 50000 为假定数字，具体工程应填写具体的设备费。

注：投标人按招标人提供的服务项目内容，自行确定费用标准计入投标报价中。

补充工程量清单及计算规则表   表 3-24

工程名称：某小镇配线工程　　　　　　标段：　　　　　　　　第　页　共　页

序号	项目编码	项目名称	项目特征	计量单位	工程量计算规则	工程内容

注：此表由招标人根据工程实际填写需要补充的清单项目及相关内容。

安全文明施工项目报价表   表 3-25

工程名称：某小镇配线工程　　　　　　标段：　　　　　　　　第　页　共　页

序号	项目名称		计费基础	费率(%)	金额(元)
1	环境保护等五项费用	环境保护费、文明施工费	分部分项费＋措施费＋其他费用	0.25	126.18
		安全施工费		0.19	95.90
		临时设施费		1.22	615.75
		防护用品等费用		0.10	50.47
		合计		1.76	888.30
2	脚手架费			按计价定额项目计算	
	合　计				888.30

注：投标人按招标人提供的安全文明施工费计入投标报价中。

规费、税金项目报价表   表 3-26

工程名称：某小镇配线工程　　　　　　标段：　　　　　　　　第　页　共　页

序号	项目名称	计算基础	费率(%)	金额(元)
1	规费		4.34	2190.46
(1)	养老保险费		2.86	1443.48
(2)	医疗保险费		0.45	227.12
(3)	失业保险费	分部分项费＋措施费＋其他费用	0.15	75.71
(4)	工伤保险费		0.17	85.80
(5)	生育保险费		0.09	45.42
(6)	住房公积金		0.48	242.26
(7)	危险作业意外伤害保险		0.09	45.42
(8)	工程定额测定费		0.05	25.24
2	税金	不含税工程费	3.41	1826.06
	合　计			4016.52

注：投标人按招标人提供的规费计入投标报价中。

分部分项工程量清单综合单价分析表见表 3-1～表 3-10。

1. 招标文件提供了暂估单价的材料，按暂估的单价填入表内"暂估单价"栏及"暂估合价"栏。

2. 根据招标文件的要求附此表。

案例 4　某处高级住宅楼防雷工程

第一部分　工程概况

图 4-1 所示为某处高级住宅楼屋面防雷工程图，建筑属于三级防雷建筑，高 18m（5层），采用明装避雷带保护方式，避雷带沿屋面四周女儿墙敷设。避雷带和支架采用镀锌扁钢-50×4，支架沿水平方向间距为 1.0m，转角处不大于 0.5m，每个支架长度为 0.2m。本住宅楼采用混凝土柱内钢筋作为引下线。每三层利用结构圈梁水平钢筋与引下线连接成均压环，所有引下线，建筑物内的金属结构和金属物体均与均压环相连接。

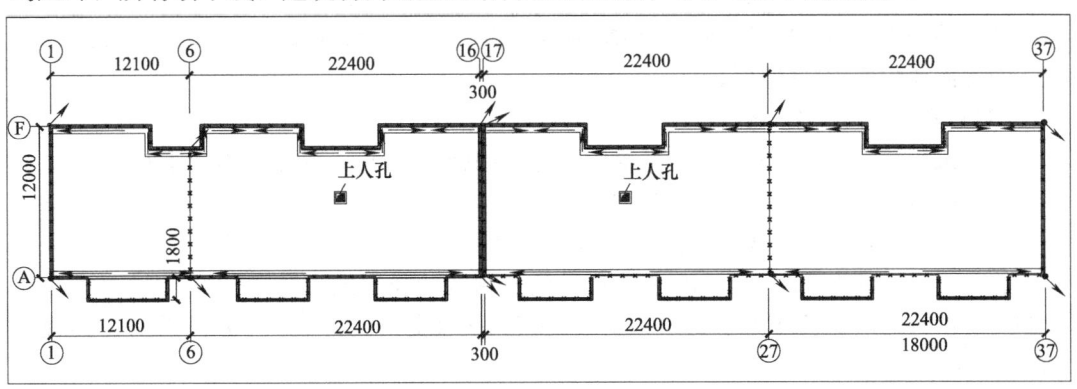

图 4-1　某处高级住宅楼屋面防雷工程图

本工程的接地装置由水平接地体和接地线组成，水平接地体采用-25×4 的扁钢，沿建筑物基础四周埋设，埋设深度为 0.97m，距基础中心距离为 0.65m，接地线在地面以上0.5m 与接地装置连接。

第二部分　工程量计算及清单表格编制

本工程属于电气设备安装工程中的防雷及接地装置安装工程，首先依据国家清单计价规范计算其清单工程量。定额工程量计算套用定额《全国统一安装工程预算定额》GYD-202-2000，并按照定额工程量计算规则计算定额工程量，并找出其价格。

第一分部　避雷装置

一、清单工程量计算

避雷装置　　　　　　　　　　　　　　　　　　　　　　　　　1 项

（一）明装避雷带在女儿墙上敷设（镀锌扁钢-50×4）

$$(12.1+22.4+0.3+22.4+22.4+12)×2+1.8×22=222.80m$$

【注释】 $(12.1+22.4+0.3+22.4+22.4+12)$——在建筑物所标尺寸内的避雷带的长度；

$1.8×22$——超出所标尺寸的避雷带的长度；

1.8——单个长度；

22——个数。

（二）引下线（利用建筑物内主筋作为引下线）

引下线共有12根，引下线长度为

$$(18-0.5)×12=210m$$

【注释】 18——建筑物高度；

0.5——接地线连接处距地面的高度；

12——引下线的根数。

（三）均压环

柱主筋与圈梁钢筋焊接

柱主筋为12根，每三层利用结构圈梁水平钢筋与引下线连接成均压环，建筑物共5层，因此需要焊接12处即可。

（四）避雷带用支架个数

支架采用镀锌扁钢-50×4，支架沿水平方向间距为1.0m，转角处不大于0.5m。

图示避雷带安装路径中转角数为$11×4+4=48$个。

注：11为建筑物凸凹的个数，4为每个凸凹处的转角数，4为建筑物本身的转角数。

总避雷带长度为222.8m，48个转角处的避雷线的长度最多为$48×0.5m=24m$，所以剩余避雷带的最少长度为$222.8-24=198.8m$（取支架数为199个）故总的支架数为$199+48=247$个

总的支架长度为$247×0.2=49.4m$

（五）混凝土块制作

混凝土块的制作个数与支架安装数目相同，为247个。

二、定额工程量计算

（一）明装避雷带在女儿墙上敷设（镀锌扁钢-50×4）

$$222.8×(1+3.9\%)×(1+5.0\%)=243.06m$$

【注释】 3.9%——避雷带架设的预留长度；

5.0%——扁钢的材料损耗率，下同。

（二）引下线（利用建筑物内主筋作为引下线）　　　　　210.00m

（三）均压环

柱主筋与圈梁钢筋焊接　　　　　　　　　　　　　　12处

（四）避雷线用支架（镀锌扁钢-5×4）

$$48.8×(1+5.0\%)=51.24m$$

（五）混凝土块制作　　　　　　　　　　　　　　　247块

三、综合单价分析见表4-1～表4-3

工程量清单综合单价分析表　　　　　　　　　表4-1

工程名称：某处高级住宅楼防雷工程　　　　　标段：　　　　　　第　页　共　页

| 项目编码 | 030409003001 | 项目名称 | 避雷引下线 | | 计量单位 | | m | 工程量 | | 210 |

清单综合单价组成明细

定额编号	定额名称	定额单位	数量	单价				合价			
				人工费	材料费	机械费	管理费和利润	人工费	材料费	机械费	管理费和利润
7-746	引下线(利用建筑物内主筋作为引下线)	10m	0.1	19.04	5.45	22.47	9.52	1.904	0.545	2.247	0.952
人工单价		合计									
23.22元/工日		未计价材料费					—				
清单项目综合单价							5.648				

	主要材料名称、规格、型号		单位		数量		单价(元)	合价(元)	暂估单价(元)	暂估合价(元)
材料费明细										
	其他材料费									
	材料费小计									

注：管理费和利润以人工费为计费基础，费率为50%。

工程量清单综合单价分析表　　　　　　　　　表4-2

工程名称：某处高级住宅楼防雷工程　　　　　标段：　　　　　　第　页　共　页

| 项目编码 | 030409004001 | 项目名称 | 均压环 | | 计量单位 | | m | 工程量 | | 222.8 |

清单综合单价组成明细

定额编号	定额名称	定额单位	数量	单价				合价			
				人工费	材料费	机械费	管理费和利润	人工费	材料费	机械费	管理费和利润
2-751	均压环敷设(利用圈梁钢筋)	10m	0.1	20.64	0.87	31.39	10.32	2.064	0.087	3.139	1.032
2-752	柱主筋与圈梁钢筋焊接	10处	0.005	58.05	24.92	32.10	29.025	0.290	0.125	0.161	0.111
人工单价		合计						2.354	0.212	3.300	1.143
23.22元/工日		未计价材料费					—				
清单项目综合单价							7.009				

	主要材料名称、规格、型号		单位		数量		单价(元)	合价(元)	暂估单价(元)	暂估合价(元)
材料费明细										
	其他材料费									
	材料费小计									

注：管理费和利润以人工费为计费基础，费率为50%。

工程量清单综合单价分析表 表 4-3

工程名称：某处高级住宅楼防雷工程　　　　标段：　　　　　第　页　共　页

项目编码	030409005001	项目名称	避雷网	计量单位	m	工程量	222.8

清单综合单价组成明细

定额编号	定额名称	定额单位	数量	单价				合价			
				人工费	材料费	机械费	管理费和利润	人工费	材料费	机械费	管理费和利润
2-750	混凝土块制作	每10块	0.11	10.68	10.61	—	5.34	1.175	1.167	—	0.587
人工单价		合计						1.175	1.167	—	0.587
23.22元/工日		未计价材料费						18.7136			
清单项目综合单价								21.6426			

材料费明细	主要材料名称、规格、型号	单位	数量	单价（元）	合价（元）	暂估单价（元）	暂估合价（元）
	镀锌扁钢-50×4	m	1.231	15.6	18.7136		
	其他材料费						
	材料费小计						

注：管理费和利润以人工费为计费基础，费率为50%。

　　表中未计价材料参考某省市价格。

　　这里仅提供一种计算方法，仅供参考。

第二分部　接地装置

一、清单工程量计算

1 项

（一）水平接地体（-25×4 扁钢）

水平接地体采用-25×4 的扁钢，沿建筑物基础四周埋设，埋设深度为 0.97m，距基础中心距离为 0.65m，所以水平接地体的长度为：

（12.1+22.4+0.3+22.4+22.4+0.65+12+0.65）×2+（1.8+0.65）×22=239.7m

239.7÷2.5=96根

【注释】　（12.1+22.4+0.3+22.4+22.4+12）——建筑物的长度；

　　　　　　　　　　　　　　0.65——水平接地体相对于建筑物每边应

　　　　　　　　　　　　　　　　　　增加的尺寸；

　　　　　　　　　　　　　　1.8——超出所标尺寸的长度；

　　　　　　　　　　　　　　0.65——这一部分所应增加的长度；

　　　　　　　　　　　　　　22——个数。

说明：接地极制作安装以根为计量单位，其长度按设计长度计算，设计无规定时，每根长度按 2.5m 计算。

（二）接地跨接线

在建筑物中间部分两根引下线处需安装接地跨接线，共需 4 处（每侧需 2 处，两侧均需安装）。

（三）接地线（-25×4 扁钢）

接地线是连接水平接地体和引下线的导体，其长度约为：

$$(0.5+0.97+0.65)\times12=25.44m$$

【注释】　0.5——地面上接地线的竖直距离；

0.97——地下接地线的竖直距离，即水平接地体埋设深度；

0.65——接地线的水平距离。

二、定额工程量计算

（一）水平接地体（-25×4 扁钢）

$$239.7\times(1+5.0\%)=251.69m$$

（二）接地跨接线　　　　　　　　　　　　　　　　4 处

（三）接地线

$$25.44\times(1+5.0\%)=26.71m$$

三、综合单价分析见表 4-4、表 4-5

工程量清单综合单价分析表　　　　　　　　　　　　　表 4-4

工程名称：某处高级住宅楼防雷工程　　　　　　标段：　　　　　第　页　共　页

项目编码	030409001001	项目名称		接地极		计量单位		根	工程量	96

清单综合单价组成明细

定额编号	定额名称	定额单位	数量	单　价				合　价			
				人工费	材料费	机械费	管理费和利润	人工费	材料费	机械费	管理费和利润
2-690	接地极	根	1	11.15	2.65	6.42	5.575	11.15	2.65	6.42	5.575
人工单价		合计						11.15	2.65	6.42	5.575
23.22 元/工日		未计价材料费						38.0152			
清单项目综合单价								63.8102			

	主要材料名称、规格、型号		单位	数量	单价（元）	合价（元）	暂估单价（元）	暂估合价（元）
材料费明细	镀锌扁钢-50×4		m	2.497	15.6	38.9532		
	其他材料费							
	材料费小计							

注：管理费和利润以人工费为计费基础，费率为 50%。

表中未计价材料参考某省市价格。

这里仅提供一种计算方法，仅供参考。

工程量清单综合单价分析表

表 4-5

工程名称：某处高级住宅楼防雷工程　　　　　　标段：　　　　　　　　第　页　共　页

项目编码	030409002001	项目名称		接地母线		计量单位		m	工程量	25.44

清单综合单价组成明细

定额编号	定额名称	定额单位	数量	单价				合价			
				人工费	材料费	机械费	管理费和利润	人工费	材料费	机械费	管理费和利润
2-696	接地跨接线	10m	0.1	31.81	22.48	3.92	15.905	3.181	2.248	0.392	1.5905
2-701	接地跨接线的安装	10 处	0.016	25.77	55.39	7.13	12.89	0.412	0.886	0.114	0.206
人工单价		合计						3.593	3.134	0.506	1.7965
23.22 元/工日		未计价材料费									
清单项目综合单价								24.6296			

材料费明细	主要材料名称、规格、型号	单位	数量	单价（元）	合价（元）	暂估单价（元）	暂估合价（元）
	镀锌扁钢-50×4	m	1	15.6	15.6		
	其他材料费						
	材料费小计						

注：管理费和利润以人工费为计费基础，费率为 50%。

表中未计价材料参考某省市价格。

这里仅提供一种计算方法，仅供参考。

根据以上计算的清单工程量列出清单工程量计算表，见表 4-6。

某处高级住宅楼防雷安装工程清单工程量计算表

表 4-6

序号	项目编码	项目名称	项目特征描述	计量单位	工程量
1	030409003001	避雷引下线	利用建筑物柱内主筋作为引下线	m	210.00
2	030409004001	均压环	柱主筋与圈梁钢筋焊接成均压环 12 处	m	222.80
3	030409005001	避雷网	明装避雷带在女儿墙上敷设（采用镀锌扁钢-50×4），混凝土块制作 244 个，支架（镀锌扁钢-50×4）44.6m	m	222.80
4	030409001001	接地极	水平接地体采用-25×4 扁钢敷设；沿建筑物基础四周埋设，埋设深度为 0.97m，距基础中心距离为 0.65m	根	96.00
5	030409002001	接地母线	接地跨接线的制作安装 4 处；接地线采用-25×4 扁钢；接地线在地面以上 0.5m 与接地装置连接	m	25.44

本工程预算表见表 4-7。

某处高级住宅楼防雷安装工程预算表　　　　　　　　表 4-7

序号	定额编号	分项工程名称	计量单位	工程量	基价(元)	人工费	材料费	机械费	合价(元)
						其中(元)			
1	7-746	引下线(利用建筑物内主筋作为引下线)	10m	21.00	46.96	19.04	5.45	22.47	986.16
2	2-752	柱主筋与圈梁钢筋焊接	10 处	1.2	115.07	58.05	24.92	32.10	138.08
3	2-750	混凝土块制作	每 10 块	24.4	21.29	10.68	10.61	—	474.77
4	2-701	接地跨接线的安装	10 处	0.4	88.29	25.77	55.39	7.13	35.32
		合计							1634.33

四、将定额计价转换为清单计价形式（表4-8）

分部分项工程和单价措施项目清单与计价表　　　　　　表 4-8

序号	项目编码	项目名称	项目特征描述	计量单位	工程量	综合单价	合价	其中:暂估价
1	030409003001	避雷引下线	利用建筑物柱内主筋作为引下线	m	210.00	5.648	1186.08	
2	030409004001	均压环	柱主筋与圈梁钢筋焊接成均压环 12 处	m	222.80	7.10	1581.46	
3	030409005001	避雷网	明装避雷带在女儿墙上敷设(采用镀锌扁钢-50×4),混凝土块制作 244 个,支架(镀锌扁钢-50×4)44.6m	m	222.80	21.64	4821.12	
4	030409001001	接地极	水平接地体采用-25×4 扁钢敷设;沿建筑物基础四周埋设,埋设深度为 0.97m,距基础中心距离为 0.65m	根	96	63.81	6125.64	
5	030409002001	接地母线	接地跨接线的制作安装 4 处;接地线采用-25×4 扁钢;接地线在地面以上 0.5m 与接地装置连接	m	25.44	24.60	625.88	
		合计					14430.18	

五、投标报价

投标总价

招标人：<u>某处高级住宅楼</u>

工程名称：<u>某处高级住宅楼防雷工程</u>

投标总价(小写)：<u>　　　　15214.82　　　　</u>
　　　　(大写)：<u>　壹万伍仟贰佰壹拾肆元捌角贰分　</u>

投标人：<u>某某建筑装饰公司</u>
　　　　(单位盖章)

法定代表人：<u>某某建筑装饰公司</u>
或其授权人：<u>法定代表人</u>
　　　　(签字或盖章)

编制人：<u>×××签字盖造价工程师或造价员专用章</u>
　　　　(造价人员签字盖专用章)

编制时间：×××× 年 × 月 × 日

总说明

工程名称：某处高级住宅楼防雷工程　　　　　　　　　　　　第　页　共　页

1. 工程概况：本工程为某处高级住宅楼防雷工程,图 4-1 所示为该处高级住宅楼屋面防雷工程图,建筑属于三级防雷建筑,高 18m(5 层)采用明装避雷带保护方式,避雷带沿屋面四周女儿墙敷设。避雷带和支架采用镀锌扁钢-50×4,支架沿水平方向间距为 1.0m,转角处不大于 0.5m,每个支架长度为 0.2m。本住宅楼采用混凝土柱内钢筋作为引下线。每三层利用结构圈梁水平钢筋与引下线连接成均压环,所有引下线,建筑物内的金属结构和金属物体均与均压环相连接。

本工程的接地装置由水平接地体和接地线组成,水平接地体采用-25×4 的扁钢,沿建筑物基础四周埋设,埋设深度为 0.97m,距基础中心距离为 0.65m,接地线在地面以上 0.5m 与接地装置连接。

2. 投标控制价包括范围：为本次招标的某处高级住宅楼施工图范围内的防雷工程。

3. 投标控制价编制依据：

(1)招标文件及其所提供的工程量清单和有关计价的要求,招标文件的补充通知和答疑纪要。

(2)该处高级住宅楼施工图及投标施工组织设计。

(3)有关的技术标准、规范和安全管理规定。

(4)省建设主管部门颁发的计价定额和计价管理办法及有关计价文件。

(5)材料价格采用工程所在地工程造价管理机构发布的价格信息,对于造价信息没有发布的材料,其价格参照市场价。

相关附表见表 4-9～表 4-21。

工程项目投标报价汇总表　　表 4-9

工程名称：某处高级住宅楼防雷工程　　　　　　　　　　第　页　共　页

序号	单项工程名称	金额(元)	其中		
			暂估价(元)	安全文明施工费(元)	规费(元)
1	某处高级住宅楼防雷工程	15214.82	—	226.39	558.25
	合　　计	15214.82	—	226.39	558.25

注：暂估价包括分部分项工程中的暂估价和专业工程暂估价。

单项工程投标报价汇总表　　表 4-10

工程名称：某处高级住宅楼防雷工程　　　　　　　　　　第　页　共　页

序号	单项工程名称	金额(元)	其中		
			暂估价(元)	安全文明施工费(元)	规费(元)
1	某处高级住宅楼防雷工程	15214.82	—	226.39	558.25
	合　　计	15214.82	—	226.39	558.25

【注释】　投标报价表格参考黑龙江省费用组成及费率（管理费和利润除外），在这里仅提供一种计算方法（仅供参考），具体工程应参照具体省市规定计算并填写相应法律文件。

暂估价包括分部分项工程中的暂估价和专业工程暂估价。

单位工程投标报价汇总表　　表 4-11

工程名称：某处高级住宅楼防雷工程　　　　　标段：　　　　第　页　共　页

序号	汇总内容	金额(元)	其中:暂估价(元)
1	分部分项工程费	14430.18	—
1.1	某处高级住宅楼防雷工程	14430.18	—
2	措施费	27.57	
2.1	定额措施费	按工程实际情况填写	—

续表

序号	汇总内容	金额(元)	其中:暂估价(元)
2.2	通用措施费	27.57	—
3	其他费用	2557.03	—
3.1	暂列金额	1541.74	—
3.2	专业工程暂估价	按工程实际情况填写	—
3.3	计日工	按工程实际情况填写	—
3.4	总承包服务费	1015.29	—
4	安全文明施工费	226.39	—
4.1	环境保护费等五项费用	226.39	—
4.2	脚手架费	按工程实际情况填写	—
5	规费	558.25	—
6	税金	465.38	—
	合计	15214.82	—

注:此处暂不列暂估,暂估价见其他项目费表中。

分部分项工程和单价措施项目清单与计价表见表4-8。

总价措施项目清单与计价表　　表4-12

工程名称:某处高级住宅楼防雷工程　　　标段:　　　　第 页 共 页

序号	项目名称	计算基础	费率(%)	金额(元)
1	夜间施工费		0.08	0.57
2	二次搬运费		0.14	1.01
3	已完工程及设备保护费		0.21	1.51
4	工程定位、复测、点交、清理费		0.14	1.01
5	生产工具、用具使用费	人工费	0.14	1.01
6	雨期施工费		0.11	0.79
7	冬期施工费		1.02	7.32
8	校验试验费		2.00	14.36
9	室内空气污染测试费		按实际发生计算	
10	地上、地下设施、建筑物的临时保护设施		按实际发生计算	
11	赶工施工费		按实际发生计算	
	合计			27.57

【注释】表中按实际发生的量未参与最终的综合计算,在实际工程中要根据实际含量计算,并综合在相应费用中,下同。

其他项目清单报价表　　表4-13

工程名称:某处高级住宅楼防雷工程　　　标段:　　　　第 页 共 页

序号	项目名称	计量单位	金额(元)	备注
1	暂列金额	项	1541.74	明细详见表4-14
2	暂估价	项	根据工程实际填写	—

续表

序号	项目名称	计量单位	金额(元)	备 注
2.1	材料暂估价	项	根据工程实际填写	明细详见表4-15
2.2	专业工程暂估价	项	根据工程实际填写	明细详见表4-16
3	计日工	项	根据工程实际填写	明细详见表4-17
4	总承包服务费	项	1015.29	明细详见表4-18
合计			2557.03	—

暂列金额报价明细表

表4-14

工程名称：某处高级住宅楼防雷工程　　　　　　　标段：　　　　第 页 共 页

序号	项目名称	计量单位	计算基础	费率(%)	暂定金额(元)	备注
1	某商务建筑火灾自动报警系统安装工程	项	分部分项工程费	10～15	1541.74	取15%
2						
3						
合计					1541.74	—

材料暂估单价明细表

表4-15

工程名称：某处高级住宅楼防雷工程　　　　　　　标段：　　　　第 页 共 页

序号	材料名称、规格、型号	计量单位	单价(元)	备 注
合 计				—

【注释】 材料暂估价表由甲方给出并应列在相应位置内。

专业工程暂估价明细表

表4-16

工程名称：某处高级住宅楼防雷工程　　　　　　　标段：　　　　第 页 共 页

序号	工 程 名 称	计量单位	金额(元)	备 注
合计				—

计日工报价明细表

表 4-17

工程名称：某处高级住宅楼防雷工程　　　　　　　　标段：　　　　　第 页 共 页

编号	项目名称	单位	暂定数量	综合单价	合价
一	人工				
1					
2					
3					
4					
	人工小计				
二	材料				
1					
2					
	材料小计				
三	施工机械				
1					
2					
	施工机械小计				
	总　计				

注：项目名称、数量按招标人提供的填写，单价由投标人自主报价，计入投标报价。

总承包服务费报价明细表

表 4-18

工程名称：某处高级住宅楼防雷工程　　　　　　　　标段：　　　　　第 页 共 页

序号	项目名称	项目价值（元）	计算基础	服务内容	费率（%）	金额（元）
1	发包人采购设备	50000	供应材料费用	根据工程实际填写	1	500
2	总承包对专业工程进行管理和协调并提供配合服务	10305.82	分部分项工程费＋措施费	根据工程实际填写	3～5	515.29
	合　计					1015.29

【注释】　表中 50000 为假定数字，具体工程应填写具体的设备费，投标人按招标人提供的服务项目内容，自行确定费用标准计入投标报价中。

补充工程量清单及计算规则表

表 4-19

工程名称：某处高级住宅楼防雷工程　　　　　　　　标段：　　　　　第 页 共 页

序号	项目编码	项目名称	项目特征	计量单位	工程量计算规则	工程内容

注：此表由招标人根据工程实际填写需要补充的清单项目及相关内容。

安全文明施工项目报价表　　　　　　　　　　　　表 4-20

工程名称：某处高级住宅楼防雷工程　　　　　　　标段：　　　　　第　页　共　页

序号	项目名称		计费基础	费率(%)	金额(元)
1	环境保护费等五项费用	环境保护费、文明施工费	分部分项费＋措施费＋其他费用	0.25	32.16
		安全施工费		0.19	24.44
		临时设施费		1.22	156.93
		防护用品等费用		0.10	12.86
		合计		1.76	226.39
2	脚手架费			按计价定额项目计算	
	合计				226.39

注：投标人按招标人提供的安全文明施工费计入投标报价中。

规费、税金项目报价表　　　　　　　　　　　　表 4-21

工程名称：某处高级住宅楼防雷工程　　　　　　　标段：　　　　　第　页　共　页

序号	项目名称	计算基础	费率(%)	金额(元)
1	规费		4.34	558.25
(1)	养老保险费		2.86	367.88
(2)	医疗保险费		0.45	57.88
(3)	失业保险费	分部分项费＋措施费＋其他费用	0.15	19.29
(4)	工伤保险费		0.17	21.87
(5)	生育保险费		0.09	11.58
(6)	住房公积金		0.48	61.74
(7)	危险作业意外伤害保险		0.09	11.58
(8)	工程定额测定费		0.05	6.43
2	税金	不含税工程费	3.41	465.38
	合计			1023.63

注：投标人按招标人提供的规费计入投标报价中。

分部分项工程量清单综合单价分析表见表 4-1～表 4-5。

1. 招标文件提供了暂估单价的材料，按暂估的单价填入表内"暂估单价"栏及"暂估合价"栏。

2. 根据招标文件的要求附此表。

案例 5　某热力设备厂房设备安装

第一部分　工程概况

正在修建的某热力设备厂房，抽出几种设备来进行安装、预算。

Ⅰ：(1) 该厂维修车间安装一台 10T 桥式起重机，单重 22t，跨度 22.5m，安装标高 10.5m。

(2) 安装一台普通卧式车床，型号：C2216.8，外形尺寸：(长×宽×高) 4681mm× 1732mm×2158mm，单机重 15t。

(3) 安装一台摇臂钻床，本体安装，型号为 Z3040×16，最大钻孔直径 400mm。钻床外形尺寸：(长×宽×高) 2490mm×1350mm×2825mm，重 3.50t。

Ⅱ：(1) 安装一台离心式风机，该风机型号 G4-73-11NO8D，额定转速为 1450r/min，最大压力为 2500Pa，额定流量为 115m³/h，与离心式风机配合使用的电动机的型号为 YSOF1000-4，电动机功率为 16kW。

(2) 机械过滤系统：①内滤面转鼓真空过滤器 GN8/2.7，过滤面积 8m²，外径 2700mm，电动机功率 2.2kW。外形尺寸 (长×宽×高) 4120mm×2930mm×3143mm。②低压除氧器水箱型号 DS-6，容积 6m³，工作压力 0.020MPa，工作温度 104℃，重量 2086kg。③给水泵型号 DG36-50×7，流量 32.4m³/h，扬程 367m，转速 2950r/min。④离心鼓风机型号 C40-1.5，重量 1.8t。

第二部分　工程量计算及清单表格编制

第一分部

一、计算清单工程量

Ⅰ：(1) 安装一台 10T 桥式起重机，单重 22t，跨度 22.5m，安装标高 10.5m。项目编码：030104001001，因此桥式起重机的安装工程量是 1 台。

Ⅰ：(2) 安装一台普通卧式车床，型号：C2216.8，外形尺寸：(长×宽×高) 4681mm× 1732mm×2158mm，单机重 15t。项目编码：030101002001，因此普通卧式车床的安装工程量是 1 台。

Ⅰ：(3) 安装一台摇臂钻床，本体安装，型号为 Z3040×16，最大钻孔直径 400mm。钻床外形尺寸 (长×宽×高)：2490mm×1350mm×2825mm，重 3.50t。项目编码：

030101004001，因此摇臂钻床的安装工程量是1台。

二、计算定额工程量

见表5-1。

设备底座正或负标高及调整系数

表5-1

设备底座正或负标高(m)	调整系数
15	1.25
20	1.35
25	1.45
30	1.55
40	1.70
超过40	1.90

注：标高超过10m时，按以上调整系数计算其人工费和机械费。

Ⅰ分析：桥式起重机、普通卧式车床、摇臂钻床都属于《全国统一安装工程预算定额》第一册范围。因此根据《全国统一安装工程预算定额》第一册编制规定，要增列以下几个工程量项目计费内容：

1) 超高费：定额规定安装底座超过10m的设备以及超高费，按表5-1计算。

2) 每台设备按重量记取一般起重机具摊销费（按12.00元/t计）。

3) 试运转重物搬运费。

4) 试运转耗用的油、电、水费。

5) 脚手架搭拆费。

Ⅰ：（一）桥式起重机

1. 桥式起重机本体安装：单重22t，跨度22.5m，安装标高10.5m，定额编号1-334

【注释】：由于安装标高大于10m，根据表5-1可知其人工和机械费调整系数为1.25。

人工费：$5587.43 \times 1 \times 1.25 = 6984.29$ 元

材料费：$817.44 \times 1 = 817.44$ 元

机械费：$4772.76 \times 1 \times 1.25 = 5965.95$ 元

直接费用合计：$6984.29 + 817.44 + 5965.95 = 12749.34$ 元

管理费：$12749.34 \times 34\% = 4334.78$ 元

利润：$12749.34 \times 8\% = 1019.95$ 元

综合单价：$12749.34 \times (1 + 34\% + 8\%) = 18104.06$ 元

2. 地脚螺栓孔灌浆

桥式起重机的地脚螺栓孔灌浆体积为0.6m³，则桥式起重机的地脚螺栓灌浆的工程量为$0.6 \times 1 = 0.6$m³。

3. 底座与基础间灌浆

桥式起重机与基础间灌浆体积为0.8m³，则桥式起重机的底座与基础间灌浆的工程量为$0.8 \times 1 = 0.8$m³。

4. 起重机吊装

由已知可知桥式起重机单机重 22t，所以可以选择汽车起重机起吊。一般起重机具摊销费为 $22\times1\times12=264$ 元。

【注释】 一般起重机具摊销费＝设备总重量×12 元/t。

5. 无负荷试运转电费

按照实际情况计算。

6. 脚手架搭拆费

脚手架搭拆费按人工费的 10% 来计算。

Ⅰ：（二）普通卧式车床

1. 普通卧式车床本体安装

型号：C2216.8，外形尺寸：（长×宽×高）4681mm×1732mm×2158mm，单机重 15t，定额编号：1-9。

2. 地脚螺栓孔灌浆

普通卧式车床的地脚螺栓孔灌浆体积为 $0.6m^3$，则普通卧式车床的地脚螺栓灌浆的工程量为 $0.6\times1=0.6m^3$。

3. 底座与基础间灌浆

普通卧式车床与基础间灌浆体积为 $0.8m^3$，则普通卧式车床的底座与基础间灌浆的工程量为 $0.8\times1=0.8m^3$。

4. 起重机吊装

由已知可知普通卧式车床单机重 15t，所以可以选择汽车起重机起吊。一般起重机具摊销费为 $15\times1\times12=180$ 元。

【注释】 一般起重机具摊销费＝设备总重量×12 元/t。

5. 无负荷试运转电费

按照实际情况计算。

6. 脚手架搭拆费

脚手架搭拆费按人工费的 10% 来计算。

Ⅰ：（三）摇臂钻床

1. 摇臂钻床本体安装

型号为 Z3040×16，最大钻孔直径 400mm。钻床外形尺寸（长×宽×高）2490mm×1350mm×2825mm，重 3.50t 定额编号：1-40。

2. 地脚螺栓孔灌浆

普通卧式车床的地脚螺栓孔灌浆体积为 $0.2m^3$，则普通卧式车床的地脚螺栓灌浆的工程量为 $0.2\times1=0.2m^3$。

3. 底座与基础间灌浆

普通卧式车床与基础间灌浆体积为 $0.3m^3$，则普通卧式车床的底座与基础间灌浆的工程量为 $0.3\times1=0.3m^3$。

4. 起重机吊装

由已知可知普通卧式车床单机重 3.5t，所以可以选择汽车起重机起吊。一般起重机具摊销费为 $3.5\times1\times12=42$ 元。

【注释】　一般起重机具摊销费＝设备总重量×12元/t。

5. 无负荷试运转电费

按照实际情况计算。

6. 脚手架搭拆费

脚手架搭拆费按人工费的10%来计算。

三、综合单价分析见表5-2～表5-4

工程量清单综合单价分析表　　　　　表5-2

工程名称：某热力设备厂房　　　　　　标段：　　　　　　　第　页　共　页

| 项目编码 | 030104001001 | 项目名称 | 起重机安装 | 计量单位 | 台 | 工程量 | 1 |

清单综合单价组成明细

定额编号	定额名称	定额单位	数量	单价				合价			
				人工费	材料费	机械费	管理费和利润	人工费	材料费	机械费	管理费和利润
1-334	起重机安装	台	1	6984.29	817.44	5965.95	5354.7	6984.29	817.44	5965.95	5354.72
1-1414	地脚螺栓孔灌浆	m³	0.6	81.27	213.84	—	123.95	81.27	213.84	—	123.95
1-1419	设备底座与基础间灌浆	m³	0.8	172.06	306.01	—	200.79	27.53	48.96	—	32.13
—	一般机具摊销费	t	3.9	—	12.00	—	—	—	46.80	—	—
—	无负荷试运转用电费(估)	元		—	200.00	—	—	—	200.00	—	—
—	煤油	kg	6.09	—	3.44	—	—	—	20.95	—	—
—	机油	kg	0.3	—	3.55	—	—	—	1.07	—	—
—	黄油	kg	0.3	—	6.21	—	—	—	1.86	—	—
—	脚手架搭拆费	元		—	46.45	—	—	—	46.45	—	—
人工单价			小计					7093.09	1397.37	5965.95	5386.85
元/工日			未计价材料费								
	清单项目综合单价							19843.26			

材料费明细	主要材料名称、规格、型号	单位	数量	单价(元)	合价(元)	暂估单价(元)	暂估合价(元)
	其他材料费						
	材料费小计						

注：综合单价分析表中管理费和利润的取费基数暂定为直接费（直接费＝人工费＋材料费＋机械费），管理费费率为34%，利润率为8%，合为42%。

工程量清单综合单价分析表　　　　　　　　表 5-3

工程名称：某热力设备厂房　　　　　标段：　　　　　　　　第　页　共　页

| 项目编码 | 030101002001 | 项目名称 | 普通卧式车床安装 | 计量单位 | 台 | 工程量 | 1 |

清单综合单价组成明细

定额编号	定额名称	定额单位	数量	单价				合价			
				人工费	材料费	机械费	管理费和利润	人工费	材料费	机械费	管理费和利润
1-9	普通卧式车床安装	台	1	262.11	191.13	43.66	208.70	262.11	191.13	43.66	208.70
1-1414	地脚螺栓孔灌浆	m³	0.6	81.27	213.84	—	123.95	48.76	127.8	—	74.37
1-1419	设备底座与基础间灌浆	m³	0.8	172.06	306.01	—	200.79	137.65	244.81	—	160.63
—	一般机具摊销费	t	15.00	—	12.00	—	—	—	180.00	—	—
—	无负荷试运转用电费(估)	元		—	300.00	—	—	—	300.00	—	—
—	煤油	kg	6.09	—	3.44	—	—	—	20.95	—	—
—	机油	kg	0.3	—	3.55	—	—	—	1.07	—	—
—	黄油	kg	0.3	—	6.21	—	—	—	1.86	—	—
—	脚手架搭拆费	元		—	46.45	—	—	—	46.45	—	—
人工单价			小计					448.52	1114.07	43.66	443.7
元/工日			未计价材料费								
清单项目综合单价								2049.95			

材料费明细	主要材料名称、规格、型号		单位	数量	单价(元)	合价(元)	暂估单价(元)	暂估合价(元)
	其他材料费							
	材料费小计							

工程量清单综合单价分析表　　　　表5-4

工程名称：某热力设备厂房　　　　　标段：　　　　　第　页　共　页

项目编码	030101004001	项目名称		摇臂钻床安装		计量单位		台	工程量		1

清单综合单价组成明细

定额编号	定额名称	定额单位	数量	单价				合价			
				人工费	材料费	机械费	管理费和利润	人工费	材料费	机械费	管理费和利润
1-40	摇臂钻床安装	台	1	400.10	266.58	70.39	309.57	400.10	266.58	70.39	309.57
1-1414	地脚螺栓孔灌浆	m³	0.2	81.27	213.84	—	123.95	16.25	427.68	—	247.90
1-1419	设备底座与基础间灌浆	m³	0.3	172.06	306.01	—	200.79	51.62	91.80	—	60.03
	一般机具摊销费	t	3.5	—	12.00	—	—	—	45.00	—	—
	无负荷试运转用电费(估)	元		—	200.00	—	—	—	200.00	—	—
	煤油	kg	6.09	—	3.44	—	—	—	20.95	—	—
	机油	kg	0.3	—	3.55	—	—	—	1.07	—	—
	黄油	kg	0.3	—	6.21	—	—	—	1.86	—	—
	脚手架搭拆费	元		—	46.45	—	—	—	46.45	—	—
人工单价		小计						467.97	1101.39	70.39	1157.05
元/工日		未计价材料费									
清单项目综合单价								2796.8			

材料费明细	主要材料名称、规格、型号		单位	数量	单价(元)	合价(元)	暂估单价(元)	暂估合价(元)
	其他材料费							
	材料费小计							

第二分部

一、计算清单工程量

Ⅱ：(1) 安装一台离心式风机，该风机型号为 G4-73-11NO8D，额定转速为 1450r/min，最大压力为 2500Pa，额定流量为 115m³/h，与离心式风机配合使用的电动机的型号为 YSOF1000-4，电动机功率为 16kW。

1) 本体安装：型号 G4-73-11NO8D，额定转速为 1450r/min，最大压力为 2500Pa，额定流量为 115m³/h，出力 15t/h，项目编码：030203001001，计量单位：台，工程量：1。

2）电动机安装：型号为 YSOF1000-4，电动机功率为 16kW，项目编码：030113009001，计量单位：台，工程量：1。

Ⅱ：（2）机械过滤系统：内滤面转鼓真空过滤器 GN8/2.7，过滤面积 8m²，外径 2700mm，电动机功率 2.2kW。外形尺寸：（长×宽×高）4120mm×2930mm×3143mm。

1）低压除氧器水箱型号 DS-6，容积 6m³，工作压力 0.020MPa，工作温度 104℃，重量 2086kg。

2）给水泵型号 DG36-50×7，流量 32.4m³/h，扬程 367m，转速 2950r/min。

3）离心鼓风机型号 C40-1.5，重量 1.8t。

清单工程量为：

内滤面转鼓真空过滤器 GN8/2.7 安装，项目编码：030219001001，计量单位：台，工程量：1。

低压除氧器水箱型号 DS-6，容积 6m³，项目编码：030211001001，计量单位：台，工程量：1。

给水泵型号 DG36-50×7，流量 32.4m³/h，项目编码：030211002001，计量单位：台，工程量：1。

离心鼓风机型号 C40-1.5，重量 1.8t，项目编码：030211003001，计量单位：台，工程量：1。

油漆，计量单位：m²，工程量：1。

【注释】 表面积按 25m² 计算。

二、计算定额工程量

Ⅱ 分析：离心式风机和过滤系统都属于《全国统一安装工程预算定额》第三册范围，该册定额对现场搬运的距离、高度、次数及脚手架搭拆以综合考虑摊销计入定额，不能另列工程量，只有二次灌浆可单列。

Ⅱ：（一）安装一台离心式风机

1）离心式风机本体安装定额，型号为 G4-73-11NO8D，定额编号 3-84，计量单位：台。

2）电动机本体安装定额，型号为 YSOF1000-4，功率为 16kW，定额编号 1-1277，计量单位：台。

3）附属系统安装定额，由于离心式风机的附属系统主要是风管道的安装，而风管道的安装和其所配套锅炉有关，根据锅炉出力大小来定管道安装定额，此处暂定其配套锅炉出力为 60t/h，因此附属系统定额编号为 3-90。

4）平台、扶梯、栏杆制作安装定额，材料：成型角钢，焊接，定额编号：5-2163。

5）保温，毡类制品，定额编号：11-2021，总计 20m²。

6）油漆，定额编号：11-305，计量单位：10m²，工程量：10。

【注释】 10——离心式风机的面积为 100m²。

Ⅱ：（二）过滤系统定额

1）内滤面转鼓真空过滤器本体安装定额，型号为 GN8/2.7，定额编号：3-270，计量单位：台。

2）低压除氧器水箱型号 DS-6，容积 6m³，定额编号：3-302。

3）给水泵型号 DG36-50×7，定额编号：3-169。

4）离心鼓风机型号 C40-1.5，重量 1.8t，定额编号：1-710。

5）油漆，定额编号：11-305，计量单位：$10m^3$。

【注释】 由于油漆要两遍，所以费用＝第一遍费用＋第二遍费用

综合价格：

① 地脚螺栓孔灌浆总计量：$0.6+0.6+0.2=1.4m^3$

② 底座与基础间灌浆总量：$0.8+0.8+0.3=1.9m^3$

③ 一般起重机具摊销费：$40.5×12=486$ 元

④ 无负荷试运转用油、电费（估）为 2000 元

⑤ 脚手架搭拆费：$(400.10+262.11+6984.29)×10\%=764.65$ 元

三、综合单价分析见表5-5、表5-6

工程量清单综合单价分析表

表 5-5

工程名称：某热力设备厂房　　　　　　　标段：　　　　　　　第　页　共　页

项目编码	030203001001	项目名称		离心式风机安装		计量单位	台		工程量	1

清单综合单价组成明细

定额编号	定额名称	定额单位	数量	单价				合价			
				人工费	材料费	机械费	管理费和利润	人工费	材料费	机械费	管理费和利润
3-84	离心式风机本体	台	1.00	548.92	2383.75	310.57	1362.16	548.92	2383.75	310.57	1362.16
1-1277	电动机本体	台	1.00	107.28	209.06	128.78	186.95	107.28	209.06	128.78	186.95
3-90	附属系统	台	1.00	236.84	178.54	357.42	324.58	236.84	178.54	357.42	324.58
5-2163	平台、扶梯、栏杆制作	台	1.00	794.82	180.55	714.94	709.93	794.82	180.55	714.94	709.93
11-2021	保温	m^2	20.00	36.69	67.91	6.75	46.77	733.80	1358.20	135.00	935.34
11-305	油漆	$10m^2$	1.00	24.33	0.73	19.88	18.87	24.33	0.73	19.88	18.87
人工单价		小计						2664.96	4317.40	1845.51	3707.71
元/工日		未计价材料费									
清单项目综合单价								12535.58			

材料费明细	主要材料名称、规格、型号		单位	数量		单价（元）	合价（元）	暂估单价(元)	暂估合价(元)
	其他材料费								
	材料费小计								

工程量清单综合单价分析表　　　　　　　　表 5-6

工程名称：某热力设备厂房　　　标段：　　　　　　　　　　　　第 页 共 页

项目编码	030219001001		项目名称		过滤器安装		计量单位		台	工程量	1

清单综合单价组成明细

定额编号	定额名称	定额单位	数量	单价				合价			
				人工费	材料费	机械费	管理费和利润	人工费	材料费	机械费	管理费和利润
3-270	内滤面转鼓真空过滤器	台	1.00	543.35	158.58	318.60	428.62	543.35	158.58	318.60	428.62
3-302	低压除氧器水箱	台	1.00	235.22	227.24	368.58	349.04	235.22	227.24	368.58	349.04
3-169	给水泵	台	1.00	1861.78	1308.10	799.44	1667.11	1861.78	1308.10	799.44	1667.11
1-710	离心鼓风机	台	1.00	3025.98	777.52	326.1	1734.43	3025.98	777.52	326.10	1734.43
11-305	油漆	m²	1.00	24.33	0.73	19.88	18.87	24.33	0.73	19.88	18.87
人工单价			小计					5909.63	2478.74	2011.52	4367.95
元/日			未计价材料费								
清单项目综合单价								14767.84			

材料费明细	主要材料名称、规格、型号		单位	数量	单价（元）	合价（元）	暂估单价（元）	暂估合价（元）
	其他材料费							
	材料费小计							

某热力设备厂房清单工程量见表 5-7。

清单工程量　　　　　　　　　　　　　　表 5-7

序号	项目编码	项目名称	项目特征描述	计量单位	工程量
1	030104001001	起重机	起重机单重 22t,跨度 22.5m,安装标高 10.5m	台	1
2	030101002001	普通卧式车床	普通卧式车床型号：C2216.8,外形尺寸：（长×宽×高）4681mm×1732mm×2158mm,单机重 15t	台	1
3	030101004001	摇臂钻床	摇臂钻床,型号为 Z3040×16,最大钻孔直径 400mm,本体安装,该钻床重 3.50t	台	1
4	030211001001	低压除氧器水箱	型号 DS-6,容积 6m³,工作压力 0.020MPa,工作温度 104℃,重量 2086kg	台	1
5	030203001001	离心式风机安装	离心式风机安装,型号 G4-73-11NO8D,额定转速为 1450r/min,最大压力为 2500Pa,额定流量为 115m³/h,出力为 15t/h 台 1	台	1

该热力设备厂房的工程预算表、分部分项工程和单价措施项目清单与计价表、工程量清单综合单价分析表分别见表5-8、表5-9和表5-2~表5-6。

工程预算表　　　　表5-8

序号	定额编号	分项工程名称	计量单位	工程量	基价(元)	其中(元)			合价(元)
						人工费	材料费	机械费	
1	1-334	起重机安装	台	1	12749.34	6984.29	817.44	5965.95	12749.34
2	1-9	普通卧式车床	台	1	496.9	262.11	191.13	43.66	496.9
3	1-40	摇臂钻床	台	1	737.07	400.1	266.58	70.39	737.07
4	3-84	离心式风机本体安装	台	1	3243.24	548.92	2383.75	310.57	3243.24
5	1-1277	电动机本体	台	1	445.12	107.28	209.06	128.78	445.12
6	3-90	附属系统安装	台	1	772.8	236.84	178.54	357.42	772.8
7	5-2163	平台、扶梯、栏杆制作安装	台	1	1690.31	794.82	180.55	714.94	1690.31
8	11-2021	保温	台	1	222.7	73.38	135.82	13.5	222.7
9	11-305	油漆	10m²	1	270.48	243.3	7.3	19.88	270.48
10	3-270	内滤面转鼓真空过滤器本体安装	台	1	1020.53	543.35	158.58	318.6	1020.53
11	3-302	低压除氧器水箱	台	1	831.04	235.22	227.24	368.58	831.04
12	3-169	给水泵	台	1	3969.32	1861.78	1308.1	799.44	3969.32
13	1-710	离心鼓风机	台	1	4129.6	3025.98	777.52	326.1	4129.6
14	11-305	油漆	10m²	1	112.35	60.825	1.825	49.7	112.35
15	1-1414	地脚螺栓灌浆	m³	1.4	295.11	81.27	213.84	—	413.154
16	1-1419	底座与基础间灌浆总量	m³	1.9	421.72	119.35	302.37	—	801.268
17	—	一般起重机具摊销费	t	40.5	12				486
18	—	无负荷试运转用油、电费(估)	—	—	2000				2000
19	—	脚手架搭拆费	元	—	764.65	—	—	—	764.65
合计									35155.872

分部分项工程和单价措施项目清单与计价表　　　　表5-9

序号	项目编码	项目名称	项目特征描述	计量单位	工程量	金额(元)		
						综合单价	合价	其中：暂估价
1	030104001001	起重机安装	单重22t,跨度22.5m,安装标高10.5m	台	1	19843.26	18104.06	—

序号	项目编码	项目名称	项目特征描述	计量单位	工程量	金额(元)		
						综合单价	合价	其中：暂估价
2	030101002001	普通卧式车床	型号：C2216.8,外形尺寸：（长 × 宽 × 高）4681mm × 1732mm × 2158mm,单机重 15t	台	1	2049.95	2049.95	—
3	030101004001	摇臂钻床	型号为 Z3040×16,最大钻孔直径 400mm	台	1	2796.8	2796.8	—
4	030211001001	离心式风机本体安装	型号 G4-73-11NO8D,额定转速为 1450r/min	台	1	12535.58	12535.58	—
5	030203001001	内滤面转鼓真空过滤器本体安装	型号为 GN8/2.7	台	1	14767.84	14767.84	—
		总计					50254.23	

四、投标报价

投标总价

招标人：热力设备厂

工程名称：热力设备厂房安装工程

投标总价(小写)：＿＿＿＿67420＿＿＿＿

　　　(大写)：＿陆万柒仟肆佰贰拾＿＿＿＿

投标人：某某热力安装工程公司单位公章

　　(单位盖章)

法定代表人：某某热力安装工程公司

或其授权人：法定代表人

　　(签字或盖章)

编制人：××× 签字盖造价工程师或造价员专用章

　　(造价人员签字盖专用章)

编制时间：××××年×月×日

总 说 明

工程名称：热力设备厂房的设备安装工程　　　　　　　　　　　　　第 页 共 页

1. 工程概况：热力设备厂房主要设备如下：

10t 桥式起重机 1 台,普通卧式车床 1 台,摇臂钻床 1 台,离心式风机 1 台,安装机械过滤系统：内滤面转鼓真空过滤器,低压除氧器水箱,给水泵,离心鼓风机。

2. 投标控制价包括范围：为本次招标的热力设备厂房施工图范围内的安装工程。

3. 投标控制价编制依据：

(1)招标文件及其所提供的工程量清单和有关计价的要求,招标文件的补充通知和答疑纪要。

(2)该热力设备厂房施工图及投标施工组织设计。

(3)有关的技术标准、规范和安全管理规定。

(4)省建设主管部门颁发的计价定额和计价管理办法及有关计价文件。

(5)材料价格采用工程所在地工程造价管理机构发布的价格信息,对于造价信息没有发布的材料,其价格参照市场价。

相关附表见表 5-10～表 5-16。

工程项目投标报价汇总表　　　　　　　　　　　　表 5-10

工程名称：热力设备厂房的安装工程　　　　　　　　　　　　　第 页 共 页

序号	单项工程名称	金额(元)	其中(元)		
			暂估价	安全文明施工费	规费
1	热力设备厂房安装工程	67420.18	2000	1304.66	3711.19
	合计	67420.18	2000	1304.66	3711.19

单项工程投标报价汇总表

表 5-11

工程名称：热力设备厂房的安装工程

第 页 共 页

序号	单项工程名称	金额(元)	其中(元)		
			暂估价	安全文明施工费	规费
1	热力设备厂房安装工程	67420.18	2000	1304.66	3711.19
	合计	67420.18	2000	1304.66	3711.19

单位工程投标报价汇总表

表 5-12

工程名称：热力设备厂房的安装工程

第 页 共 页

序号	汇总内容	金额(元)	其中:暂估价(元)
1	分部分项工程	50254.23	
1.1	热力设备厂房安装工程	50254.23	
1.2			
1.3			
1.4			
2	措施项目	3387.4	
2.1	安全文明施工费	1304.66	
3	其他项目	8315.42	
3.1	暂列金额	5025.42	
3.2	专业工程暂估价	2000.00	
3.3	计日工	1210.00	
3.4	总承包服务费	80.00	
4	规费	3711.19	
5	税金	1751.94	
	合计＝1＋2＋3＋4＋5	67420.18	

注：这里的分部分项工程中存在暂估价。

分部分项工程和单价措施项目清单与计价表见表 5-9。

总价措施项目清单与计价表　　　　　　　　　　　　表 5-13

工程名称：热力设备厂房的安装工程　　　　　标段：　　　　　第　页　共　页

序号	项目名称	计算基础	费率（%）	金额（元）
1	环境保护费	人工费 （15718.74 元）	0.3	47.16
2	文明施工费	人工费	7.2	1131.75
3	安全施工费	人工费	1.1	172.91
4	临时设施费	人工费	7.0	1100.31
5	夜间施工增加费	人工费	0.05	7.86
6	缩短工期增加费	人工费	5.0	785.94
7	二次搬运费	人工费	0.7	110.03
8	已完工程及设备保护费	人工费	0.2	31.44
	合计			3387.4

注：该表费率参考《浙江省建设工程施工取费定额》（2003 年）。

其他项目清单与计价汇总表　　　　　　　　　　　　表 5-14

工程名称：热力设备厂房的安装工程　　　　　标段：　　　　　第　页　共　页

序号	项目名称	计量单位	金额（元）	备　注
1	暂列金额	项	5025.42	一般按分部分项工程的（50254.23 元）10%～15%
2	暂估价		2000	
2.1	材料暂估价		0	
2.2	专业工程暂估价	项	2000	按实际发生计算
3	计日工		1210	
4	总承包服务费		80	一般为专业工程估价的 3%～5%
	合计		8315.42	

注：第 1、4 项备注参考《工程量清单计价规范》。

　　材料暂估单价进入清单项目综合单价，此处不汇总。

计日工表

表 5-15

工程名称：热力设备厂房的安装工程　　标段：　　　　　　第　页　共　页

编号	项目名称	单位	暂定数量	综合单价(元)	合价(元)
一	人工				
1	普工	工日	8	60	480
2	技工(综合)	工日	2	80	160
3					
4					
	人工小计				640
二	材料				
1					
2					
3					
4					
5					
6					
	材料小计				
三	施工机械				
1	灰浆搅拌机	台班	1	20	20
2	自升式塔式起重机	台班	1	530	550
3					
4					
	施工机械小计				570
	总计				1210

注：此表项目，名称由招标人填写，编制招标控制价时，单价由招标人按有关计价规定确定；投标时，单价由投标人自主报价，计入投标总价中。

规费、税金项目清单与计价表

表 5-16

工程名称：热力设备厂房的安装工程　　标段：　　　　　　第　页　共　页

序号	项目名称	计算基础	费率(%)	金额(元)
一	规费	人工费 (15718.74 元)	23.61	3711.19
1.1	工程排污费			
1.2	工程定额测定费			
1.3	工伤保险费			
1.4	养老保险费			
1.5	失业保险费			
1.6	医疗保险费			
1.7	住房公积金			
1.8	危险作业意外伤害保险费			

续表

序号	项目名称	计算基础	费率(%)	金额(元)
二	税金	直接费＋综合费用＋规费 (35155.87＋15718.74×0.70＋ 3711.19＝49870.18元)	3.513	1751.94
2.1	税费	直接费＋综合费用＋规费	3.413	1702.07
2.2	水利建设基金	直接费＋综合费用＋规费	0.100	49.87
合计				5463.13

注：该表费率参考《浙江省建设工程施工取费定额》(2003年)。

工程量清单综合单价分析表见前文中的表5-2～表5-6。

案例6 氢气加压站工艺管道

第一部分 工程概况

图 6-1 所示为某一化工厂装置中的氢气加压部分工艺管道系统图。试计算此管道的工程量并套用定额与清单。

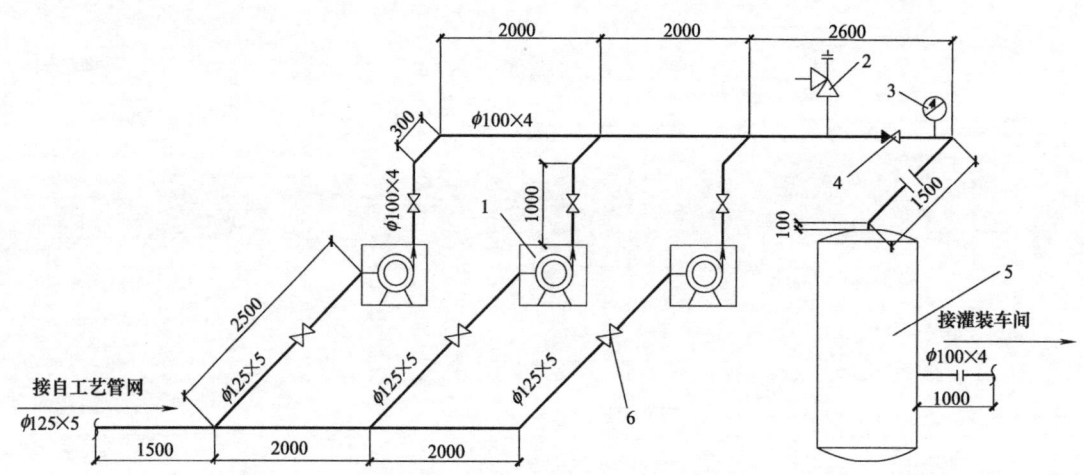

图 6-1 氢气加压部分工艺管道系统图（mm）

1—氢气加压泵；2—安全阀；3—气压计；4—止回阀；5—缓冲罐；6—截止阀

该工程说明如下：

（1）管道系统工作压力为 3.0MPa；

（2）管道均采用碳钢无缝钢管，连接均为电弧焊；

（3）所有法兰均为碳钢对焊法兰，阀门采用平焊法连接；

（4）管道安装完成要做空气吹扫，水压试验；

（5）所用弯头和三通均采用成品；

（6）对无缝碳钢管的焊口，按设计要求 50％进行 X 光射线无损探伤，胶片规格为 300mm80mm；

（7）所有管道外壁进行喷射除锈后要刷防锈漆，缓气罐引出管线采用厚度 60mm，岩棉绝热，外缠铝箔保护层。

第二部分 工程量计算及清单表格编制

【解】定额工程量套用《全国统一安装工程预算定额》第六册工业管道工程 GYD—206—2000 和第十一册 刷油、防腐蚀、绝热工程 GYD—211—2000。

第一分部 管道系统工程量

一、清单工程量

管道包括 $\phi125\times5$ 和 $\phi100\times4$ 两种碳钢无缝钢管，其工程量分别计算如下：

(1) $\phi125\times5$ 碳钢无缝管道工程量计算：

$$L_1 = 水平长度 + 竖直长度 = (1.5+2.5\times3)+2+2 = 13.0m$$

(2) $\phi100\times4$ 碳钢无缝管道工程量计算：

$$L_2 = 水平长度 + 竖直长度 = (0.3\times3+2+2+2.6+1.5)+(1\times3+0.1) = 12.1m$$

二、定额工程量

根据《全国统一安装工程预算定额》第六册 工艺管道工程 GYD—206—2000 及第十一册 刷油、防腐蚀、绝热工程 GYD—211—2000。

（一）中压碳钢管 (1)

$\phi125\times5$：13.00m；

采用定额：6—391（DN125 以内）计算，计量单位：10m。

（二）中压碳钢管 (2)

$\phi100\times4$：12.10m；

采用定额：6—390（DN100 以内）计算，计量单位：10m。

三、综合单价分析见表 6-1、表 6-2

工程量清单综合单价分析表 表 6-1

工程名称：氢气加压管道系统　　　标段：　　　　　　　　　第 页 共 页

项目编码	030802001001	项目名称	中压碳钢管, $\phi125\times5$	计量单位	m	工程量	13.00

清单综合单价组成明细

定额编号	定额名称	定额单位	数量	单价					合价				
				人工费	材料费	机械费	管理费	利润	人工费	材料费	机械费	管理费	利润
6-391	中压碳钢管 $\phi125\times5$	10m	0.1	35.02	11.31	74.64	18.91	11.02	3.50	1.13	7.46	1.89	1.10
11-24	管道喷射除锈	10m²	0.0393	33.44	21.76	111.8	18.06	14.12	1.31	0.86	4.39	0.71	0.56
11-53	管道刷防锈漆第一遍	10m²	0.0393	6.27	1.13	0	3.39	0.97	0.25	0.04	—	0.13	0.04

续表

定额编号	定额名称	定额单位	数量	单价 人工费	材料费	机械费	管理费	利润	合价 人工费	材料费	机械费	管理费	利润
11-54	管道刷防锈漆第二遍	10m²	0.0393	6.27	1.01	0	3.39	0.97	0.25	0.04	—	0.13	0.04
6-2483	管道空气吹扫	100m	0.0100	49.23	100.48	21.48	26.58	15.57	0.49	1.00	0.21	0.27	0.16
人工单价			小计						5.80	3.08	12.07	3.13	1.89
23.22元/日			未计价材料费						142.52				
清单项目综合单价									168.49				

	主要材料名称、规格、型号	单位	数量	单价（元）	合价（元）	暂估单价（元）	暂估合价（元）
材料费明细	中压碳钢管，φ125×5,无缝	m	0.94	80.50	75.75		
	石英砂	m³	0.03	2000.00	64.00		
	酚醛防锈漆各色	kg	0.24	11.40	2.77		
	其他材料费			—			
	材料费小计			—	142.52	—	

注：该费用计算参考北京市建设工程费用定额，各种费用计算如下。

1) 管理费的计算：

安装工程的管理费是以直接费中的人工费为基数，查表知管理费费率为54%。

2) 利润的计算：

利润是以直接费和企业管理费之和为基数计算，直接费包括人工费、材料费、机械费、临时设施费和现场经费，临时设施费以人工费为基数，费率为19%，现场经费也以人工费为基数，费率为31%。利润的费率为7%，因此利润的计算公式为利润=（1.5×人工费+机械费+材料费）×0.07。

3) 以下各综合单价分析表的计算和此相同，不再说明。

工程量清单综合单价分析表

表6-2

工程名称：氢气加压管道系统　　　　标段：　　　　　　第　页　共　页

项目编码	030802001002	项目名称	中压碳钢管φ100×4	计量单位	m	工程量	12.10

清单综合单价组成明细

定额编号	定额名称	定额单位	数量	单价 人工费	材料费	机械费	管理费	利润	合价 人工费	材料费	机械费	管理费	利润
6-390	中压碳钢管φ10×4	10m	0.1	34.71	10.51	56	18.74	9.61	3.47	1.05	5.60	1.87	0.96
11—24	管道喷射除锈	10m²	0.0314	33.44	21.76	111.8	18.06	14.12	1.05	0.68	3.51	0.57	0.44
11—53	管道刷防锈漆第一遍	10m²	0.0314	6.27	1.13	0	3.39	0.97	0.20	0.04	—	0.11	0.03
11—54	管道刷防锈漆第二遍	10m²	0.0314	6.27	1.01	0	3.39	0.97	0.20	0.03	—	0.11	0.03

续表

定额编号	定额名称	定额单位	数量	单价					合价				
				人工费	材料费	机械费	管理费	利润	人工费	材料费	机械费	管理费	利润
6-2483	管道空气吹扫	100m	0.0100	39.94	54.4	19.47	21.57	10.87	0.40	0.54	0.19	0.22	0.11
人工单价		小计							5.31	2.35	9.31	2.87	1.57
23.22 元/日		未计价材料费							132.32				
		清单项目综合单价							153.73				

	主要材料名称、规格、型号	单位	数量	单价(元)	合价(元)	暂估单价(元)		暂估合价(元)
材料费明细	中压碳钢管，$\phi100\times4$，无缝	m	0.96	68.50	65.55			
	石英砂	m³	0.03	2000.00	64.00			
	酚醛防锈漆各色	kg	0.24	11.40	2.77			
	其他材料费			—		—		
	材料费小计			—	132.32			

第二分部 成品管件工程量

一、清单工程量

（1）碳钢对焊法兰，2 副。

（2）中压法兰阀门，截止阀，6 个。

（3）中压法兰阀门，止回阀，1 个。

（4）中压安全阀门，安全阀 1 个。

（5）弯头，$\phi125\times5$，1 个，$\phi100\times4$，6 个。

（6）三通，$\phi125\times5$，2 个，$\phi100\times4$，2 个。

二、定额工程量

1. 碳钢对焊法兰，$\phi100\times4$

共 2 副，采用定额 6—1719（DN100 以内）计算，计量单位：副。

2. 中压法兰阀门，截止阀，$\phi125\times5$

共 3 个，采用定额 6—1385（DN125 以内）计算，计量单位：个。

3. 中压法兰阀门，截止阀，$\phi100\times4$

共 3 个，采用定额 6—1384（DN100 以内）计算，计量单位：个。

4. 中压法兰阀门，止回阀，$\phi100\times4$

共 1 个，采用定额 6—1384（DN100 以内）计算，计量单位：个。

5. 中压法兰阀门，安全阀，$\phi100\times4$

共 1 个，采用定额 6—1384（DN100 以内）计算，计量单位：个。

6. 中压碳钢管件，三通，$\phi125\times5$

共 2 个，采用定额 6—1020（DN125 以内）计算，计量单位：10 个。

7. 中压碳钢管件，三通，$\phi100\times4$

共 2 个，采用定额 6—1019（DN100 以内）计算，计量单位：10 个。

8. 中压碳钢管件，弯头，$\phi125 \times 5$

共 1 个，采用定额 6—1020（DN150 以内）计算，计量单位：10 个。

9. 中压碳钢管件，弯头，$\phi100 \times 4$

共 6 个，采用定额 6—1019（DN100 以内）计算，计量单位：10 个。

三、综合单价分析见表6-3～表6-11

工程量清单综合单价分析表 表6-3

工程名称：氢气加压管道系统　　　　标段：　　　　　　　　第 页 共 页

项目编码	030811002001	项目名称	碳钢对焊法兰（DN100）		计量单位	副	工程量	2

清单综合单价组成明细

定额编号	定额名称	定额单位	数量	单价					合价				
				人工费	材料费	机械费	管理费	利润	人工费	材料费	机械费	管理费	利润
6-1719	碳钢对焊法兰（DN100）	副	1	10.61	11.58	11.62	5.73	3.14	10.61	11.58	11.62	5.73	3.14
人工单价			小计						10.61	11.58	11.62	5.73	3.14
23.22 元/日			未计价材料费						31.00				
清单项目综合单价									73.68				

材料费明细	主要材料名称、规格、型号	单位	数量	单价（元）	合价（元）	暂估单价(元)	暂估合价(元)
	中压碳钢对焊法兰	片	2.00	15.50	31.00		
	其他材料费			—	—		
	材料费小计			—	31.00		

工程量清单综合单价分析表 表6-4

工程名称：氢气加压管道系统　　　　标段：　　　　　　　　第 页 共 页

项目编码	030808003001	项目名称	中压法兰阀门		计量单位	个	工程量	6

清单综合单价组成明细

定额编号	定额名称	定额单位	数量	单价					合价				
				人工费	材料费	机械费	管理费	利润	人工费	材料费	机械费	管理费	利润
6-1385	中压法兰阀门	个	1	29.05	8.94	6.30	15.69	5.22	29.05	8.94	6.30	15.69	5.22
人工单价			小计						29.05	8.94	6.30	15.69	5.22
23.22 元/日			未计价材料费						155.50				
清单项目综合单价									220.69				

材料费明细	主要材料名称、规格、型号	单位	数量	单价（元）	合价（元）	暂估单价(元)	暂估合价(元)
	中压法兰阀门，截止阀，DN125,J41T-16	个	1.00	155.50	155.50		
	其他材料费			—	—		
	材料费小计			—	155.50		

工程量清单综合单价分析表　　表 6-5

工程名称：氢气加压管道系统　　　　标段：　　　　　　第　页　共　页

| 项目编码 | 030808003002 | 项目名称 | 中压法兰阀门 | 计量单位 | 个 | 工程量 | 1 |

清单综合单价组成明细

定额编号	定额名称	定额单位	数量	单价					合价				
				人工费	材料费	机械费	管理费	利润	人工费	材料费	机械费	管理费	利润
6-1384	中压法兰阀门	个	1	23.01	7.32	4.08	12.43	4.08	23.01	7.32	4.08	12.43	4.08
人工单价		小计							23.01	7.32	4.08	12.43	4.08
23.22 元/日		未计价材料费							125.50				
		清单项目综合单价							176.42				

材料费明细	主要材料名称、规格、型号	单位	数量	单价(元)	合价(元)	暂估单价(元)	暂估合价(元)
	中压法兰阀门,截止阀,DN100,J41T-16	个	1.00	125.50	125.50		
	其他材料费			—	—		
	材料费小计			—	125.50	—	

工程量清单综合单价分析表　　表 6-6

工程名称：氢气加压管道系统　　　　标段：　　　　　　第　页　共　页

| 项目编码 | 030808003003 | 项目名称 | 中压法兰阀门 | 计量单位 | 个 | 工程量 | 1 |

清单综合单价组成明细

定额编号	定额名称	定额单位	数量	单价					合价				
				人工费	材料费	机械费	管理费	利润	人工费	材料费	机械费	管理费	利润
6-1384	中压法兰阀门	个	1	23.01	7.32	4.08	12.43	4.08	23.01	7.32	4.08	12.43	4.08
人工单价		小计							23.01	7.32	4.08	12.43	4.08
23.22 元/日		未计价材料费							120.50				
		清单项目综合单价							171.42				

材料费明细	主要材料名称、规格、型号	单位	数量	单价(元)	合价(元)	暂估单价(元)	暂估合价(元)
	中压法兰阀门,止回阀,H61T-16(DN100)	个	1.00	120.50	120.50		
	其他材料费			—	—		
	材料费小计			—	120.50	—	

工程名称：氢气加压管道系统　　　　标段：　　　　　　　第　页　共　页

| 项目编码 | 030608004001 | 项目名称 | 中压安全阀门 | 计量单位 | 个 | 工程量 | 1 |

清单综合单价组成明细

定额编号	定额名称	定额单位	数量	单价					合价				
				人工费	材料费	机械费	管理费	利润	人工费	材料费	机械费	管理费	利润
6-1384	中压法兰阀门	个	1	23.01	7.32	4.08	12.43	4.08	23.01	7.32	4.08	12.43	4.08
人工单价			小计						23.01	7.32	4.08	12.43	4.08
23.22 元/日			未计价材料费						130.50				
清单项目综合单价									181.42				

	主要材料名称、规格、型号	单位	数量	单价（元）	合价（元）	暂估单价(元)	暂估合价(元)
材料费明细	中压安全阀门，弹簧式安全阀（DN100）	个	1.00	130.50	130.50		
	其他材料费			—		—	
	材料费小计			—	130.50	—	

工程名称：氢气加压管道系统　　　　标段：　　　　　　　第　页　共　页

| 项目编码 | 030607003001 | 项目名称 | 中压碳钢管件 | 计量单位 | 个 | 工程量 | 2 |

清单综合单价组成明细

定额编号	定额名称	定额单位	数量	单价					合价				
				人工费	材料费	机械费	管理费	利润	人工费	材料费	机械费	管理费	利润
6-1020	中压碳钢对焊管件	10 个	0.1	159.24	88.27	135.84	85.99	38.43	15.92	8.83	13.58	8.60	3.84
人工单价			小计						15.92	8.83	13.58	8.60	3.84
23.22 元/日			未计价材料费						70.50				
清单项目综合单价									121.28				

	主要材料名称、规格、型号	单位	数量	单价（元）	合价（元）	暂估单价(元)	暂估合价(元)
材料费明细	中压碳钢管件，φ1255，三通	个	1.00	70.50	70.50		
	其他材料费			—		—	
	材料费小计			—	70.50	—	

工程量清单综合单价分析表

表 6-9

工程名称：氢气加压管道系统　　　　标段：　　　　　　　　第 页 共 页

项目编码	030607003002	项目名称	中压碳钢管件	计量单位	个	工程量	2

清单综合单价组成明细

定额编号	定额名称	定额单位	数量	单价					合价				
				人工费	材料费	机械费	管理费	利润	人工费	材料费	机械费	管理费	利润
6-1019	中压碳钢对焊管件	10个	0.1	123.32	82.29	115.99	66.59	31.49	12.33	8.23	11.60	6.66	3.15
人工单价		小计							12.33	8.23	11.60	6.66	3.15
23.22 元/日		未计价材料费							56.50				
清单项目综合单价									98.47				

材料费明细	主要材料名称、规格、型号	单位	数量	单价（元）	合价（元）	暂估单价(元)	暂估合价(元)
	中压碳钢管件 $\phi100\times4$,三通	个	1.00	56.50	56.50		
	其他材料费			—	—		
	材料费小计				56.50	—	

工程量清单综合单价分析表

表 6-10

工程名称：氢气加压管道系统　　　　标段：　　　　　　　　第 页 共 页

项目编码	030607003003	项目名称	中压碳钢管件	计量单位	个	工程量	1

清单综合单价组成明细

定额编号	定额名称	定额单位	数量	单价					合价				
				人工费	材料费	机械费	管理费	利润	人工费	材料费	机械费	管理费	利润
6-1020	中压碳钢对焊管件	10个	0.1	159.24	88.27	135.84	85.99	38.43	15.92	8.83	13.58	8.60	3.84
人工单价		小计							15.92	8.83	13.58	8.60	3.84
23.22 元/日		未计价材料费							35.50				
清单项目综合单价									86.28				

材料费明细	主要材料名称、规格、型号	单位	数量	单价（元）	合价（元）	暂估单价(元)	暂估合价(元)
	中压碳钢管件, $\phi125\times5$,弯头	个	1.00	35.50	35.50		
	其他材料费			—	—		
	材料费小计			—	35.50	—	

工程量清单综合单价分析表

表 6-11

工程名称：氢气加压管道系统　　　　标段：　　　　　　　　　　第 页 共 页

项目编码	030607003004	项目名称	中压碳钢管件	计量单位	个	工程量	6

清单综合单价组成明细

定额编号	定额名称	定额单位	数量	单价					合价				
				人工费	材料费	机械费	管理费	利润	人工费	材料费	机械费	管理费	利润
6-1019	中压碳钢对焊管件	10个	0.1	123.32	82.29	115.99	66.59	31.49	12.33	8.23	11.60	6.66	3.15
人工单价			小计						12.33	8.23	11.60	6.66	3.15
23.22 元/日			未计价材料费						25.50				
清单项目综合单价									67.47				

	主要材料名称、规格、型号	单位	数量	单价（元）	合价（元）	暂估单价（元）	暂估合价（元）
材料费明细	中压碳钢管件，$\phi100\times4$,弯头	个	1.00	25.50	25.50		
	其他材料费			—		—	
	材料费小计			—	25.50		

第三分部　喷射除锈工程量

一、清单工程量

（1）$\phi125\times5$ 碳钢无缝管道外壁表面积：

$S_1 = \pi D_1 L_1 = 3.14 \times 0.125 \times 13.00 = 5.103 \text{m}^2$；

【注释】　D_1——所求外壁表面积的无缝钢管直径；

　　　　　L_1——所求外壁表面积的无缝钢管长度。

（2）$\phi100\times4$ 碳钢无缝管道外壁表面积：

$S_2 = \pi D_2 L_2 = 3.14 \times 0.100 \times 12.10 = 3.799 \text{m}^2$；

【注释】　D_2——所求外壁表面积的无缝钢管直径；

　　　　　L_2——所求外壁表面积的无缝钢管长度。

共计该管道系统中喷射除锈工程量为：

$$S = S_1 + S_2 = 5.103 + 3.799 = 8.902 \text{m}^2$$

二、定额工程量

管道除锈（喷射除锈）：

$\phi125\times5$：5.103m²；$\phi100\times4$：3.799m²

共计：8.902m²，采用定额：11—24 计算，计量单位：10m²。

第四分部　该系统管道刷防锈漆工程量

一、清单工程量

（1）$\phi125\times5$ 碳钢无缝管道刷防锈漆工程量：

$S_1 = \pi D_1 L_1 = 3.14 \times 0.125 \times 13.00 = 5.103 \text{m}^2$；

【注释】　D_1——所求要刷防锈漆的无缝钢管直径；

　　　　　L_1——所求要刷防锈漆的无缝钢管长度。

（2）$\phi 100 \times 4$ 碳钢无缝管道刷防锈漆工程量：

$S_2 = \pi D_2 L_2 = 3.14 \times 0.100 \times 12.10 = 3.799 \text{m}^2$；

【注释】　D_2——所求外壁表面积的无缝钢管直径；

　　　　　L_2——所求外壁表面积的无缝钢管长度。

共计该管道系统中刷防锈漆工程量为：

$S = S_1 + S_2 = 5.103 + 3.799 = 8.902 \text{m}^2$

二、定额工程量

（1）管道刷防锈漆第一遍：

$\phi 125 \times 5$：5.103m^2；$\phi 100 \times 4$：3.799m^2

共计：8.902m^2，采用定额：11—53 计算，计量单位：10m^2。

（2）管道刷防锈漆第二遍：

$\phi 125 \times 5$：5.103m^2；$\phi 100 \times 4$：3.799m^2

共计：8.902m^2，采用定额：11—54 计算，计量单位：10m^2。

第五分部　该管道系统管道外包 $\delta = 60\text{mm}$ 岩棉工程量

一、清单工程量

该系统要包岩棉的管道工程量计算：

缓气罐引出管线 $\phi 100 \times 4$ 管道长度为 $L_3 = 1.00\text{m}$

故管道的绝热工程量计算：

$$V = \pi(D_2 + \delta + \delta \times 3.3\%) \times (\delta + \delta \times 3.3\%) \times L_3$$
$$= 3.14 \times (0.10 + 0.06 + 0.060.033) \times (0.06 + 0.06 \times 0.033) \times 1.00$$
$$= 0.0315 \text{m}^3$$

【注释】　D_2——所求要包岩棉无缝钢管的直径；

　　　　　δ——管道外面要包岩棉层的厚度；

　　　　　3.3%——岩棉层厚度允许超厚系数；

　　　　　L_3——所求要包岩棉无缝钢管的长度。

二、定额工程量

管道外包 $\delta = 60\text{mm}$ 岩棉绝热材料：$\phi 100 \times 4$

共计：0.0315m^3，采用定额：11—1981（$DN133$ 以下）计算，计量单位：m^3。

第六分部　该系统管道保温层外缠保护层铝箔，其工程量

一、清单工程量

缓气罐引出管线 $\phi 100 \times 4$ 无缝钢管道外缠保护层工程量计算：

$$S = \pi(a + 2\delta + 2\delta \times 5\% + 2d_1 + 2d_2)L_3$$

$=3.14\times(0.10+2\times0.06+2\times0.06\times5\%+0.0032+0.005)\times1.00$

$=0.735m^2$

【注释】 a——管道外径（m）；

$\qquad\delta$——绝热层厚度（m）；

$\qquad 5\%$——绝热材料允许超厚系数；

$\qquad d_1$——用于捆托保温材料的金属线或钢带厚度（一般取定 16 号线，$2d_1=$ $0.0032m$）；

$\qquad d_2$——防潮层厚度（取定 350g 油毡纸，$3d_2=0.005m$）。

二、定额工程量

管道外保护层缠铝箔：$\phi100\times4$

共计：$0.735m^2$，采用定额 11—2165 计算，计量单位：$10m^2$。

第七分部　该管道系统空气吹扫工程量

一、清单工程量

（1）公称直径 200mm 以内管道工程量计算：

$\phi125\times5$，$L_1=13.0m$

（2）公称直径 100mm 以内管道工程量计算：

$\phi100\times4$，$L_2=12.1m$

二、定额工程量

（1）管道空气吹扫：$\phi125\times5$

共计：$13.00m$，采用定额 6—2483（$DN200$ 以内）计算，计量单位：100m

（2）管道空气吹扫：$\phi100\times4$

共计：$12.10m$，采用定额 6—2482（$DN100$ 以内）计算，计量单位：100m

三、综合单价分析见表 6-12

工程量清单综合单价分析表　　　　　　　　　　　　　表 6-12

工程名称：氢气加压管道系统　　　　标段：　　　　　　　　　第　页　共　页

| 项目编码 | 030802001003 | 项目名称 | 中压碳钢管,$\phi100\times4$ | 计量单位 | m | 工程量 | 8.902 |

清单综合单价组成明细

定额编号	定额名称	定额单位	数量	单　价					合　价				
				人工费	材料费	机械费	管理费	利润	人工费	材料费	机械费	管理费	利润
6-390	中压碳钢管,$\phi100\times4$	10m	0.1	34.71	10.51	56	18.74	9.61	3.47	1.05	5.60	1.87	0.96
11-24	管道喷射除锈	10m²	0.0314	33.44	21.76	111.8	18.06	14.12	1.05	0.68	3.51	0.57	0.44

定额编号	定额名称	定额单位	数量	单价					合价				
				人工费	材料费	机械费	管理费	利润	人工费	材料费	机械费	管理费	利润
11-53	管道刷防锈漆第一遍	10m²	0.0314	6.27	1.13	0	3.39	0.97	0.20	0.04	—	0.11	0.03
11-54	管道刷防锈漆第二遍	10m²	0.0314	6.27	1.01	0	3.39	0.97	0.20	0.03	—	0.11	0.03
6-2483	管道空气吹扫	100m	0.0100	39.94	54.4	19.47	21.57	10.87	0.40	0.54	0.19	0.22	0.11
11-1981	管道外包δ=60mm岩棉绝热材料	m³	0.0315	50.16	20.3	6.75	27.09	9.06	1.58	0.64	0.21	0.85	0.29
11-2165	管道外保护层缠铝箔	10m²	0.0735	32.74	194.24	0	17.68	18.27	2.41	14.28	—	1.3	1.34
人工单价		小计							5.31	2.35	9.31	2.87	1.57
23.22元/日		未计价材料费							147.77				
清单项目综合单价									169.18				

	主要材料名称、规格、型号	单位	数量	单价(元)	合价(元)	暂估单价(元)	暂估合价(元)
材料费明细	中压碳钢管,φ100×4,无缝	m	0.96	68.50	65.55		
	石英砂	m³	0.03	2000.00	64.00		
	酚醛防锈漆各色	kg	0.24	11.40	2.77		
	毡类制品	m³	1.03	15.00	15.45		
	其他材料费			—			
	材料费小计			—	147.77	—	

第八分部　该管道系统液压试验工程量

一、清单工程量

(1) 公称直径200mm以内管道工程量计算：

$\phi125\times5$，$L_1=13.0$m

(2) 公称直径100mm以内管道工程量计算：

$\phi100\times4$，$L_2=12.1$m

第九分部　该管道系统做X射线无损伤探测工程量

一、清单工程量

$\phi125\times5$焊口共计：$3\times2+2\times1+2\times3=14$个

【注释】　式中焊口的计算公式为：

焊口数量＝4×四通的个数＋3×三通的个数＋2×弯头的个数＋2×阀的个数

2——三通的个数

1——弯头的个数；

3——阀的个数；

$\phi 100 \times 4$ 焊口共计：$3 \times 2 + 2 \times 6 + 2 \times 5 = 28$ 个

【注释】 式中焊口的计算公式为：

焊口数量＝4×四通的个数＋3×三通的个数＋2×弯头的个数＋2×阀的个数

2——三通的个数；

6——弯头的个数；

5——阀的个数；

(1) 一个 $\phi 125 \times 4$ 焊口需要拍张数：

$125 \times \pi / (300 - 25 \times 2) = 1.57$，取两张

【注释】 125——要探测的管道直径；

300——胶片的规格长度；

25——X 光底片搭接长度应不小于 25mm，此处取 25mm。

(2) 一个 $\phi 32 \times 3$ 焊口需要拍张数：

$100 \times \pi / (300 - 25 \times 2) = 1.256$，取两张

【注释】 100——要探测的管道直径；

300——胶片的规格长度；

25——X 光底片搭接长度应不小于 25mm，此处取 25mm。

故设计要求按 50% 比例作 X 射线无损伤探测，共需拍张数：

$(2 \times 14 + 2 \times 28) \times 50\% = 42$ 张

二、定额工程量

管道焊口 X 射线无损伤探测：

焊口个数：$\phi 125 \times 5$：14 个；$\phi 100 \times 4$：28 个

胶片张数：$\phi 125 \times 5$：14 张；$\phi 100 \times 4$：28 张

共计：42 张，采用定额 6—2540（管壁厚 16mm 以下）计算，计量单位：10 张。

三、综合单价分析见表 6-13

工程量清单综合单价分析表

表 6-13

工程名称：氢气加压管道系统　　　　标段：　　　　　　　　　　第　页　共　页

项目编码	030816003001	项目名称	管道焊口 X 射线无损伤探测	计量单位	个	工程量	42

<table>
<tr><td colspan="16" align="center">清单综合单价组成明细</td></tr>
<tr><td rowspan="2">定额编号</td><td rowspan="2">定额名称</td><td rowspan="2">定额单位</td><td rowspan="2">数量</td><td colspan="5">单 价</td><td colspan="5">合 价</td></tr>
<tr><td>人工费</td><td>材料费</td><td>机械费</td><td>管理费</td><td>利润</td><td>人工费</td><td>材料费</td><td>机械费</td><td>管理费</td><td>利润</td></tr>
<tr><td>6-2536</td><td>管道焊口 X 射线无损伤探测</td><td>10 张</td><td>0.1</td><td>106.81</td><td>215.47</td><td>103.48</td><td>57.68</td><td>37.58</td><td>10.68</td><td>21.55</td><td>10.35</td><td>5.77</td><td>3.76</td></tr>
</table>

续表

定额编号	定额名称	定额单位	数量	单 价					合 价				
				人工费	材料费	机械费	管理费	利润	人工费	材料费	机械费	管理费	利润
人工单价			小计						10.68	21.55	10.35	5.77	3.76
23.22 元/日			未计价材料费						0.00				
			清单项目综合单价						52.10				

	主要材料名称、规格、型号	单位	数量	单价(元)	合价(元)	暂估单价(元)	暂估合价(元)
材料费明细							
	其他材料费			—		—	
	材料费小计			—	0.00	—	

故：根据《通用安装工程工程量计算规范》（GB 50854—2013），清单工程量计算见表 6-14。

清单工程量 表 6-14

序号	项目编号	项目名称	项目特征描述	计量单位	工程量
1	030802001001	中压碳钢管	中压碳钢无缝管,电弧焊,$\phi125\times5$,水压试验,空气吹灰,除锈,刷防锈漆	m	13
2	030802001002	中压碳钢管	中压碳钢无缝管,电弧焊,$\phi100\times4$,水压试验,空气吹灰,除锈,刷防锈漆	m	12.1
3	030811002001	碳钢对焊法兰	对焊,$\phi100\times4$	副	2
4	030808003001	中压法兰阀门	截止阀,平焊连接,DN125,J41T-16	个	3
5	030808003002	中压法兰阀门	截止阀,平焊连接,DN100,J41T-16	个	3
6	030808003003	中压法兰阀门	止回阀,平焊连接,H61T-16(DN100)	个	1
7	030608004001	中压安全阀门	弹簧式安全阀	个	1
8	030607003001	中压碳钢管件	$\phi125\times5$,三通	个	2
9	030607003002	中压碳钢管件	$\phi100\times4$,三通	个	4
10	030607003003	中压碳钢管件	$\phi125\times5$,弯头	个	2
11	030607003004	中压碳钢管件	$\phi100\times4$,弯头	个	2
12	030816003001	焊缝X光射线探伤	胶片规格:80mm×300mm,$\phi125\times5$	张	14
13	030816003002	焊缝X光射线探伤	胶片规格:80mm×300mm,$\phi100\times4$	张	28

注：项目编码从《通用安装工程工程量计算规范》中的工业管道工程中查得，清单工程量计算表中的单位为常用的基本单位，工程量是仅考虑图纸上的数据而计算得出的数据。

工程预算见表 6-15，分部分项工程和单价措施项目清单与计价表见表 6-16，工程量清单综合单价分析表见表 6-1～表 6-13。

氢气加压站工艺管道工程预算表
表 6-15

序号	定额编号	项目名称	计量单位	工程量	基价(元)	人工费	材料费	机械费	合价(元)
						其中(元)			
1	6-391	中压碳钢无缝管	10m	1.3	120.97	35.02	11.31	74.64	157.26
2	6-390	中压碳钢无缝管	10m	1.21	101.22	34.71	10.51	56.00	122.48
3	6-1719	碳钢对焊法兰	副	2	33.81	10.61	11.58	11.62	67.62
4	6-1385	中压法兰阀门	个	3	44.29	29.05	8.94	6.30	132.87
5	6-1384	中压法兰阀门	个	3	34.41	23.01	7.32	4.08	103.23
6	6-1384	中压法兰阀门	个	1	34.41	23.01	7.32	4.08	34.41
7	6-1384	中压法兰阀门	个	1	34.41	23.01	7.32	4.08	34.41
8	6-1020	中压碳钢管件	10个	0.2	383.35	159.24	88.27	135.84	76.67
9	6-1019	中压碳钢管件	10个	0.2	321.60	123.32	82.29	115.99	64.32
10	6-1020	中压碳钢管件	10个	0.1	383.35	159.24	88.27	135.84	38.34
11	6-1019	中压碳钢管件	10个	0.6	321.60	123.32	82.29	115.99	192.96
12	11-24	管道除锈(喷射除锈)	10m²	0.89	167.00	33.44	21.76	111.80	122.28
13	11-53	管道刷防锈漆第一遍	10m²	0.89	7.40	6.27	1.13	—	6.586
14	11-54	管道刷防锈漆第二遍	10m²	0.89	7.28	6.27	1.01	—	6.479
15	11-1981	管道外包 $\delta=60mm$ 岩棉绝热材料	m³	0.0315	77.21	50.16	20.30	6.75	2.43
16	11-2165	管道外保护层缠铝箔	10m²	0.0735	226.98	32.74	194.24	—	16.68
17	6-2483	管道空气吹扫	100m	0.13	171.19	49.23	100.48	21.48	22.255
18	6-2482	管道空气吹扫	100m	0.121	113.81	39.94	54.40	19.47	13.77
19	6-2536	管道焊口 X 射线无损伤探测	10张	4.2	425.76	106.81	215.47	103.48	1778.19
		合计							2945.69

注：该表格中未计价材料均未在材料费中体现，具体可参考综合单价分析表。表格中单位采用的是定额单位，工程量为定额工程量，基价通过《全国统一安装工程预算定额》可查到。

分部分项工程和单价措施项目清单与计价表
表 6-16

工程名称：氢气加压管道系统　　　　　标段：　　　　　　　　　第　页　共　页

序号	项目编号	项目名称	项目特征描述	计量单位	工程量	综合单价	合价	其中:暂估价
						金额(元)		
1	030802001001	中压碳钢管	中压碳钢无缝管，电弧焊，$\phi125\times5$，水压试验，空气吹灰，除锈，刷防锈漆	m	13	238.13	1516.41	
2	030802001002	中压碳钢管	中压碳钢无缝管，电弧焊，$\phi100\times4$，水压试验，空气吹灰，除锈，刷防锈漆	m	11.1	257.29	1706.40	
3	030802001003	中压碳钢管	中压碳钢无缝管，电弧焊，$\phi100\times3$，水压试验，空气吹灰，除锈，刷防锈漆，包保温材料及保护层	m	1	169.18	169.18	

续表

序号	项目编号	项目名称	项目特征描述	计量单位	工程量	综合单价	合价	其中：暂估价
4	030811002001	碳钢对焊法兰	对焊，φ100×4	副	2	73.68	147.36	
5	030808003001	中压法兰阀门	截止阀，平焊连接，DN125 J41T-16	个	3	220.69	662.07	
6	030808003002	中压法兰阀门	截止阀，平焊连接，DN100，J41T-16	个	3	176.42	529.26	
7	030808003003	中压法兰阀门	止回阀，平焊连接，H61T-16（DN100）	个	1	171.42	171.42	.
8	030608004001	中压安全阀门	弹簧式安全阀	个	1	181.42	181.42	
9	030607003001	中压碳钢管件	φ125×5，三通	个	2	121.28	242.56	
10	030607003002	中压碳钢管件	φ100×4，三通	个	4	98.47	393.88	
11	030607003003	中压碳钢管件	φ125×5，弯头	个	2	86.28	172.56	
12	030607003004	中压碳钢管件	φ100×4，弯头	个	2	67.47	134.94	
13	030816003001	管道焊口X射线无损伤探测	胶片规格：80mm×300mm，φ125×5和φ100×4	张	42	52.1	2188.2	
			本页小计					
			合计				8215.66	

注：分部分项工程和单价措施项目清单与计价表中的工程量为清单里面的工程量，综合单价为综合单价分析表里得到的最终清单项目综合单价，工程量综合单价=该项目所需的费用，将各个项目加起来即为该工程总的费用。

投标报价：

投 标 总 价

招标人：某化工厂

工程名称：某化工厂氢气压部分工艺管道
投标总价（小写）：___13626.43___
　（大写）：__壹万叁仟陆佰贰拾陆元肆角叁分__
投标人：某某建筑安装工程公司单位公章
　（单位盖章）

法定代表人：某某建筑安装工程公司
或其授权人：法定代表人

（签字或盖章）

编制人：×××签字盖造价工程师或造价员专用章

（造价人员签字盖专用章）

编制时间：××××年×月×日

总 说 明

工程名称：某煤气车间煤气发生炉及附属设备安装工程　　　　　第 页 共 页

　　1. 工程概况：该工程为某化工厂中氢气加压设备的部分工业管道。管道系统工作压力为 3.0MPa；管道均采用碳钢无缝钢管，连接均为电弧焊；所有法兰均为碳钢对焊法兰，阀门采用平焊法连接；管道安装完成要做空气吹扫，水压试验；所用弯头和三通均采用成品；对无缝碳钢管的焊口，按设计要求的50％进行 X 光射线无损探伤，胶片规格为 300mm×80mm；所有管道外壁进行喷射除锈后要刷防锈漆，缓气罐引出管线采用厚度 60mm 的岩棉绝热，外缠铝箔保护层。

　　2. 投标控制价包括范围：为本次招标的某化工厂氢气加压部分工艺管道安装系统范围内的其他安装工程。

　　3. 投标控制价编制依据：

　　(1)招标文件及其所提供的工程量清单和有关计价的要求，招标文件的补充通知和答疑纪要。

　　(2)某化工厂氢气加压部分工艺管道系统图及投标施工组织设计。

　　(3)有关的技术标准、规范和安全管理规定。

　　(4)省建设主管部门颁发的计价定额和计价管理办法及有关计价文件。

　　(5)材料价格采用工程所在地工程造价管理机构发布的价格信息，对于造价信息没有发布的材料，其价格参照市场价。

相关附表见表 6-17～表 6-23。

工程项目投标报价汇总表　　　　　　　　　表 6-17

工程名称：某化工厂氢气加压部分工艺管道　　　　　　　　　　第 页 共 页

序号	单项工程名称	金额(元)	其中(元)		
			暂估价	安全文明施工费	规费
1	某化工厂氢气加压部分工艺管道	13626.43	4000	35.76	221.67
	合　计	13626.43	4000	35.76	221.67

单项工程投标报价汇总表

表 6-18

工程名称：某化工厂氢气加压部分工艺管道

第　页　共　页

序号	单项工程名称	金额(元)	其中(元)		
			暂估价	安全文明施工费	规费
1	某化工厂氢气加压部分工艺管道	13626.43	6000	938.88×3.2% =30.05	938.88×23.61% =221.67
	合　计	13626.43	6000	30.05	221.67

单位工程投标报价汇总表

表 6-19

工程名称：某化工厂氢气加压部分工艺管道

第　页　共　页

序号	汇总内容	金额(元)	其中暂估价(元)
1	分部分项工程	8215.66	
1.1	某化工厂氢气加压部分工艺管道	8215.66	
1.2			
1.3			
1.4			
2	措施项目	164.93	
2.1	安全文明施工费	30.05	
3	其他项目	4881.57	
3.1	暂列金额	821.57	
3.2	专业工程暂估价	4000	
3.3	计日工	700	
3.4	总承包服务费	160	
4	规费	221.67	
5	税金	142.60	
	合计=1+2+3+4+5	13626.43	

注：这里的分部分项工程中存在暂估价。

分部分项工程和单价措施项目清单与计价表见表6-16。

总价措施项目清单与计价表　　　　　　表6-20

工程名称：某化工厂氢气加压部分工艺管道　　　标段：　　　　　第　页　共　页

序号	项目名称	计算基础	费率(%)	金额(元)
1	环境保护费	人工费(938.88元)	0.3	2.82
2	文明施工费	人工费	2.0	18.78
3	安全施工费	人工费	1.2	11.27
4	临时设施费	人工费	7.2	67.60
5	夜间施工增加费	人工费	0.05	0.47
6	缩短工期增加费	人工费	4.0	37.56
7	二次搬运费	人工费	0.7	6.57
8	已完工程及设备保护费	人工费	0.2	1.88
	合计			146.93

注：该表费率参考《浙江省建设工程施工取费定额》(2003年)。

其他项目清单与计价汇总表　　　　　　表6-21

工程名称：某化工厂氢气加压部分工艺管道　　　标段：　　　　　第　页　共　页

序号	项目名称	计量单位	金额(元)	备注
1	暂列金额	项	821.57	一般按分部分项工程的(8215.66年)10%～15%
2	暂估价		4000	按实际发生估算
2.1	材料暂估价			
2.2	专业工程暂估价	项	4000	按有关规定估算
3	计日工		700	
4	总承包服务费		160	一般为专业工程估价的3%～5%
	合计		4881.57	

注：第1、4项备注参考《通用安装工程工程量计算规范》。

材料暂估单价进入清单项目综合单价，此处不汇总。

计日工表　　　　　　表6-22

工程名称：某化工厂氢气加压部分工艺管道　　　标段：　　　　　第　页　共　页

编号	项目名称	单位	暂定数量	综合单价(元)	合价(元)
一	人工				
1	普工	工日	10	50	500

续表

编号	项目名称	单位	暂定数量	综合单价(元)	合价(元)
2	技工(综合)	工日	2	100	200
3					
4					
	人工小计				700
二	材料				
1					
2					
3					
4					
5					
6					
	材料小计				
三	施工机械				
1	按实际发生				
2					
3					
4					
	施工机械小计				
	总计				700

注：此表项目名称由招标人填写，编制招标控制价时，单价由招标人按有关计价规定确定；投标时，单价由投标人自主报价，计入投标总价中。

规费税金项目清单与计价表　　　　表6-23

工程名称：某化工厂氢气加压部分工艺管道　　　标段：　　　　第 页 共 页

序号	项目名称	计算基础	费率(%)	金额(元)
一	规费	人工费(938.88元)	23.61	221.67
1.1	工程排污费			
1.2	工程定额测定费			
1.3	工伤保险费			
1.4	养老保险费			
1.5	失业保险费			
1.6	医疗保险费			
1.7	住房公积金			
1.8	危险作业意外伤害保险费			
二	税金	直接费+综合费用+规费(2945.69元+938.88×0.95元+221.67元=4059.30元)	3.513	142.60
2.1	税费	直接费+综合费用+规费	3.413	138.54
2.2	水利建设基金	直接费+综合费用+规费	0.1	4.06
	合计			364.27

注：该表费率参考《浙江省建设工程施工取费定额》(2003年)。

工程量清单综合单价分析表见前文中的表6-1～表6-13。

案例 7　某文化宫燃气工程

第一部分　工程概况

某文化宫燃气工程的施工说明：

（1）该文化宫共五层，包括表演、游艺、棋牌室、乒乓球室、台球室、健身房、放映室、茶座、冷热饮室、小卖部、美工、美术、餐饮等用房，其中游艺用房、健身房、餐饮、茶座、冷热饮室、小卖部为用气房间。图 7-1～图 7-5 该燃气工程室内燃气管道平面布置图，图 7-6 为室内天然气管道系统图，图 7-7 为燃气管道穿墙、穿楼板大样图，图 7-8 为燃气引入管安装图。该建筑引入管采用无缝钢管（焊接），燃气立管采用镀锌钢管，试计算该工程预算工程量。

（2）室内燃气管道走向均沿墙面布置，管道材料为镀锌钢管。穿墙、穿楼板均采用镀锌薄钢板套管，安装在楼板内的套管，其顶部应高出地面 20mm 左右，底部应与楼板面相平；安装在墙壁内的套管，其两端应与饰面相平。

（3）燃气引入管必须埋于冰冻线以下，室外标高为 -0.60m，按施工安装图册的规定引入管必须埋于地面以下 1.2m 处。本建筑物外墙厚 370mm，引入管中心至墙面距离为 100mm，引入管规格为无缝钢管，焊接，$\phi108\times4$mm。

（4）用户均安装 JMB-25 型燃气表（公商用），其公称流量为 25m^3/h，最大流量为 10m^3/h，工作压力为 0.5～10kPa，进出气管连接尺寸为 DN25，进出气管中心距为 335mm，外形尺寸（长×宽×高）为 475mm×346mm×535mm，单重为 30kg。其安装均采取密封措施将燃气表封闭起来。

（5）厨房采用 MR3-3 型天然气四眼灶，燃气额定工作压力为 2.0kPa，接管直径为 25mm，外形尺寸（长×宽×高）为 1800mm×950mm×1000mm，单重为 130kg；其他用户均采用 TL200 型燃气快速热水器（直排式），燃气额定工作压力为 2.0±1.0kPa，接管直径为 25mm，外形尺寸：直径为 600mm，高为 2200mm，单重为 0.25t。

（6）室内管道 DN100、DN80、DN65、DN50、DN40、DN32、DN25 上均采用的是内螺纹填料旋塞阀 X13W-10。

（7）室内燃气管道刷沥青底漆两遍，夹玻璃布两层，第二层玻璃布外再刷一遍沥青漆；支架人工除锈后刷防锈漆一遍，银粉漆两遍。

第二部分　工程量计算及清单表格编制

第一分部　镀锌钢管

一、清单工程量

项目编码：031001001，项目名称：镀锌钢管，计量单位：m。

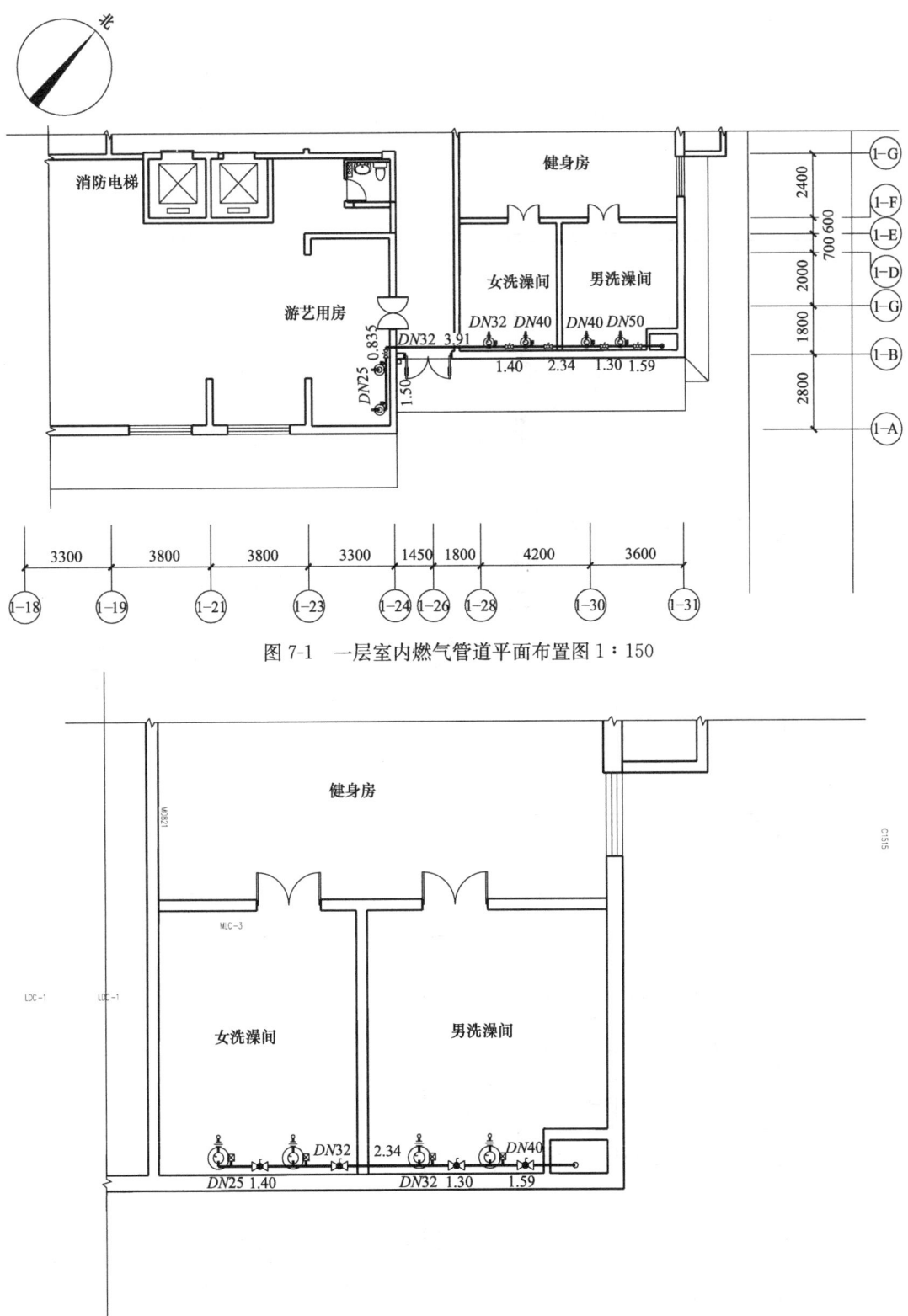

图 7-1 一层室内燃气管道平面布置图 1：150

图 7-2 二层室内燃气管道平面布置图 1：150

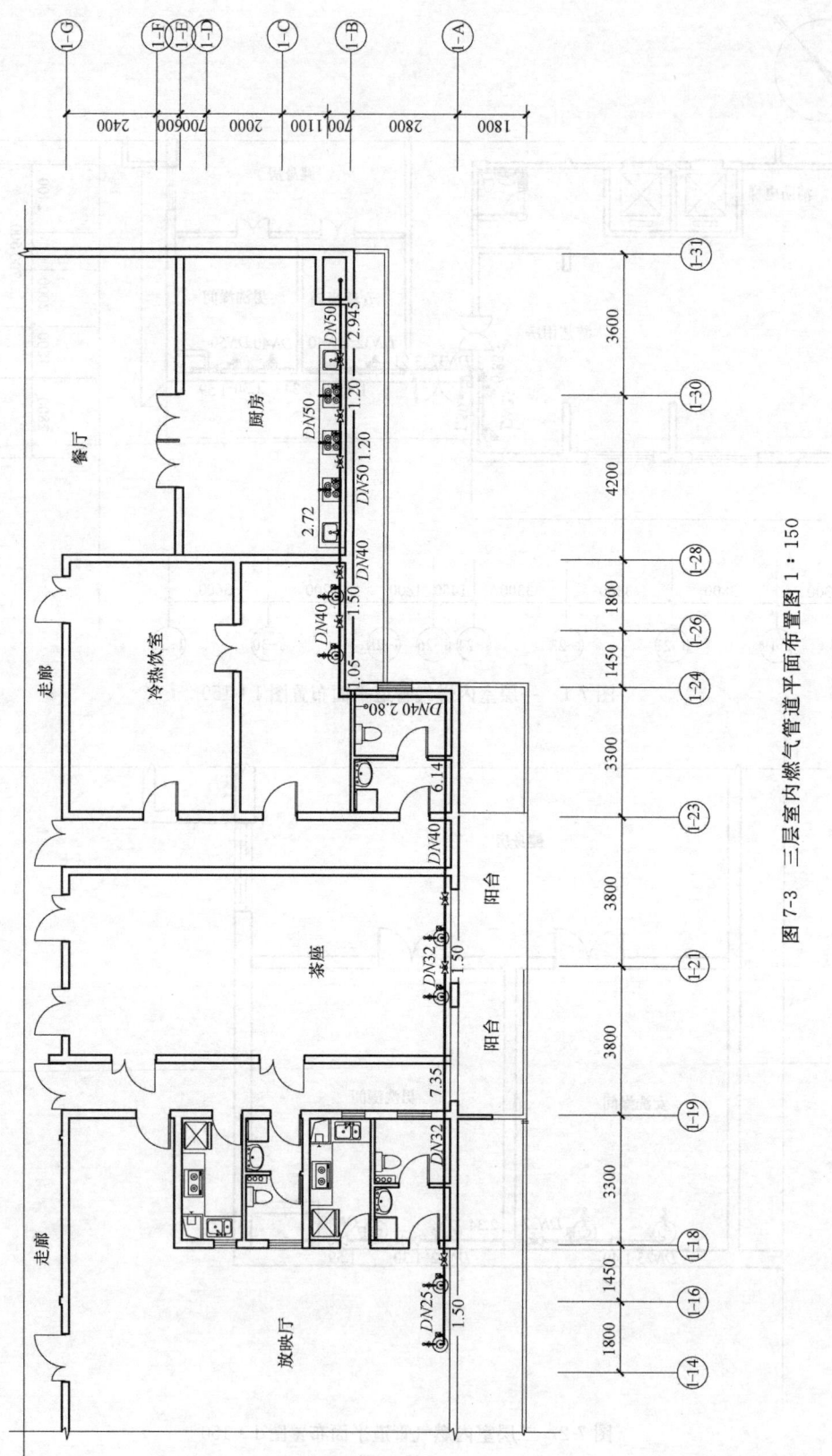

图 7-3 三层室内燃气管道平面布置图 1：150

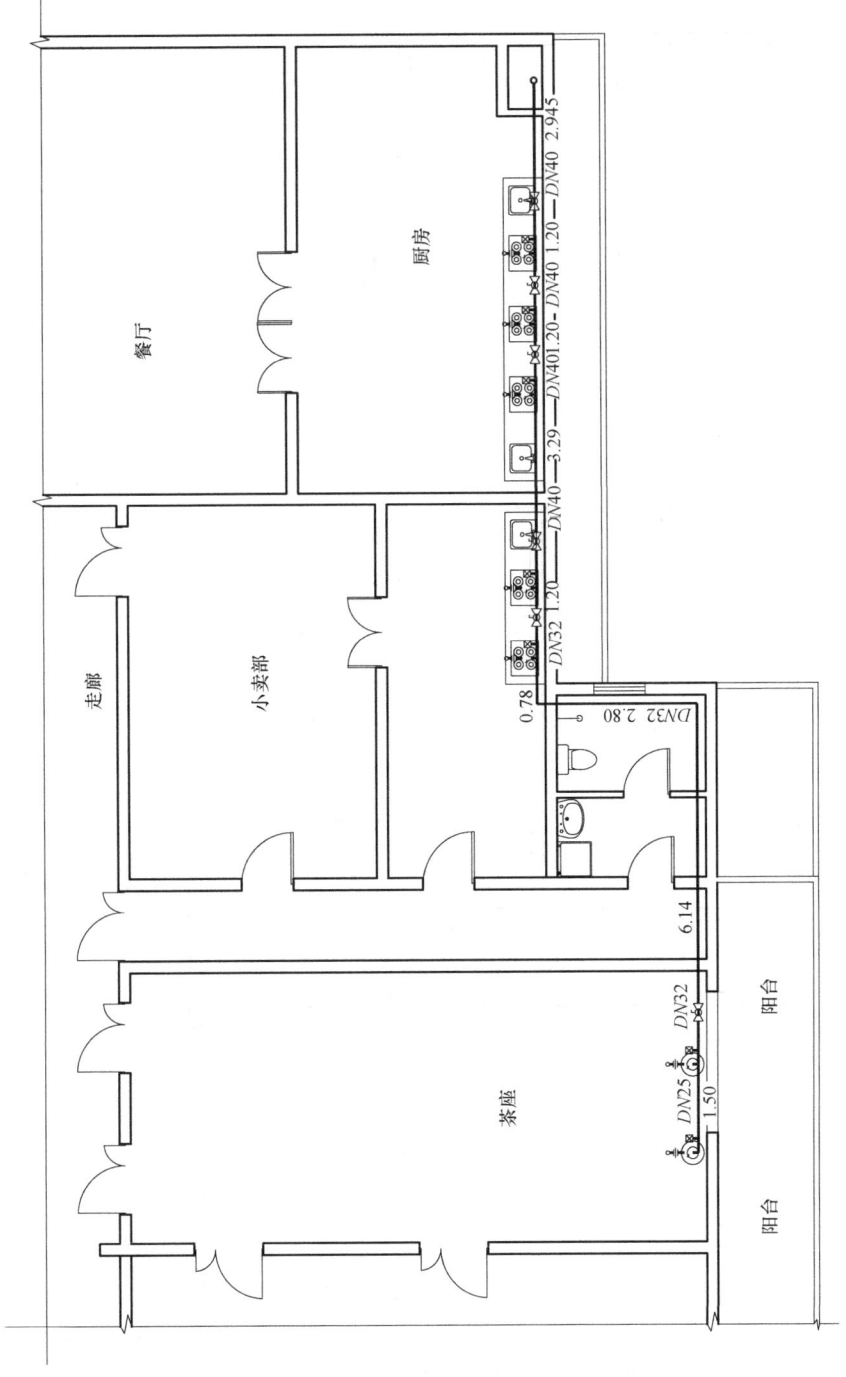

图 7-4 四层室内燃气管道平面布置图 1:150

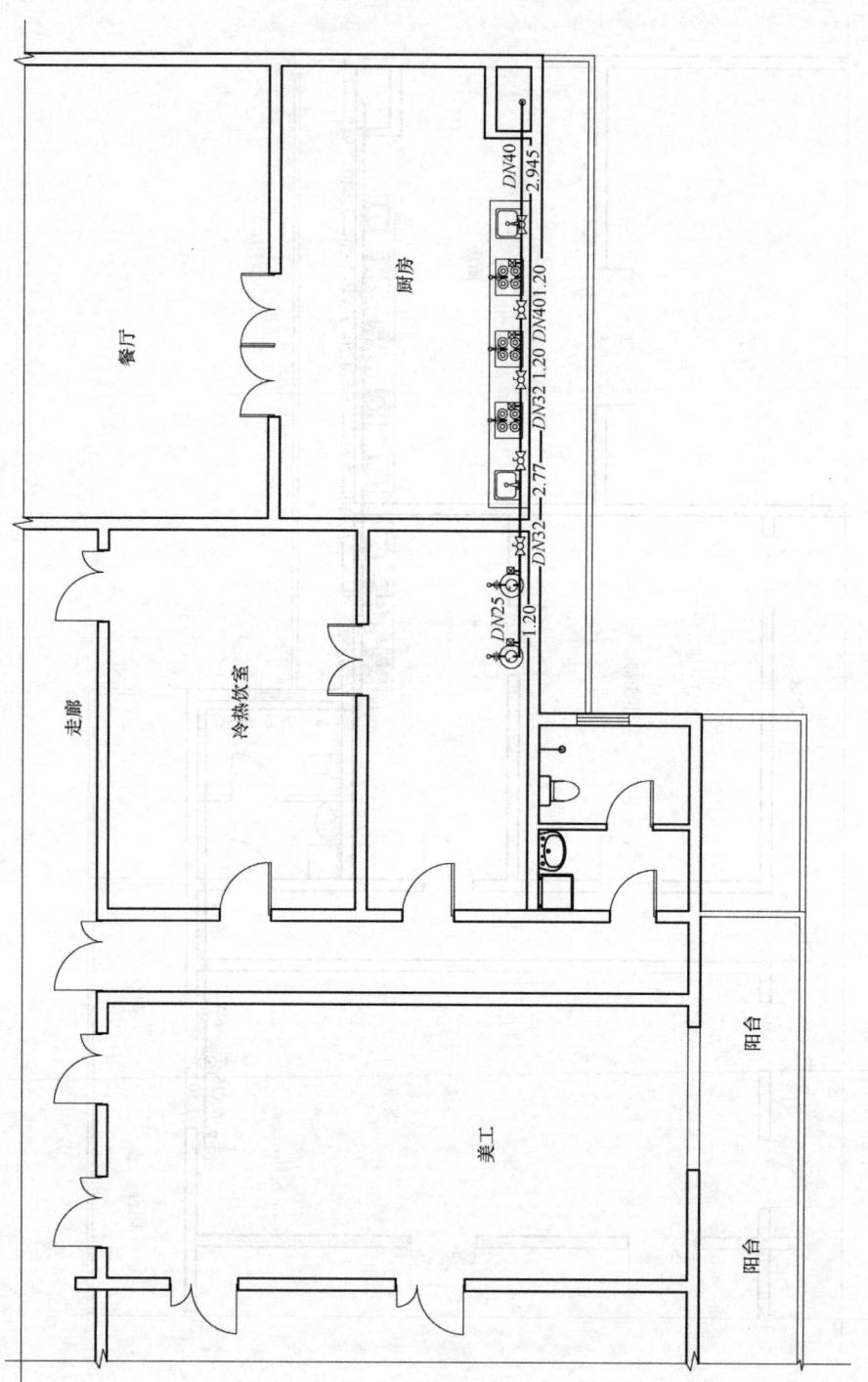

图 7-5 五层室内燃气管道平面布置图 1∶150

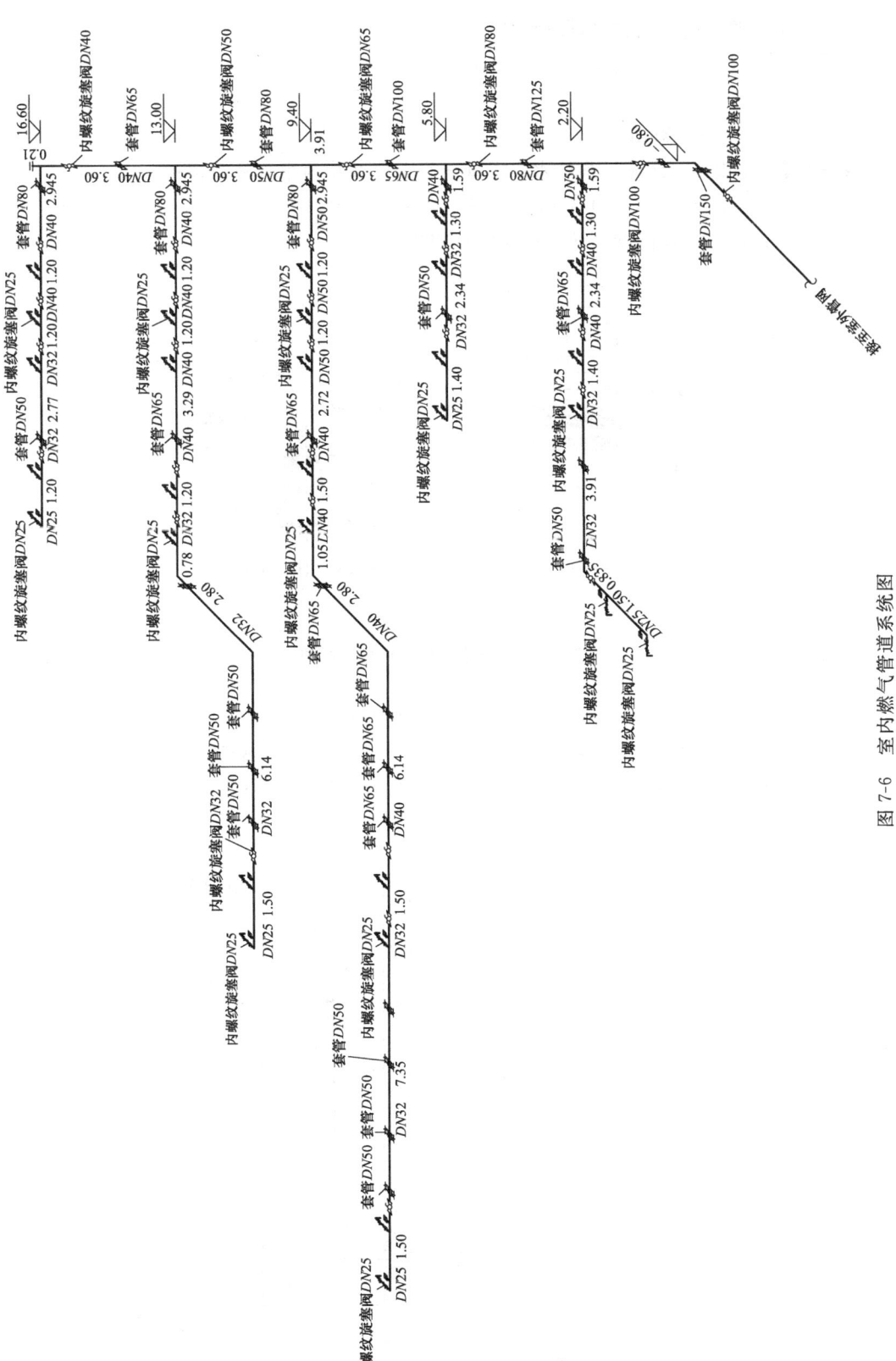

图 7-6　室内燃气管道系统图

（一）室内燃气镀锌钢管（螺纹连接）DN100

工程量为：$L = 4.39 + [2.20 - (-0.80)]$

$\qquad = 4.39 + 3.00$

$\qquad = 7.39\text{m}$

【注释】 4.39——该燃气系统水平干管与引入管相接的中心线距离；

$\qquad [2.20 - (-0.80)]$ m—— 该燃气系统该管段标高差。

（二）室内燃气镀锌钢管（螺纹连接）DN80

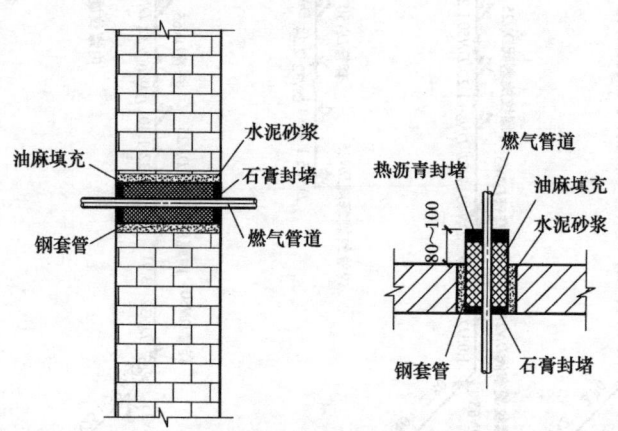

图 7-7　燃气管道穿墙、楼板大样图

说明：

1. 本工程中所有穿墙及楼板的燃气管道均采取上述做法；

2. 燃气管道穿楼板时，套管必须高出楼板表面 80～100mm 采取热沥青封堵；

3. 燃气管道穿墙时，封堵的石膏外表面需与末粉刷墙面齐平，以便于整体粉刷以及外形美观。

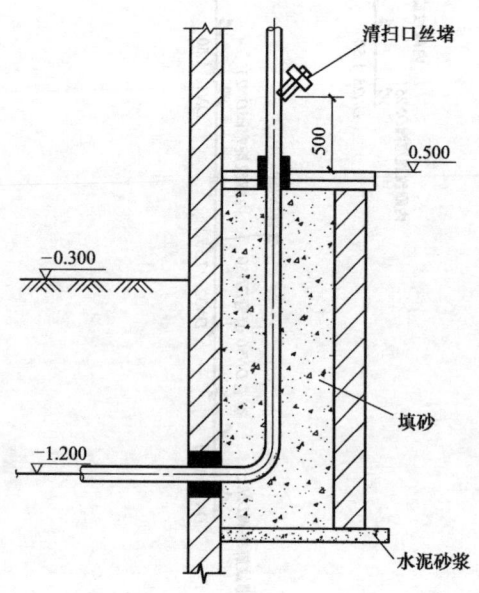

图 7-8　燃气引入管安装图

工程量为：$L=5.80-2.20=3.60$m

【注释】　（5.80－2.20）——该燃气系统一层至二层的立管对应的该管段的标高差。

（三）室内燃气镀锌钢管（螺纹连接）DN65

工程量为：$L=9.40-5.80=3.60$m

【注释】　（9.40－5.80）——该燃气系统二层至三层的立管对应的该管段的标高差。

（四）室内燃气镀锌钢管（螺纹连接）DN50

工程量为：$L=1.59+2.945+1.20+1.20+（13.00-9.40）$

$\qquad =1.59+2.945+1.20+1.20+3.60$

$\qquad =10.54$m

【注释】　　1.59——该燃气系统一层管井引至男洗澡间的水平管对应的该管段的管长；

　　　　　2.945——该燃气系统三层管井引至厨房的水平管对应的该管段的管长；

　　　　　1.20——该燃气系统三层厨房的水平管对应的该管段的管长；

　　　　　1.20——该燃气系统三层厨房的水平管对应的该管段的管长；

　　（13.00－9.40）——该燃气系统三层至四层的立管对应的该管段的标高差。

（五）室内燃气镀锌钢管（螺纹连接）DN40

工程量为：$L=1.30+2.34+1.59+2.72+1.50+2.80+6.14+2.945+1.20+1.20$

$\qquad +3.29+（16.60-13.00）+0.21+2.945+1.20$

$\qquad =1.30+2.34+1.59+2.72+1.50+2.80+6.14+2.945+1.20+1.20$

$\qquad +3.29+3.60+0.21+2.945+1.20$

$\qquad =34.98$m

【注释】　1.30——该燃气系统一层男洗澡间的水平管对应的该管段的管长；

　　　　2.34——该燃气系统一层男洗澡间引至女洗澡间水平管对应的该管段的管长；

　　　　1.59——该燃气系统二层管井引至男洗澡间的水平管对应的该管段的管长；

　　　　2.72——该燃气系统三层厨房引至冷热饮室的水平管对应的该管段的管长；

　　　　1.50——该燃气系统三层冷热饮室的水平管对应的该管段的管长；

　　　　2.80——该燃气系统三层冷热饮室的卫生间水平管对应的该管段的管长；

　　　　6.14——该燃气系统三层冷热饮室卫生间引至茶座水平管对应的该管段的管长；

　　　　2.945——该燃气系统四层管井引至厨房的水平管对应的该管段的管长；

　　　　1.20——该燃气系统四层厨房的水平管对应的该管段的管长；

1.20——该燃气系统四层厨房的水平管对应的该管段的管长；

3.29——该燃气系统四层厨房引至小卖部的水平管对应的该管段的管长；

(16.60—13.00)——该燃气系统四层引至五层立管对应的该管段的标高差；

0.21——该燃气系统 16.60m 标高处引至三通丝堵对应的该管段的管长；

2.945——该燃气系统五层管井引至厨房的水平管对应的该管段的管长；

1.20——该燃气系统五层厨房的水平管对应的该管段的管长。

（六）室内燃气镀锌钢管（螺纹连接）$DN32$

工程量为：$L = 1.40 + 3.91 + 0.835 + 1.30 + 2.34 + 1.50 + 7.35 + 1.20 + 0.78 + 2.80$
$+ 6.14 + 1.20 + 2.77$
$= 33.53m$

【注释】 1.40——该燃气系统一层女洗澡间的水平管对应的该管段的管长；

3.91——该燃气系统一层女洗澡间引至游艺用房水平管对应的该管段的管长；

0.835——该燃气系统一层游艺用房的水平管对应的该管段的管长；

1.30——该燃气系统二层男洗澡间的水平管对应的该管段的管长；

2.34——该燃气系统二层男洗澡间引至女洗澡间水平管对应的该管段的管长；

1.50——该燃气系统三层茶座的水平管对应的该管段的管长；

7.35——该燃气系统三层茶座引至放映厅的水平管对应的该管段的管长；

1.20——该燃气系统四层小卖部的水平管对应的该管段的管长；

0.78——该燃气系统四层小卖部的水平管对应的该管段的管长；

2.80——该燃气系统四层小卖部的卫生间水平管对应的该管段的管长；

6.14——该燃气系统四层小卖部的卫生间引至茶座水平管对应的该管段的管长；

1.20——该燃气系统五层厨房的水平管对应的该管段的管长；

2.77——该燃气系统五层厨房引至冷热饮室的水平管对应的该管段的管长。

（七）室内燃气镀锌钢管（螺纹连接）$DN25$

工程量为：$L = 1.50 + [0.10 + 0.535 + (2.20 - 0.80)] \times 6 + 1.40 + [0.10 + 0.535 + (5.80 - 4.40)] \times 4 + 1.50 + [0.10 + 0.535 + (9.40 - 8.00)] \times 9 + 1.50 + [0.10 + 0.535 + (13.00 - 9.80)] \times 7 + 1.20 + [0.10 + 0.535 + (16.60 - 13.00)] \times 5$
$= 1.50 + 2.035 \times 6 + 1.40 + 2.035 \times 4 + 1.50 + 2.035 \times 9 + 1.50 + 2.035 \times 7 + 1.20 + 2.035 \times 5$
$= 93.79m$

【注释】 1.50——该燃气系统一层游艺用房的水平管对应的该管段的管长；

0.10——一层接至热水器对应的该管段的管长；

0.535——一层接至热水器对应的该管段的管长；

(2.20－0.80)——一层接至热水器用气点的标高差；

6——一层的热水器共有6台，故乘以6；

1.40——该燃气系统二层女洗澡间的水平管对应的该管段的管长；

0.10——二层接至热水器对应的该管段的管长；

0.535——二层接至热水器灶对应的该管段的管长；

(5.80－4.40)——二层接至热水器用气点的标高差；

4——二层的热水器共有4台，故乘以4；

1.50——该燃气系统三层放映厅的水平管对应的该管段的管长；

0.10——三层接至热水器或者燃气灶对应的该管段的管长；

0.535——三层接至热水器或者燃气灶对应的该管段的管长；

(9.40－8.00)——三层接至热水器或者燃气灶用气点的标高差；

9——三层的热水器和燃气灶共有9台，故乘以9；

1.50——该燃气系统四层茶座的水平管对应的该管段的管长；

0.10——四层接至热水器或者燃气灶对应的该管段的管长；

0.535——四层接至热水器或者燃气灶对应的该管段的管长；

(13.00－9.80)——四层接至热水器或者燃气灶用气点的标高差；

7——四层的热水器和燃气灶共有7台，故乘以7；

1.20——该燃气系统五层冷热饮室的水平管对应的该管段的管长；

0.10——五层接至热水器或者燃气灶对应的该管段的管长；

0.535——五层接至热水器或者燃气灶对应的该管段的管长；

(16.00－13.00)——五层接至热水器或者燃气灶用气点的标高差；

5——五层的热水器和燃气灶共有5台，故乘以5。

二、定额工程量（套用《全国统一安装工程预算定额》GYD-208-2000、GYD-211-2000）

（一）室内燃气镀锌钢管（螺纹连接）DN100

1. 管道安装

套定额子目 8-597   计量单位：10m

工程量为：7.39m/10m＝0.74（10m）

【注释】 7.39——该工程中 DN100 管道的总长度；

10——计量单位。

2. 套管制作

DN150 镀锌薄钢板套管制作

套定额子目 8-177   计量单位：个

工程量为：2个/1个＝2（个）

【注释】 2——该工程中 DN150 镀锌薄钢板套管的总个数；

1——计量单位。

3. 管道刷第一遍沥青漆

套定额子目 11-66　　　　　　　计量单位：10m²

管道刷漆数量：$S = \pi DL$

【注释】　S——镀锌钢管外表面积；

πD——镀锌钢管单位管长外表周长；

D——镀锌钢管外径；

L——镀锌钢管管长。

工程量为：$\pi DL/10 = (3.14 \times 0.10) \times 7.39 \text{m}^2/10\text{m}^2$
　　　　　　　　　 $= 0.232(10\text{m}^2)$

【注释】　0.10——$DN100$ 镀锌钢管外径；

(3.14×0.10)——$DN100$ 镀锌钢管单位管长外表周长；

7.39——该工程中 $DN100$ 镀锌钢管管道的总长度；

10——计量单位。

4. 夹第一层玻璃布

套定额子目 11-2153　　　　　　　计量单位：10m²

工程量为：0.232（10m²）

【注释】　该工程量计算方法同管道刷第一遍沥青漆。

5. 管道刷第二遍沥青漆

套定额子目 11-67　　　　　　　计量单位：10m²

工程量为：0.232（10m²）

【注释】　该工程量计算方法同管道刷第一遍沥青漆。

6. 夹第二层玻璃布

套定额子目 11-2153　　　　　　　计量单位：10m²

工程量为：0.232（10m²）

【注释】　该工程量计算方法同管道刷第一遍沥青漆。

7. 管道刷第三遍沥青漆

套定额子目 11-251　　　　　　　计量单位：10m²

工程量为：0.232（10m²）

【注释】　该工程量计算方法同管道刷第一遍沥青漆。

（二）室内燃气镀锌钢管（螺纹连接）$DN80$

1. 管道安装

套定额子目 8-596　　　　　　　计量单位：10m

工程量为：3.60m/10m = 0.36（10m）

【注释】　3.60——该工程中 $DN80$ 管道的总长度；

10——计量单位。

2. 套管制作

$DN125$ 镀锌薄钢板套管制作

套定额子目 8-176　　　　　计量单位：个

工程量为：1 个/1 个＝1（个）

【注释】　1——该工程中 DN125 镀锌薄钢板套管的总个数；

1——计量单位。

3. 管道刷第一遍沥青漆

套定额子目 11-66　　　　　计量单位：10m²

管道刷漆数量：$S=\pi DL$

【注释】　S——镀锌钢管外表面积；

πD——镀锌钢管单位管长外表周长；

D——镀锌钢管外径；

L——镀锌钢管管长。

工程量为：$\pi DL/10 = (3.14\times0.08)\times3.60\text{m}^2/10\text{m}^2$

$=0.090$（10m²）

【注释】　0.08——DN80 镀锌钢管外径；

（3.14×0.08）——DN80 镀锌钢管单位管长外表周长；

3.60——该工程中 DN80 镀锌钢管管道的总长度；

10——计量单位。

4. 夹第一层玻璃布

套定额子目 11-2153　　　　　计量单位：10m²

工程量为：0.090（10m²）

【注释】　该工程量计算方法同管道刷第一遍沥青漆。

5. 管道刷第二遍沥青漆

套定额子目 11-67　　　　　计量单位：10m²

工程量为：0.090（10m²）

【注释】　该工程量计算方法同管道刷第一遍沥青漆。

6. 夹第二层玻璃布

套定额子目 11-2153　　　　　计量单位：10m²

工程量为：0.090（10m²）

【注释】　该工程量计算方法同管道刷第一遍沥青漆。

7. 管道刷第三遍沥青漆

套定额子目 11-251　　　　　计量单位：10m²

工程量为：0.090（10m²）

【注释】　该工程量计算方法同管道刷第一遍沥青漆。

（三）室内燃气镀锌钢管（螺纹连接）DN65

1. 管道安装

套定额子目 8-595　　　　　计量单位：10m

工程量为：3.60m/10m＝0.36（10m）

【注释】 3.60——该工程中 $DN65$ 管道的总长度；

10——计量单位。

2. 套管制作

$DN100$ 镀锌薄钢板套管制作

套定额子目 8-175 计量单位：个

工程量为：1 个/1 个＝1（个）

【注释】 1——该工程中 $DN100$ 镀锌薄钢板套管的总个数；

1——计量单位。

3. 管道刷第一遍沥青漆

套定额子目 11-66 计量单位：10m²

管道刷漆数量：$S＝\pi DL$

【注释】 S——镀锌钢管外表面积；

πD——镀锌钢管单位管长外表周长；

D——镀锌钢管外径；

L——镀锌钢管管长。

工程量为：$\pi DL/10＝(3.14×0.065)×3.60m²/10m²$

$＝0.073（10m²）$

【注释】 0.065——$DN65$ 镀锌钢管外径；

$(3.14×0.065)$——$DN65$ 镀锌钢管单位管长外表周长；

3.60——该工程中 $DN65$ 镀锌钢管管道的总长度；

10——计量单位。

4. 夹第一层玻璃布

套定额子目 11-2153 计量单位：10m²

工程量为：0.073（10m²）

【注释】 该工程量计算方法同管道刷第一遍沥青漆。

5. 管道刷第二遍沥青漆

套定额子目 11-67 计量单位：10m²

工程量为：0.073（10m²）

【注释】 该工程量计算方法同管道刷第一遍沥青漆。

6. 夹第二层玻璃布

套定额子目 11-2153 计量单位：10m²

工程量为：0.073（10m²）

【注释】 该工程量计算方法同管道刷第一遍沥青漆。

7. 管道刷第三遍沥青漆

套定额子目 11-251 计量单位：10m²

工程量为：0.073（10m²）

【注释】 该工程量计算方法同管道刷第一遍沥青漆。

（四）室内燃气镀锌钢管（螺纹连接）$DN50$

1. 管道安装

套定额子目 8-594　　　　　　　　　　计量单位：10m

工程量为：10.54m/10m＝1.05（10m）

【注释】　10.54——该工程中 $DN50$ 管道的总长度；

　　　　　　10——计量单位。

2. 套管制作

$DN80$ 镀锌薄钢板套管制作

套定额子目 8-174　　　　　　　　　　计量单位：个

工程量为：（1＋1＋1）个/1个＝3个/1个＝3（个）

【注释】　1——一层室内燃气管道 $DN50$ 水平管上安装的 $DN80$ 镀锌薄钢板套管个数；

　　　　　1——三层室内燃气管道 $DN50$ 水平管上安装的 $DN80$ 镀锌薄钢板套管个数；

　　　　　1——三层至四层室内燃气管道 $DN50$ 立管上安装的 $DN80$ 镀锌薄钢板套管个数；

　　　　　3——该工程中 $DN80$ 镀锌薄钢板套管的总个数；

　　　　　1——计量单位。

3. 管道刷第一遍沥青漆

套定额子目 11-66　　　　　　　　　　计量单位：10m²

管道刷漆数量：$S＝\pi DL$

【注释】　S——镀锌钢管外表面积；

　　　　　πD——镀锌钢管单位管长外表周长；

　　　　　D——镀锌钢管外径；

　　　　　L——镀锌钢管管长。

工程量为：$\pi DL/10＝(3.14×0.05)×10.54\text{m}^2/10\text{m}^2$

　　　　　　　　　　$＝0.165（10\text{m}^2）$

【注释】　0.05——$DN50$ 镀锌钢管外径；

（3.14×0.05）——$DN50$ 镀锌钢管单位管长外表周长；

　　　　　10.54——该工程中 $DN50$ 镀锌钢管管道的总长度；

　　　　　10——计量单位。

4. 夹第一层玻璃布

套定额子目 11-2153　　　　　　　　　计量单位：10m²

工程量为：0.165（10m²）

【注释】　该工程量计算方法同管道刷第一遍沥青漆。

5. 管道刷第二遍沥青漆

套定额子目 11-67　　　　　　　　　　计量单位：10m²

工程量为：0.165（10m²）

【注释】　该工程量计算方法同管道刷第一遍沥青漆。

6. 夹第二层玻璃布

套定额子目 11-2153　　　　　　　　　计量单位：10m²

工程量为：0.165（10m²）

【注释】 该工程量计算方法同管道刷第一遍沥青漆。

7. 管道刷第三遍沥青漆

套定额子目 11-251　　　　　　　　计量单位：10m²

工程量为：0.165（10m²）

【注释】 该工程量计算方法同管道刷第一遍沥青漆。

（五）室内燃气镀锌钢管（螺纹连接）DN40

1. 管道安装

套定额子目 8-593　　　　　　　　计量单位：10m

工程量为：34.98m/10m＝3.50（10m）

【注释】 34.98——该工程中 DN40 管道的总长度；

　　　　　10——计量单位。

2. 套管制作

DN65 镀锌薄钢板套管制作

套定额子目 8-173　　　　　　　　计量单位：个

工程量为：（1＋1＋5＋2＋1＋1）个/1 个＝11 个/1 个＝11（个）

【注释】 1——一层室内燃气管道 DN40 水平管上安装的 DN65 镀锌薄钢板套管个数；

　　　　 1——二层室内燃气管道 DN40 水平管上安装的 DN65 镀锌薄钢板套管个数；

　　　　 5——三层室内燃气管道 DN40 水平管上安装的 DN65 镀锌薄钢板套管个数；

　　　　 2——四层室内燃气管道 DN40 水平管上安装的 DN65 镀锌薄钢板套管个数；

　　　　 1——四层至五层室内燃气管道 DN40 立管上安装的 DN65 镀锌薄钢板套管个数；

　　　　 1——五层室内燃气管道 DN40 水平管上安装的 DN65 镀锌薄钢板套管个数；

　　　　 11——该工程中 DN65 镀锌薄钢板套管的总个数；

　　　　 1——计量单位。

3. 管道刷第一遍沥青漆

套定额子目 11-66　　　　　　　　计量单位：10m²

管道刷漆数量：$S=\pi DL$

【注释】 S——镀锌钢管外表面积；

　　　　 πD——镀锌钢管单位管长外表周长；

　　　　 D——镀锌钢管外径；

　　　　 L——镀锌钢管管长。

工程量为：$\pi DL/10=(3.14\times0.04)\times34.98m²/10m²$

　　　　　　　$=0.439$（10m²）

【注释】 0.04——DN40镀锌钢管外径；

(3.14×0.04)——DN40镀锌钢管单位管长外表周长；

34.98——该工程中DN40镀锌钢管管道的总长度；

10——计量单位。

4. 夹第一层玻璃布

套定额子目11-2153　　　　计量单位：$10m^2$

工程量为：0.439（$10m^2$）

【注释】 该工程量计算方法同管道刷第一遍沥青漆。

5. 管道刷第二遍沥青漆

套定额子目11-67　　　　计量单位：$10m^2$

工程量为：0.439（$10m^2$）

【注释】 该工程量计算方法同管道刷第一遍沥青漆。

6. 夹第二层玻璃布

套定额子目11-2153　　　　计量单位：$10m^2$

工程量为：0.439（$10m^2$）

【注释】 该工程量计算方法同管道刷第一遍沥青漆。

7. 管道刷第三遍沥青漆

套定额子目11-251　　　　计量单位：$10m^2$

工程量为：0.439（$10m^2$）

【注释】 该工程量计算方法同管道刷第一遍沥青漆。

（六）室内燃气镀锌钢管（螺纹连接）DN32

1. 管道安装

套定额子目8-592　　　　计量单位：10m

工程量为：33.53m/10m＝3.35（10m）

【注释】 33.53——该工程中DN32管道的总长度；

10——计量单位。

2. 套管制作

DN50镀锌薄钢板套管制作

套定额子目8-172　　　　计量单位：个

工程量为：(2＋1＋4＋4＋1)个/1个＝12个/1个＝12（个）

【注释】 2——一层室内燃气管道DN32水平管上的DN50镀锌薄钢板套管的个数；

1——二层室内燃气管道DN32水平管上的DN50镀锌薄钢板套管的个数；

4——三层室内燃气管道DN32水平管上的DN50镀锌薄钢板套管的个数；

4——四层室内燃气管道DN32水平管上的DN50镀锌薄钢板套管的个数；

1——五层室内燃气管道DN32水平管上的DN50镀锌薄钢板套管的

个数；

12——该工程中 DN50 镀锌薄钢板套管的总个数；

1——计量单位。

3. 管道刷第一遍沥青漆

套定额子目 11-66　　　　　　　　计量单位：10m²

管道刷漆数量：$S=\pi DL$

【注释】　S——镀锌钢管外表面积；

　　　πD——镀锌钢管单位管长外表周长；

　　　D——镀锌钢管外径；

　　　L——镀锌钢管管长。

工程量为：$\pi DL/10=(3.14\times0.032)\times33.53\text{m}^2/10\text{m}^2$

　　　　　　$=0.337$（10m²）

【注释】　0.032——DN32 镀锌钢管外径；

（3.14×0.032）——DN32 镀锌钢管单位管长外表周长；

33.53——该工程中 DN32 镀锌钢管管道的总长度；

10——计量单位。

4. 夹第一层玻璃布

套定额子目 11-2153　　　　　　　　计量单位：10m²

工程量为：0.337（10m²）

【注释】　该工程量计算方法同管道刷第一遍沥青漆。

5. 管道刷第二遍沥青漆

套定额子目 11-67　　　　　　　　计量单位：10m²

工程量为：0.337（10m²）

【注释】　该工程量计算方法同管道刷第一遍沥青漆。

6. 夹第二层玻璃布

套定额子目 11-2153　　　　　　　　计量单位：10m²

工程量为：0.337（10m²）

【注释】　该工程量计算方法同管道刷第一遍沥青漆。

7. 管道刷第三遍沥青漆

套定额子目 11-251　　　　　　　　计量单位：10m²

工程量为：0.337（10m²）

【注释】　该工程量计算方法同管道刷第一遍沥青漆。

（七）室内燃气镀锌钢管（螺纹连接）DN25

1. 管道安装

套定额子目 8-591　　　　　　　　计量单位：10m

工程量为：93.79m/10m=9.38（10m）

【注释】　93.79——该工程中 DN25 管道的总长度；

10——计量单位。

2. 管道刷第一遍沥青漆

套定额子目 11-66　　　　　　　　计量单位：10m²

管道刷漆数量：$S=\pi DL$

【注释】　S——镀锌钢管外表面积；

　　　　　　πD——镀锌钢管单位管长外表周长；

　　　　　　D——镀锌钢管外径；

　　　　　　L——镀锌钢管管长。

工程量为：$\pi DL/10=(3.14\times0.025)\times93.79\text{m}^2/10\text{m}^2$

　　　　　　　　　　$=0.736$（10m²）

【注释】　0.025——DN25 镀锌钢管外径；

　　　（3.14×0.025）——DN25 镀锌钢管单位管长外表周长；

　　　　　　93.79——该工程中 DN25 镀锌钢管管道的总长度；

　　　　　　　　10——计量单位。

3. 夹第一层玻璃布

套定额子目 11-2153　　　　　　　计量单位：10m²

工程量为：0.736（10m²）

【注释】　该工程量计算方法同管道刷第一遍沥青漆。

4. 管道刷第二遍沥青漆

套定额子目 11-67　　　　　　　　计量单位：10m²

工程量为：0.736（10m²）

【注释】　该工程量计算方法同管道刷第一遍沥青漆。

5. 夹第二层玻璃布

套定额子目 11-2153　　　　　　　计量单位：10m²

工程量为：0.736（10m²）

【注释】　该工程量计算方法同管道刷第一遍沥青漆。

6. 管道刷第三遍沥青漆

套定额子目 11-251　　　　　　　　计量单位：10m²

工程量为：0.736（10m²）

【注释】　该工程量计算方法同管道刷第一遍沥青漆。

三、综合单价分析见表 7-1~表 7-7

综合单价分析表　　　　　　　　　　　　　表 7-1

工程名称：某文化宫燃气工程　　　标段：　　　　　　第　页　共　页

项目编码	031001001001	项目名称	镀锌钢管制作安装		计量单位		m	工程量	7.39

清单综合单价组成明细

定额编号	定额名称	定额单位	数量	单　价				合　价			
				人工费	材料费	机械费	管理费和利润	人工费	材料费	机械费	管理费和利润
8-597	镀锌钢管 DN100 制作安装	10m	0.10	112.99	189.04	28.41	26.93	11.30	18.90	2.84	2.69

续表

项目编码	031001001001	项目名称	镀锌钢管制作安装		计量单位	m	工程量	7.39

清单综合单价组成明细

定额编号	定额名称	定额单位	数量	单价				合价			
				人工费	材料费	机械费	管理费和利润	人工费	材料费	机械费	管理费和利润
8-177	DN150 钢管镀锌薄钢板套管制作	个	1.00	2.55	2.75	—	0.46	2.55	2.75		0.46
11-66	镀锌钢管DN100 刷第一遍沥青漆	10m²	0.031	6.50	1.54	—	0.78	0.20	0.05		0.02
11-2153	镀锌钢管DN100 夹第一层玻璃布	10m²	0.031	10.91	0.20	—	1.14	0.34	0.01		0.04
11-67	镀锌钢管DN100 刷第二遍沥青漆	10m²	0.031	6.27	1.37	—	0.75	0.20	0.04		0.02
11-2153	镀锌钢管DN100 夹第二层玻璃布	10m²	0.031	10.91	0.20	—	1.14	0.34	0.01		0.04
11-251	镀锌钢管DN100 刷第三遍沥青漆	10m²	0.031	16.95	2.17	—	1.91	0.53	0.07		0.06
人工单价			小计					15.46	21.83	2.84	3.33
23.22 元/工日			未计价材料费					59.17			
清单项目综合单价								102.63			

	主要材料名称、规格、型号	单位	数量	单价(元)	合价(元)	暂估单价(元)	暂估合价(元)
材料费明细	镀锌钢管 DN100	m	10.20×0.10	52.89	53.95		
	煤焦油沥青漆 L01-17	kg	2.88×0.031	9.80	0.87		
	玻璃丝布 0.5	m²	14.00×0.031	2.80	1.22		
	煤焦油沥青漆 L01-17	kg	2.47×0.031	9.80	0.75		
	玻璃丝布 0.5	m²	14.00×0.031	2.80	1.22		
	煤焦油沥青漆 L01-17	kg	3.85×0.031	9.80	1.17		
	其他材料费						
	材料费小计			—	59.17	—	59.17

注：1. 数量＝定额工程量/清单工程量定额单位；

2. 单价人工费、材料费、机械费由各个工程对应的定额编号查《全国统一安装工程预算定额》(GYD-208—2000、GYD-211—2000)可得出；

3. 管理费和利润，在此以人工费为基准，管理费和利润＝(人工费×48.0%＋人工费＋材料费＋机械费)×7.0%；

4. 合价人工费＝单价人工费×数量，材料费＝单价材料费×数量，机械费＝单价机械费×数量；

5. 清单项目综合单价＝未计价材料费＋合价人工费小计＋合价材料费小计＋合价机械费小计。

综合单价分析表

表 7-2

工程名称：某文化宫燃气工程　　　标段：　　　　　　　　　第 页 共 页

项目编码	031001001002	项目名称	镀锌钢管制作安装	计量单位	m	工程量	3.60

清单综合单价组成明细

定额编号	定额名称	定额单位	数量	单价				合价			
				人工费	材料费	机械费	管理费和利润	人工费	材料费	机械费	管理费和利润
8-596	镀锌钢管 DN80 制作安装	10m	0.10	92.46	136.10	10.23	19.82	9.25	13.61	1.02	1.98
8-176	DN125 钢管镀锌薄钢板套管制作	个	1.00	2.55	2.75	—	0.46	2.55	2.75	—	0.46
11-66	镀锌钢管 DN80 刷第一遍沥青漆	10m²	0.025	6.50	1.54	—	0.78	0.16	0.04	—	0.02
11-2153	镀锌钢管 DN80 夹第一层玻璃布	10m²	0.025	10.91	0.20	—	1.14	0.27	0.01	—	0.03
11-67	镀锌钢管 DN80 刷第二遍沥青漆	10m²	0.025	6.27	1.37	—	0.75	0.16	0.03	—	0.02
11-2153	镀锌钢管 DN80 夹第二层玻璃布	10m²	0.025	10.91	0.20	—	1.14	0.27	0.01	—	0.03
11-251	镀锌钢管 DN80 刷第三遍沥青漆	10m²	0.025	16.95	2.17	—	1.91	0.42	0.05	—	0.05
人工单价		小计						13.08	16.50	1.02	2.59
23.22 元/工日		未计价材料费						42.71			
清单项目综合单价								75.90			

材料费明细	主要材料名称、规格、型号	单位	数量	单价（元）	合价（元）	暂估单价（元）	暂估合价（元）
	镀锌钢管 DN80	m	10.20×0.10	37.74	38.49		
	煤焦油沥青漆 L01-17	kg	2.88×0.025	9.80	0.71		
	玻璃丝布 0.5	m²	14.0×0.025	2.80	0.98		
	煤焦油沥青漆 L01-17	kg	2.47×0.025	9.80	0.61		
	玻璃丝布 0.5	m²	14.0×0.025	2.80	0.98		
	煤焦油沥青漆 L01-17	kg	3.85×0.025	9.80	0.94		
	其他材料费						
	材料费小计			—	42.71	—	

综合单价分析表

表 7-3

工程名称：某文化宫燃气工程　　　　标段：　　　　　　　　　第　页　共　页

项目编码	031001001003	项目名称	镀锌钢管制作安装	计量单位		m	工程量	3.60

清单综合单价组成明细

定额编号	定额名称	定额单位	数量	单价				合价			
				人工费	材料费	机械费	管理费和利润	人工费	材料费	机械费	管理费和利润
8-595	镀锌钢管 DN65 制作安装	10m	0.10	78.92	131.59	10.01	18.09	7.89	13.16	1.00	1.81
8-175	DN100 钢管镀锌薄钢板套管制作	个	1.00	2.09	2.25	—	0.37	2.09	2.25	—	0.37
11-66	镀锌钢管 DN65 刷第一遍沥青漆	10m²	0.020	6.50	1.54	—	0.78	0.13	0.03	—	0.02
11-2153	镀锌钢管 DN65 夹第一层玻璃布	10m²	0.020	10.91	0.20		1.14	0.22	0.00	—	0.02
11-67	镀锌钢管 DN65 刷第二遍沥青漆	10m²	0.020	6.27	1.37	—	0.75	0.13	0.03	—	0.02
11-2153	镀锌钢管 DN65 夹第二层玻璃布	10m²	0.020	10.91	0.20		1.14	0.22	0.00	—	0.02
11-251	镀锌钢管 DN65 刷第三遍沥青漆	10m²	0.020	16.95	2.17	—	1.91	0.34	0.04	—	0.04
人工单价			小计					11.03	15.52	1.00	2.30
23.22 元/工日			未计价材料费					35.24			
清单项目综合单价								65.08			

材料费明细	主要材料名称、规格、型号	单位	数量	单价（元）	合价（元）	暂估单价（元）	暂估合价（元）
	镀锌钢管 DN65	m	10.20×0.10	37.74	38.49		
	煤焦油沥青漆 L01-17	kg	2.88×0.020	9.80	0.56		
	玻璃丝布 0.5	m²	14.0×0.020	2.80	0.78		
	煤焦油沥青漆 L01-17	kg	2.47×0.020	9.80	0.48		
	玻璃丝布 0.5	m²	14.0×0.020	2.80	0.78		
	煤焦油沥青漆 L01-17	kg	3.85×0.020	9.80	0.75		
	其他材料费						
	材料费小计			—	35.24		

综合单价分析表 | 表7-4

工程名称：某文化宫燃气工程 标段： 第 页 共 页

项目编码	031001001004	项目名称	镀锌钢管制作安装	计量单位	m	工程量	10.54

清单综合单价组成明细

定额编号	定额名称	定额单位	数量	单 价				合 价			
				人工费	材料费	机械费	管理费和利润	人工费	材料费	机械费	管理费和利润
8-594	镀锌钢管DN50制作安装	10m	0.10	64.09	83.85	5.77	12.91	6.41	8.39	0.58	1.29
8-174	DN80钢管镀锌薄钢板套管制作	个	1.00	2.09	2.25	—	0.37	2.09	2.25	—	0.37
11-66	镀锌钢管DN50刷第一遍沥青漆	10m²	0.016	6.50	1.54	—	0.78	0.10	0.02	—	0.01
11-2153	镀锌钢管DN50夹第一层玻璃布	10m²	0.016	10.91	0.20	—	1.14	0.17	0.00	—	0.02
11-67	镀锌钢管DN50刷第二遍沥青漆	10m²	0.016	6.27	1.37	—	0.75	0.10	0.02	—	0.01
11-2153	镀锌钢管DN50夹第二层玻璃布	10m²	0.016	10.91	0.20	—	1.14	0.17	0.00	—	0.02
11-251	镀锌钢管DN50刷第三遍沥青漆	10m²	0.016	16.95	2.17	—	1.91	0.27	0.03	—	0.03
人工单价			小计					9.31	10.72	0.58	1.75
23.22元/工日			未计价材料费					26.15			
清单项目综合单价								48.51			

	主要材料名称、规格、型号	单位	数量	单价(元)	合价(元)	暂估单价(元)	暂估合价(元)
材料费明细	镀锌钢管DN50	m	10.20×0.10	22.99	23.45		
	煤焦油沥青漆L01-17	kg	2.88×0.016	9.80	0.45		
	玻璃丝布0.5	m²	14.0×0.016	2.80	0.63		
	煤焦油沥青漆L01-17	kg	2.47×0.016	9.80	0.39		
	玻璃丝布0.5	m²	14.0×0.016	2.80	0.63		
	煤焦油沥青漆L01-17	kg	3.85×0.016	9.80	0.60		
	其他材料费						
	材料费小计			—	26.15	—	

综合单价分析表　　　　　　　　　　　　　　　表 7-5

工程名称：某文化宫燃气工程　　　　　标段：　　　　　　　　　第 页 共 页

项目编码	031001001005	项目名称	镀锌钢管制作安装	计量单位	m	工程量	34.98

清单综合单价组成明细

定额编号	定额名称	定额单位	数量	单　价				合　价			
				人工费	材料费	机械费	管理费和利润	人工费	材料费	机械费	管理费和利润
8-593	镀锌钢管 DN40 制作安装	10m	0.10	63.85	55.94	4.11	10.82	6.39	5.59	0.41	1.08
8-173	DN65 钢管镀锌薄钢板套管制作	个	1.00	2.09	2.25	—	0.37	2.09	2.25	—	0.37
11-66	镀锌钢管 DN40 刷第一遍沥青漆	10m²	0.013	6.50	1.54	—	0.78	0.08	0.02	—	0.01
11-2153	镀锌钢管 DN40 夹第一层玻璃布	10m²	0.013	10.91	0.20	—	1.14	0.14	0.00	—	0.01
11-67	镀锌钢管 DN40 刷第二遍沥青漆	10m²	0.013	6.27	1.37	—	0.75	0.08	0.02	—	0.01
11-2153	镀锌钢管 DN40 夹第二层玻璃布	10m²	0.013	10.91	0.20	—	1.14	0.14	0.00	—	0.01
11-251	镀锌钢管 DN40 刷第三遍沥青漆	10m²	0.013	16.95	2.17	—	1.91	0.21	0.03	—	0.02
人工单价			小计					9.12	7.91	0.41	1.51
23.22 元/工日			未计价材料费					20.64			
清单项目综合单价								39.62			

材料费明细	主要材料名称、规格、型号	单位	数量	单价（元）	合价（元）	暂估单价（元）	暂估合价（元）
	镀锌钢管 DN40	m	10.20×0.10	18.09	18.45		
	煤焦油沥青漆 L01-17	kg	2.88×0.013	9.80	0.37		
	玻璃丝布 0.5	m²	14.0×0.013	2.80	0.51		
	煤焦油沥青漆 L01-17	kg	2.47×0.013	9.80	0.31		
	玻璃丝布 0.5	m²	14.0×0.013	2.80	0.51		
	煤焦油沥青漆 L01-17	kg	3.85×0.013	9.80	0.49		
	其他材料费						
	材料费小计			—	20.64	—	

综合单价分析表

表7-6

工程名称：某文化宫燃气工程　　　　标段：　　　　　　　　第　页　共　页

项目编码	031001001006	项目名称	镀锌钢管制作安装	计量单位	m	工程量	33.53

清单综合单价组成明细

定额编号	定额名称	定额单位	数量	单价				合价			
				人工费	材料费	机械费	管理费和利润	人工费	材料费	机械费	管理费和利润
8-592	镀锌钢管DN32制作安装	10m	0.10	51.08	43.67	2.79	8.54	5.11	4.37	0.28	0.85
8-172	DN50钢管镀锌薄钢板套管制作	个	1.00	1.39	1.50	—	0.25	1.39	1.50	—	0.25
11-66	镀锌钢管DN32刷第一遍沥青漆	10m²	0.010	6.50	1.54	—	0.78	0.07	0.02	—	0.01
11-2153	镀锌钢管DN32夹第一层玻璃布	10m²	0.010	10.91	0.20	—	1.14	0.11	0.00	—	0.01
11-67	镀锌钢管DN32刷第二遍沥青漆	10m²	0.010	6.27	1.37	—	0.75	0.06	0.01	—	0.01
11-2153	镀锌钢管DN32夹第二层玻璃布	10m²	0.010	10.91	0.20	—	1.14	0.11	0.00	—	0.01
11-251	镀锌钢管DN32刷第三遍沥青漆	10m²	0.010	16.95	2.17	—	1.91	0.17	0.02	—	0.02
人工单价			小计					7.02	5.92	0.28	1.16
23.22元/工日			未计价材料费					16.84			
清单项目综合单价								31.22			

	主要材料名称、规格、型号	单位	数量	单价(元)	合价(元)	暂估单价(元)	暂估合价(元)
材料费明细	镀锌钢管DN32	m	10.20×0.10	14.86	15.16		
	煤焦油沥青漆L01-17	kg	2.88×0.010	9.80	0.28		
	玻璃丝布0.5	m²	14.0×0.010	2.80	0.39		
	煤焦油沥青漆L01-17	kg	2.47×0.010	9.80	0.24		
	玻璃丝布0.5	m²	14.0×0.010	2.80	0.39		
	煤焦油沥青漆L01-17	kg	3.85×0.010	9.80	0.38		
	其他材料费						
	材料费小计			—	16.84	—	

综合单价分析表 表 7-7

工程名称：某文化宫燃气工程　　　　标段：　　　　　　　　　　第　页　共　页

项目编码	031001001007	项目名称		镀锌钢管制作安装		计量单位		m		工程量	93.79

清单综合单价组成明细

定额编号	定额名称	定额单位	数量	单　价				合　价			
				人工费	材料费	机械费	管理费和利润	人工费	材料费	机械费	管理费和利润
8-591	镀锌钢管 DN25 制作安装	10m	0.10	50.97	31.31	2.39	7.64	5.10	3.13	0.24	0.76
11-66	镀锌钢管 DN25 刷第一遍沥青漆	10m²	0.008	6.50	1.54	—	0.78	0.07	0.02	—	0.01
11-2153	镀锌钢管 DN25 夹第一层玻璃布	10m²	0.008	10.91	0.20	—	1.14	0.05	0.01	—	0.01
11-67	镀锌钢管 DN25 刷第二遍沥青漆	10m²	0.008	6.27	1.37	—	0.75	0.09	0.00	—	0.01
11-2153	镀锌钢管 DN25 夹第二层玻璃布	10m²	0.008	10.91	0.20	—	1.14	0.05	0.01	—	0.01
11-251	镀锌钢管 DN25 刷第三遍沥青漆	10m²	0.008	16.95	2.17	—	1.91	0.09	0.00	—	0.01
人工单价			小计					5.50	3.17	0.24	0.81
23.22 元/工日			未计价材料费					13.08			
清单项目综合单价								22.80			

	主要材料名称、规格、型号	单位	数量	单价（元）	合价（元）	暂估单价(元)	暂估合价(元)
材料费明细	镀锌钢管 DN25	m	10.20×0.10	11.50	11.73		
	煤焦油沥青漆 L01-17	kg	2.88×0.008	9.80	0.23		
	玻璃丝布 0.5	m²	14.0×0.008	2.80	0.31		
	煤焦油沥青漆 L01-17	kg	2.47×0.008	9.80	0.19		
	玻璃丝布 0.5	m²	14.0×0.008	2.80	0.31		
	煤焦油沥青漆 L01-17	kg	3.85×0.008	9.80	0.30		
	其他材料费						
	材料费小计			—	13.08	—	

第二分部　钢管

一、清单工程量

项目编码：031001002，项目名称：钢管。

室外燃气引入管无缝钢管（焊接）$\phi108\times4.5$

工程量为：$L=16.00+0.37+0.10+1.20+0.60+0.50=18.77\text{m}$

【注释】　16.00——阀门井接入处距外墙面距离；

0.37——一个墙面的厚度；

0.10——引入管中心至墙面的距离；

（1.20+0.60）——无缝钢管穿墙后的竖直管道的长度；

0.50——无缝钢管距外墙内墙面的距离。

二、定额工程量（套用《全国统一安装工程预算定额》GYD-208-2000、GYD-211-2000）

室外燃气无缝钢管（焊接）$\phi108\times4.5$

1. 管道安装

套定额子目 8-576　　　　　　　计量单位：10m

工程量为：$18.77\text{m}/10\text{m}=1.88$（10m）

【注释】　18.77——室外管道$\phi108\times4.5$总长度；

10——计量单位。

2. 套管制作

DN150 镀锌薄钢板套管制作

套定额子目 8-177　　　　　　　计量单位：个

工程量为：2个/1个＝2（个）

【注释】　2——DN150镀锌薄钢板套管个数；

1——计量单位。

三、综合单价分析见表7-8

综合单价分析表　　　　表7-8

工程名称：某文化宫燃气工程　　　标段：　　　　第　页　共　页

项目编码	031001002001	项目名称	室外燃气钢管制作安装	计量单位	m	工程量	18.77

清单综合单价组成明细

定额编号	定额名称	定额单位	数量	单价 人工费	材料费	机械费	管理费和利润	合价 人工费	材料费	机械费	管理费和利润
8-576	镀锌钢管 $\phi108\times4.5$ 制作安装	10m	0.10	25.31	18.22	20.03	5.30	2.53	1.82	2.00	0.53

续表

项目编码	031001002001	项目名称	室外燃气钢管制作安装	计量单位	m	工程量	18.77

清单综合单价组成明细

定额编号	定额名称	定额单位	数量	单 价				合 价			
				人工费	材料费	机械费	管理费和利润	人工费	材料费	机械费	管理费和利润
11-66	DN150钢管镀锌薄钢板套管制作	个	1.00	2.55	2.75	—	0.46	2.55	2.75		0.46
人工单价			小计					5.08	4.57	2.00	0.99
23.22元/工日			未计价材料费					—			
清单项目综合单价								12.46			

主要材料名称、规格、型号	单位	数量	单价(元)	合价(元)	暂估单价(元)	暂估合价(元)
材料费明细						
	其他材料费					
	材料费小计			—		—

第三分部 管道支架制作安装

一、清单工程量

项目编码：031002001，项目名称：管道支架制作安装，计量单位：kg。

根据燃气钢管固定件的最大间距，即 $DN100-7m$，$DN80-6.5m$，$DN65-6m$，$DN50-5m$，$DN40-4.5m$，$DN32-4m$，$DN25-3.5m$，$DN20-3m$，$DN15-2.5m$，可以确定室内燃气管道的支架安装情况如下。

（一）引入管上

引入管总立管上安装管卡2个，支架2个，水平干管上安装管卡2个，支架2个，故引入管上有 $DN100$ 的管卡4个，其中有2个 $DN100$ 的立管管卡，2个 $DN100$ 的水平管管卡，$DN100$ 的支架4个，其中有2个 $DN100$ 的立管支架，2个 $DN100$ 的水平管支架。

（二）室内立管上

燃气系统室内立管上有 $DN100$ 的管卡1个，支架1个。

燃气系统室内立管上有 $DN80$ 的管卡1个，支架1个。

燃气系统室内立管上有 $DN65$ 的管卡1个，支架1个。

燃气系统室内立管上有 $DN50$ 的管卡1个，支架1个。

燃气系统室内立管上有 $DN40$ 的管卡1个，支架1个。

（三）室内支管上

水平支管上

（1）燃气系统 DN50 钢管的水平干管上安装的管卡数：

$$1+1=2 个$$

【注释】　1——该燃气系统一层男洗澡间水平管 DN50 上安装的管卡数；

　　　　　1——该燃气系统三层厨房水平管 DN50 上安装的管卡数。

燃气系统 DN50 钢管的水平干管上安装的支架数：

$$1+1=2 个$$

【注释】　1——该燃气系统一层男洗澡间水平管 DN50 上安装的支架数；

　　　　　1——该燃气系统三层厨房水平管 DN50 上安装的支架数。

（2）燃气系统 DN40 钢管的水平干管上安装的管卡数：

$$2+1+5+3+1=12 个$$

【注释】　2——该燃气系统一层水平管 DN40 上安装的管卡数；

　　　　　1——该燃气系统二层水平管 DN40 上安装的管卡数；

　　　　　5——该燃气系统三层水平管 DN40 上安装的管卡数；

　　　　　3——该燃气系统四层水平管 DN40 上安装的管卡数；

　　　　　1——该燃气系统五层水平管 DN40 上安装的管卡数。

燃气系统 DN40 钢管的水平干管上安装的支架数：

$$2+1+5+3+1=12 个$$

【注释】　2——该燃气系统一层水平管 DN40 上安装的支架数；

　　　　　1——该燃气系统二层水平管 DN40 上安装的支架数；

　　　　　5——该燃气系统三层水平管 DN40 上安装的支架数；

　　　　　3——该燃气系统四层水平管 DN40 上安装的支架数；

　　　　　1——该燃气系统五层水平管 DN40 上安装的支架数。

（3）燃气系统 DN32 钢管的水平干管上安装的管卡数：

$$2+1+3+4+2=12 个$$

【注释】　2——该燃气系统一层水平管 DN32 上安装的管卡数；

　　　　　1——该燃气系统二层水平管 DN32 上安装的管卡数；

　　　　　3——该燃气系统三层水平管 DN32 上安装的管卡数；

　　　　　4——该燃气系统四层水平管 DN32 上安装的管卡数；

　　　　　2——该燃气系统五层水平管 DN32 上安装的管卡数。

燃气系统 DN32 钢管的水平干管上安装的支架数：

$$2+1+3+4+2=12 个$$

【注释】　2——该燃气系统一层水平管 DN32 上安装的支架数；

　　　　　1——该燃气系统二层水平管 DN32 上安装的支架数；

　　　　　3——该燃气系统三层水平管 DN32 上安装的支架数；

　　　　　4——该燃气系统四层水平管 DN32 上安装的支架数；

　　　　　2——该燃气系统五层水平管 DN32 上安装的支架数。

（4）燃气系统 DN25 钢管的水平干管上安装的管卡数：

$$1+1+1+1+1=5 个$$

【注释】　1——该燃气系统一层水平管 DN25 上安装的管卡数；

1——该燃气系统二层水平管 $DN25$ 上安装的管卡数；

1——该燃气系统三层水平管 $DN25$ 上安装的管卡数；

1——该燃气系统四层水平管 $DN25$ 上安装的管卡数；

1——该燃气系统五层水平管 $DN25$ 上安装的管卡数。

燃气系统 $DN25$ 钢管的水平干管上安装的支架数：

$$1+1+1+1+1=5 \text{个}$$

【注释】 1——该燃气系统一层水平管 $DN25$ 上安装的支架数；

1——该燃气系统二层水平管 $DN25$ 上安装的支架数；

1——该燃气系统三层水平管 $DN25$ 上安装的支架数；

1——该燃气系统四层水平管 $DN25$ 上安装的支架数；

1——该燃气系统五层水平管 $DN25$ 上安装的支架数。

（5）接向燃气表的水平支管上设 1 个管卡，1 个水平支架；出燃气表与接向热水器或者燃气灶的水平支管上设 1 个管卡，1 个水平支架；接向灶具间的水平支管上设 1 个管卡，1 个水平支架。共有 3 个 $DN25$ 管卡，3 个 $DN25$ 水平支架。故室内支管上共有

$$3\times6+3\times4+3\times9+3\times7+3\times5=93 \text{个}$$

【注释】 3——一套燃气表或热水器连接管 $DN25$ 上安装的管卡数；

6——该燃气系统一层共有 6 套这样的设备，故乘以 6；

4——该燃气系统二层共有 4 套这样的设备，故乘以 4；

9——该燃气系统三层共有 9 套这样的设备，故乘以 9；

7——该燃气系统四层共有 7 套这样的设备，故乘以 7；

5——该燃气系统五层共有 5 套这样的设备，故乘以 5。

$$3\times6+3\times4+3\times9+3\times7+3\times5=93 \text{个}$$

【注释】 3——一套燃气表和热水器连接管 $DN25$ 上安装的支架数；

6——该燃气系统一层共有 6 套这样的设备，故乘以 6；

4——该燃气系统二层共有 4 套这样的设备，故乘以 4；

9——该燃气系统三层共有 9 套这样的设备，故乘以 9；

7——该燃气系统四层共有 7 套这样的设备，故乘以 7；

5——该燃气系统五层共有 5 套这样的设备，故乘以 5。

（四）综上所述，由管道所设的管卡数量和支架数量，可以知道各种支架的重量，从而计算出燃气管道支架的工程量，具体见表 7-9：

支架制作、安装重量　　　　　　　　　　　　　　　　　　表 7-9

支架名称		管径(mm)	支架个数	单重(kg)	总重(kg)
立管支架	燃气总立管上支架	100	2	0.42	0.42
	室内立管上支架	80	1	0.31	0.31
	室内立管上支架	65	1	0.22	0.22
	室内立管上支架	50	1	0.19	0.19
	室内立管上支架	40	1	0.17	0.17

续表

支架名称		管径(mm)	支架个数	单重(kg)	总重(kg)
水平管支架	引入管上水平管支架	100	2	0.25	0.50
	室内水平管上支架	50	1+1	0.10	0.20
	室内水平管上支架	40	2+1+5+3+1	0.09	1.08
	室内水平管上支架	32	2+1+3+4+2	0.08	0.96
	室内水平管上支架	25	1+1+1+1+1+3×6+3×4+3×9+3×7+3×5	0.07	6.86
合计	立管支架总重量		1.31		
	水平管支架总重量		9.60		
			10.91		

故燃气管道支架的制作安装工程量为 10.91kg。

二、定额工程量（套用《全国统一安装工程预算定额》GYD-208-2000、GYD-211-2000）

（一）管道支架制作安装

套定额子目 8-178　　　　　　计量单位：100kg

故工程量为：10.91kg/100kg＝0.1091（100kg）

【注释】　10.91——该工程中所有支架的重量；

100——计量单位。

（二）支架（一般钢结构）人工除锈（轻锈）

套定额子目 11-7　　　　　　计量单位：100kg

工程量为：10.91kg /100 kg ＝0.1091（100kg）

【注释】　10.91——该工程中所有支架的重量；

100——计量单位。

（三）支架刷第一遍防锈漆

套定额子目 11-119　　　　　　计量单位：100kg

工程量为：0.1091（100kg）

【注释】　该工程量计算方法同管道人工除锈。

（四）支架刷第一遍银粉漆

套定额子目 11-122　　　　　　计量单位：100kg

工程量为：0.1091（100kg）

【注释】　该工程量计算方法同管道人工除锈。

（五）支架刷第二遍银粉漆

套定额子目 11-123　　　　　　计量单位：100kg

工程量为：0.1091（100kg）

【注释】　该工程量计算方法同管道人工除锈。

三、综合单价分析见表7-10

综合单价分析表　　　　　　　　　　　　　　　　　　　　表7-10

工程名称：某文化宫燃气工程　　　　标段：　　　　　　　　　第　页　共　页

项目编码	031002001001	项目名称	管道支架制作安装	计量单位	kg	工程量	7.08

清单综合单价组成明细

定额编号	定额名称	定额单位	数量	单价				合价			
				人工费	材料费	机械费	管理费和利润	人工费	材料费	机械费	管理费和利润
8-178	管道支架制作安装	100kg	0.01	235.45	194.20	224.26	53.68	2.35	1.94	2.24	0.54
11-7	支架人工除锈	100kg	0.01	7.89	2.50	6.96	0.99	0.08	0.03	—	0.01
11-119	支架刷第一遍防锈漆	100kg	0.01	5.34	0.81	6.96	0.61	0.05	0.01	—	0.01
11-122	支架刷第一遍银粉漆	100kg	0.01	5.11	3.93	6.96	0.80	0.05	0.04	—	0.01
11-123	支架刷第二遍银粉漆	100kg	0.01	5.11	3.18	6.96	0.75	0.05	0.03	—	0.01
人工单价			小计					2.59	2.05	2.24	0.58
23.22元/工日			未计价材料费					3.85			
清单项目综合单价								11.30			

	主要材料名称、规格、型号	单位	数量	单价（元）	合价（元）	暂估单价（元）	暂估合价（元）
材料费明细	型钢	kg	106.00×0.01	3.50	3.71		
	酚醛防锈漆各色	kg	0.92×0.01	8.50	0.08		
	酚醛清漆各色	kg	(0.25+0.23)×0.01	13.50	0.06		
	其他材料费						
	材料费小计			—	3.85	—	

第四分部　螺纹阀门

一、清单工程量

（1）项目编码：031003001，项目名称：螺纹阀门，计量单位：个。

内螺纹旋塞阀，型号为X13W-10，规格为 $DN100$，压力为4.0MPa，重量为30kg。

在该燃气系统安装的 $DN100$ 内螺纹旋塞阀共有

$$1+1=2个$$

【注释】　1——该燃气系统 $DN100$ 水平管上安装的内螺纹旋塞阀数量；

　　　　　　1——该燃气系统 $DN100$ 立管上安装的内螺纹旋塞阀数量。

工程量为：2个

（2）项目编码：031003001，项目名称：螺纹阀门，计量单位：个。

内螺纹旋塞阀，型号为X13W-10，规格为DN80，压力为4.0MPa，重量为17.5kg。

在该燃气系统室内燃气管道一层至二层DN80立管上安装1个DN80内螺纹旋塞阀。

工程量为：1个

（3）项目编码：031003001，项目名称：螺纹阀门，计量单位：个。

内螺纹旋塞阀，型号为X13W-10，规格为DN65，压力为4.0MPa，重量为13kg。

在该燃气系统二层至三层DN65的立管上安装1个DN65内螺纹旋塞阀。

工程量为：1个

（4）项目编码：031003001，项目名称：螺纹阀门，计量单位：个。

内螺纹旋塞阀，型号为X13W-10，规格为DN50，压力为4.0MPa，重量为7.0kg。

在该燃气系统DN50水平管上安装的DN50内螺纹旋塞阀共有

$$1+1+1=3个$$

【注释】　1——该燃气系统一层DN50水平管上安装的内螺纹浮球阀数量；

1——该燃气系统三层至四层DN50立管上安装的内螺纹浮球阀数量。

1——该燃气系统三层DN50水平管上安装的内螺纹浮球阀数量。

工程量为：3个

（5）项目编码：031003001，项目名称：螺纹阀门，计量单位：个。

内螺纹旋塞阀，型号为X13W-10，规格为DN40，压力为4.0MPa，重量为4.5kg。

在该燃气系统DN40水平管上安装的DN40内螺纹旋塞阀共有

$$2+1+3+4+1+2=13个$$

【注释】　2——该燃气系统一层DN40水平管上安装的内螺纹旋塞阀数量；

1——该燃气系统二层DN40水平管上安装的内螺纹旋塞阀数量；

3——该燃气系统三层DN40水平管上安装的内螺纹旋塞阀数量；

4——该燃气系统四层DN40水平管上安装的内螺纹旋塞阀数量；

1——该燃气系统四层至五层DN40立管上安装的内螺纹旋塞阀数量；

2——该燃气系统五层DN40水平管上安装的内螺纹旋塞阀数量。

工程量为：13个

（6）项目编码：031003001，项目名称：螺纹阀门，计量单位：个。

内螺纹旋塞阀，型号为X13W-10，规格为DN32，压力为4.0MPa，重量为3.2kg。

在该燃气系统DN32水平管上安装的DN32内螺纹旋塞阀共有

$$2+2+2+2+2=10个$$

【注释】　2——该燃气系统一层DN32水平管上安装的内螺纹旋塞阀的数量；

2——该燃气系统二层DN32水平管上安装的内螺纹旋塞阀的数量；

2——该燃气系统三层DN32水平管上安装的内螺纹旋塞阀的数量；

2——该燃气系统四层DN32水平管上安装的内螺纹旋塞阀的数量；

2——该燃气系统五层DN32水平管上安装的内螺纹旋塞阀的数量。

工程量为：10个

（7）项目编码：031003001，项目名称：螺纹阀门，计量单位：个。

内螺纹旋塞阀，型号为 X13W-10，规格为 $DN25$，压力为 4.0MPa，重量为 1.7kg。

在 $DN25$ 接至热水器或者燃气灶具的水平管上安装内螺纹旋塞阀 1 个，故安装 $DN25$ 内螺纹旋塞阀共有

$$1 \times 6 + 1 \times 4 + 1 \times 9 + 1 \times 7 + 1 \times 5 = 31 \text{ 个}$$

【注释】 1——该燃气系统一台热水器或者燃气灶具平管上 $DN25$ 上安装的内螺纹旋塞阀数量；

6——该燃气系统一层热水器共有 6 台，故乘以 6；

4——该燃气系统二层热水器共有 4 台，故乘以 4；

9——该燃气系统三层热水器或者燃气灶具共有 9 台，故乘以 9；

7——该燃气系统三层热水器或者燃气灶具共有 7 台，故乘以 7；

5——该燃气系统三层热水器或者燃气灶具共有 5 台，故乘以 5。

工程量为：31 个

二、定额工程量（套用《全国统一安装工程预算定额》GYD-208-2000、GYD-211-2000）

1. 螺纹阀门

型号：X13W-10，$DN100$ 内螺纹旋塞阀

套定额子目 8-249　　　　　　　　　　计量单位：个

工程量为 2 个/1 个＝2（个）

【注释】 2——该工程中 $DN100$ 内螺纹旋塞阀的总个数；

1——计量单位。

2. 螺纹阀门

型号：X13W-10，$DN80$ 内螺纹旋塞阀

套定额子目 8-248　　　　　　　　　　计量单位：个

工程量为 1 个/1 个＝1（个）

【注释】 1——该工程中 $DN80$ 内螺纹旋塞阀的总个数；

1——计量单位。

3. 螺纹阀门

型号：X13W-10，$DN65$ 内螺纹旋塞阀

套定额子目 8-247　　　　　　　　　　计量单位：个

工程量为 1 个/1 个＝1（个）

【注释】 1——该工程中 $DN65$ 内螺纹旋塞阀的总个数；

1——计量单位。

4. 螺纹阀门

型号：X13W-10，$DN50$ 内螺纹旋塞阀

套定额子目 8-246　　　　　　　　　　计量单位：个

工程量为 3 个/1 个＝3（个）

【注释】 3——该工程中 $DN50$ 内螺纹旋塞阀的总个数；

1——计量单位。

5. 螺纹阀门

型号：X13W-10，DN40 内螺纹浮球阀

套定额子目 8-245 　　　　　　计量单位：个

工程量为：13 个/1 个＝13（个）

【注释】 13——该工程中 DN40 内螺纹旋塞阀的总个数；
　　　　　1——计量单位。

6. 螺纹阀门

型号：Q11F-16，DN32 内螺纹浮球阀

套定额子目 8-244 　　　　　　计量单位：个

工程量为：11 个/1 个＝11（个）

【注释】 11——该工程中 DN32 内螺纹旋塞阀的总个数；
　　　　　1——计量单位。

7. 螺纹阀门

型号：X13W-10，DN25 内螺纹浮球阀

套定额子目 8-243 　　　　　　计量单位：个

工程量为：31 个/1 个＝31（个）

【注释】 31——该工程中 DN25 内螺纹旋塞阀的总个数；
　　　　　1——计量单位。

三、综合单价分析见表 7-11～表 7-17

综合单价分析表　　　　　　表 7-11

工程名称：某文化宫燃气工程　　　　标段：　　　　　　第 页 共 页

项目编码	031003001001	项目名称		螺纹阀门		计量单位	个	工程量	2.00

清单综合单价组成明细

定额编号	定额名称	定额单位	数量	单价				合价			
				人工费	材料费	机械费	管理费和利润	人工费	材料费	机械费	管理费和利润
8-249	DN100 内螺纹旋塞阀门安装	个	1.00	22.52	40.54	—	5.17	22.52	40.54	—	5.17
人工单价		小计						22.52	40.54	—	5.17
23.22 元/工日		未计价材料费						35.81			
清单项目综合单价								104.00			

材料费明细	主要材料名称、规格、型号		单位	数量	单价（元）	合价（元）	暂估单价(元)	暂估合价(元)
	螺纹阀门 DN100		个	1.01×1	35.46	35.81		
	其他材料费							
	材料费小计				—	35.81	—	

综合单价分析表

表 7-12

工程名称：某文化宫燃气工程　　　标段：　　　　　　　　　　　第 页 共 页

项目编码	031003001002	项目名称	螺纹阀门		计量单位	个	工程量	1.00

清单综合单价组成明细

定额编号	定额名称	定额单位	数量	单价				合价			
				人工费	材料费	机械费	管理费和利润	人工费	材料费	机械费	管理费和利润
8-248	DN80 内螺纹旋塞阀门安装	个	1.00	11.61	26.10	—	3.03	11.61	26.10	—	3.03
人工单价			小计					11.61	26.10	—	3.03
23.22 元/工日			未计价材料费					21.66			
清单项目综合单价								62.40			

材料费明细	主要材料名称、规格、型号	单位	数量	单价(元)	合价(元)	暂估单价(元)	暂估合价(元)
	螺纹阀门 DN80	个	1.01×1	21.45	21.66		
	其他材料费						
	材料费小计			—	21.66	—	

综合单价分析表

表 7-13

工程名称：某文化宫燃气工程　　　标段：　　　　　　　　　　　第 页 共 页

项目编码	031003001003	项目名称	螺纹阀门		计量单位	个	工程量	1.00

清单综合单价组成明细

定额编号	定额名称	定额单位	数量	单价				合价			
				人工费	材料费	机械费	管理费和利润	人工费	材料费	机械费	管理费和利润
8-247	DN65 内螺纹旋塞阀门安装	个	1.00	8.59	18.20	—	2.16	8.59	18.20	—	2.16
人工单价			小计					8.59	18.20	—	2.16
23.22 元/工日			未计价材料费					15.41			
清单项目综合单价								44.37			

材料费明细	主要材料名称、规格、型号	单位	数量	单价(元)	合价(元)	暂估单价(元)	暂估合价(元)
	螺纹阀门 DN65	个	1.01×1	15.26	15.41		
	其他材料费						
	材料费小计			—	15.41	—	

综合单价分析表 表 7-14

工程名称：某文化宫燃气工程　　　标段：　　　第 页 共 页

| 项目编码 | 031003001004 | 项目名称 | 螺纹阀门 | 计量单位 | 个 | 工程量 | 3.00 |

清单综合单价组成明细

定额编号	定额名称	定额单位	数量	人工费	材料费	机械费	管理费和利润	人工费	材料费	机械费	管理费和利润
8-246	DN50 内螺纹旋塞阀门安装	个	1.00	5.80	9.26	—	1.25	5.80	9.26	—	1.25
人工单价		小计						5.80	9.26	—	1.25
23.22 元/工日		未计价材料费						7.49			
清单项目综合单价								23.80			

主要材料名称、规格、型号	单位	数量	单价(元)	合价(元)	暂估单价(元)	暂估合价(元)
螺纹阀门 DN50	个	1.01×1	7.42	7.49		
其他材料费						
材料费小计			—	7.49		

综合单价分析表 表 7-15

工程名称：某文化宫燃气工程　　　标段：　　　第 页 共 页

| 项目编码 | 031003001005 | 项目名称 | 螺纹阀门 | 计量单位 | 个 | 工程量 | 13.00 |

清单综合单价组成明细

定额编号	定额名称	定额单位	数量	人工费	材料费	机械费	管理费和利润	人工费	材料费	机械费	管理费和利润
8-245	DN40 内螺纹旋塞阀门安装	个	1.00	5.80	7.42	—	1.12	5.80	7.42	—	1.12
人工单价		小计						5.80	7.42	—	1.12
23.22 元/工日		未计价材料费						5.95			
清单项目综合单价								20.29			

主要材料名称、规格、型号	单位	数量	单价(元)	合价(元)	暂估单价(元)	暂估合价(元)
螺纹阀门 DN40	个	1.01×1	5.89	5.95		
其他材料费						
材料费小计			—	5.95	—	

综合单价分析表　　　表 7-16

工程名称：某文化宫燃气工程　　　标段：　　　第　页　共　页

项目编码	031003001006	项目名称	螺纹阀门	计量单位	个	工程量	11.00

清单综合单价组成明细

定额编号	定额名称	定额单位	数量	单价				合价			
				人工费	材料费	机械费	管理费和利润	人工费	材料费	机械费	管理费和利润
8-244	DN32内螺纹旋塞阀门安装	个	1.00	3.48	5.09	—	0.72	3.48	5.09		0.72
人工单价			小计					3.48	5.09		0.72
23.22元/工日			未计价材料费						3.80		
清单项目综合单价								13.08			

材料费明细	主要材料名称、规格、型号	单位	数量	单价(元)	合价(元)	暂估单价(元)	暂估合价(元)
	螺纹阀门 DN32	个	1.01×1	3.76	3.80		
	其他材料费						
	材料费小计			—	3.80		

综合单价分析表　　　表 7-17

工程名称：某文化宫燃气工程　　　标段：　　　第　页　共　页

项目编码	031003001007	项目名称	螺纹阀门	计量单位	个	工程量	31.00

清单综合单价组成明细

定额编号	定额名称	定额单位	数量	单价				合价			
				人工费	材料费	机械费	管理费和利润	人工费	材料费	机械费	管理费和利润
8-243	DN25内螺纹旋塞阀门安装	个	1.00	2.79	3.45	—	0.53	2.79	3.45	—	0.53
人工单价			小计					2.79	3.45		0.53
23.22元/工日			未计价材料费						2.15		
清单项目综合单价								8.92			

材料费明细	主要材料名称、规格、型号	单位	数量	单价(元)	合价(元)	暂估单价(元)	暂估合价(元)
	螺纹阀门 DN20	个	1.01×1	2.13	2.15		
	其他材料费						
	材料费小计			—	2.15		

第五分部　燃气表

一、清单工程量

项目编码：031007005，项目名称：燃气表，计量单位：块。

公商用燃气表，型号：JMB-25，流量为 25m³/h。

每个天然气灶具（四眼灶和热水器）有 1 块，JMB-25 型公商用燃气表共有

$$1 \times 6 + 1 \times 4 + 1 \times 9 + 1 \times 7 + 1 \times 5 = 31 \ 块$$

【注释】　1——该燃气系统一台热水器或者燃气灶具上安装的燃气表数量；

6——该燃气系统一层热水器共有 6 台，故乘以 6；

4——该燃气系统二层热水器共有 4 台，故乘以 4；

9——该燃气系统三层热水器或者燃气灶具共有 9 台，故乘以 9；

7——该燃气系统三层热水器或者燃气灶具共有 7 台，故乘以 7；

5——该燃气系统三层热水器或者燃气灶具共有 5 台，故乘以 5。

工程量为：31 块

二、定额工程量（套用《全国统一安装工程预算定额》GYD-208-2000、GYD-211-2000）

燃气表

型号：JMB-25，公商用燃气表。

套定额子目 8-628　　　　　　　　　　计量单位：块

工程量为：31 块/1 块＝31 块

【注释】　31——该工程中 JMB-25 型公商用燃气表的总块数；

1——计量单位。

三、综合单价分析见表 7-18

综合单价分析表

表 7-18

工程名称：某文化宫燃气工程　　　　　　标段：　　　　　　　　　　　第　页　共　页

项目编码	031007005001	项目名称	燃气表		计量单位	块	工程量	31.00

清单综合单价组成明细

定额编号	定额名称	定额单位	数量	单价				合价			
				人工费	材料费	机械费	管理费和利润	人工费	材料费	机械费	管理费和利润
8-628	JMB-25 型燃气表安装	块	1.00	28.56	0.73	—	3.01	28.56	0.73	—	3.01
人工单价			小计					28.56	0.73	—	3.01
23.22 元/工日			未计价材料费					27.15			
清单项目综合单价								59.45			

材料费明细	主要材料名称、规格、型号	单位	数量	单价（元）	合价（元）	暂估单价（元）	暂估合价（元）
	燃气计量表 20m³/h 双表头	块	1.00×1	12.00	12.00		
	燃气表接头	套	1.01×1	15.00	15.15		
	其他材料费						
	材料费小计			—	27.15		

第六分部　燃气灶具

一、清单工程量

项目编码：031007006，项目名称：燃气灶具，计量单位：台。

公商用四眼灶，型号：MR3-3，额定工作压力：2.0kPa。

该燃气系统安装的 MR3-3 型公商用四眼灶，共有

$$1×3+1×5+1×3=11 台$$

【注释】1——该燃气系统有 1 台公商用四眼灶；

3——该燃气系统三层厨房有 3 台 MR3-3 型公商用四眼灶，故乘以 3；

5——该燃气系统四层厨房有 5 台 MR3-3 型公商用四眼灶，故乘以 5；

3——该燃气系统五层厨房有 3 台 MR3-3 型公商用四眼灶，故乘以 3。

工程量为：11 台

二、定额工程量（套用《全国统一安装工程预算定额》GYD-208-2000、GYD-211-2000）

气灶具

型号：MR3-3，公商用四眼灶。

套定额子目 8-676　　　　　　　　　　计量单位：台

工程量为：11 台/1 台＝11 台

【注释】11——该工程中 MR3-3 型公商用天然气四眼灶的总台数；

1——计量单位。

三、综合单价分析见表7-19

综合单价分析表

表 7-19

工程名称：某文化宫燃气工程　　　　　　　标段：　　　　　　　　　　　　　　第　页　共　页

项目编码	031007006001	项目名称	燃气具		计量单位	台	工程量	11.00

清单综合单价组成明细

定额编号	定额名称	定额单位	数量	单价				合价			
				人工费	材料费	机械费	管理费和利润	人工费	材料费	机械费	管理费和利润
8-676	MR3-3 型公商用四眼灶	台	1.00	13.93	5.81	—	1.85	13.93	5.81	—	1.85
人工单价			小计					13.93	5.81	—	1.85
23.22 元/工日			未计价材料费					300.00			
清单项目综合单价								321.59			

	主要材料名称、规格、型号		单位	数量	单价（元）	合价（元）	暂估单价(元)	暂估合价(元)
材料费明细	天然气灶炉		台	1.00×1	300.00	300.00		
	其他材料费					—		
	材料费小计					—	300.00		

第七分部　天然气快速热水器

一、清单工程量

项目编码：031007004，项目名称：天然气快速热水器，计量单位：台。

燃气快速热水器（直排式），型号：TL200，额定工作压力：2.0±1.0kPa

该燃气系统安装的 TL200 型燃气快速热水器（直排式），共有

$$1×6+1×4+1×6+1×2+1×2＝20 台$$

【注释】　1——该燃气系统有 1 台热水器；

6——该燃气系统一层热水器共有 6 台，故乘以 6；

4——该燃气系统二层热水器共有 4 台，故乘以 4；

6——该燃气系统三层热水器共有 6 台，故乘以 6；

2——该燃气系统四层热水器共有 2 台，故乘以 2；

2——该燃气系统五层热水器共有 2 台，故乘以 2。

工程量为：20 台

二、定额工程量（套用《全国统一安装工程预算定额》GYD-208-2000、GYD-211-2000）

天然气快速热水器

型号：TL200 型，天然气快速热水器（直排式）

套定额子目 8-644　　　　　　　　　　计量单位：台

工程量为 20 台/1 台＝20 台

【注释】　20——该工程中 TL200 型天然气快速热水器（直排式）的总台数；

1——计量单位。

三、综合单价分析见表 7-20

综合单价分析表　　　　　　　　　　　　　表 7-20

工程名称：某文化宫燃气工程　　　　　　标段：　　　　　　第　页　共　页

项目编码	031007004001	项目名称	燃气快速热水器	计量单位	台	工程量	20.00

清单综合单价组成明细

定额编号	定额名称	定额单位	数量	单价				合价			
				人工费	材料费	机械费	管理费和利润	人工费	材料费	机械费	管理费和利润
8-644	TL200 型燃气快速热水器（直排式）	台	1.00	27.40	42.61	—	5.82	27.40	42.61	—	5.82
人工单价		小计						27.40	42.61	—	5.82
23.22 元/工日		未计价材料费						280.00			
清单项目综合单价								355.83			

续表

项目编码	031007004001	项目名称	燃气快速热水器	计量单位	台	工程量	20.00

	主要材料名称、规格、型号	单位	数量	单价（元）	合价（元）	暂估单价(元)	暂估合价(元)
材料费明细	天然气灶炉	台	1.00×1	280.00	280.00		
	其他材料费						
	材料费小计			—	280.00	—	

清单工程量计算表见表 7-21：

清单工程量计算表 表 7-21

序号	项目编码	项目名称	项目特征描述	计量单位	工程量
1	031001001001	室内燃气镀锌钢管	螺纹连接，DN100，室内安装，燃气工程，刷沥青底漆两遍，夹玻璃布两层，第二层玻璃布外再刷一遍沥青漆；支架人工除锈后刷防锈漆一遍、银粉漆两遍	m	7.39
2	031001001002	室内燃气镀锌钢管	螺纹连接，DN80，室内安装，燃气工程，刷沥青底漆两遍，夹玻璃布两层，第二层玻璃布外再刷一遍沥青漆；支架人工除锈后刷防锈漆一遍、银粉漆两遍	m	3.60
3	031001001003	室内燃气镀锌钢管	螺纹连接，DN65，室内安装，燃气工程，刷沥青底漆两遍，夹玻璃布两层，第二层玻璃布外再刷一遍沥青漆；支架人工除锈后刷防锈漆一遍、银粉漆两遍	m	3.60
4	031001001004	室内燃气镀锌钢管	螺纹连接，DN50，室内安装，燃气工程，刷沥青底漆两遍，夹玻璃布两层，第二层玻璃布外再刷一遍沥青漆；支架人工除锈后刷防锈漆一遍、银粉漆两遍	m	10.54
5	031001001005	室内燃气镀锌钢管	螺纹连接，DN40，室内安装，燃气工程，刷沥青底漆两遍，夹玻璃布两层，第二层玻璃布外再刷一遍沥青漆；支架人工除锈后刷防锈漆一遍、银粉漆两遍	m	34.98
6	031001001006	室内燃气镀锌钢管	螺纹连接，DN32，室内安装，燃气工程，刷沥青底漆两遍，夹玻璃布两层，第二层玻璃布外再刷一遍沥青漆；支架人工除锈后刷防锈漆一遍、银粉漆两遍	m	33.53

续表

序号	项目编码	项目名称	项目特征描述	计量单位	工程量
7	031001001007	室内燃气镀锌钢管	螺纹连接,DN25,室内安装,燃气工程,刷沥青底漆两遍,夹玻璃布两层,第二层玻璃布外再刷一遍沥青漆;支架人工除锈后刷防锈漆一遍、银粉漆两遍	m	93.79
8	031001002001	室外燃气钢管	无缝焊接,ϕ108×4.5 安装,室外,燃气工程,填料套管	m	18.77
9	031002001001	管道支架制作安装	一般钢结构,人工除锈(轻锈),刷两遍防锈漆、一遍调和漆	kg	10.91
10	031003001001	螺纹阀门	内螺纹旋塞阀,X13W-10,DN100,压力为 4.0MPa,重量为 30kg	个	2
11	031003001002	螺纹阀门	内螺纹旋塞阀,X13W-10,DN80,压力为 4.0MPa,重量为 17.5kg	个	1
12	031003001003	螺纹阀门	内螺纹旋塞阀,X13W-10,DN65,压力为 4.0MPa,重量为 13kg	个	1
13	031003001004	螺纹阀门	内螺纹旋塞阀,X13W-10,DN50,压力为 4.0MPa,重量为 7kg	个	3
14	031003001005	螺纹阀门	内螺纹旋塞阀,X13W-10,DN40,压力为 4.0MPa,重量为 4.5kg	个	13
15	031003001006	螺纹阀门	内螺纹旋塞阀,X13W-10,DN32,压力为 4.0MPa,重量为 3.2kg	个	11
16	031003001007	螺纹阀门	内螺纹旋塞阀,X13W-10,DN25,压力为 4.0MPa,重量为 1.7kg	个	31
17	031007005001	燃气表	公商用燃气表,JMB-25,流量为 25m³/h	块	31
18	031007006001	燃气灶具	公商用四眼灶,MR3-3 型,额定压力为 2.0kPa	台	11
19	031007004001	天然气快速热水器	燃气快速热水器(直排式),TL200 型,额定压力为 2±1kPa	台	20

某文化宫燃气工程预算表见表 7-22、分部分项工程量清单与计价表见表 7-23、工程量清单综合单价分析见表 7-1~表 7-20。

工程预算表

表 7-22

序号	定额编号	分项工程名称	计量单位	工程量	基价(元)	其中(元)			合价(元)
						人工费	材料费	机械费	
1	8-597	镀锌钢管 DN100 制作安装	10m	0.74	330.44	112.99	189.04	28.41	244.53
2	8-177	DN150 钢管镀锌薄钢板套管制作	个	2.00	5.30	2.55	2.75	—	10.60
3	11-66	镀锌钢管 DN100 刷第一遍沥青漆	10m²	0.232	8.04	6.50	1.54	—	1.87
4	11-2153	镀锌钢管 DN100 夹第一层玻璃布	10m²	0.232	11.11	10.91	0.20	—	2.58
5	11-67	镀锌钢管 DN100 刷第二遍沥青漆	10m²	0.232	7.64	6.27	1.37	—	1.77
6	11-2153	镀锌钢管 DN100 夹第二层玻璃布	10m²	0.232	8.04	6.50	1.54	—	1.87
7	11-251	镀锌钢管 DN100 刷第三遍沥青漆	10m²	0.232	19.12	16.95	2.17	—	4.44
8	8-596	镀锌钢管 DN80 制作安装	10m	0.36	238.79	92.46	136.10	10.23	85.96
9	8-176	DN125 钢管镀锌薄钢板套管制作	个	1.00	5.30	2.55	2.75	—	5.30
10	11-66	镀锌钢管 DN80 刷第一遍沥青漆	10m²	0.090	8.04	6.50	1.54	—	0.72
11	11-2153	镀锌钢管 DN80 夹第一层玻璃布	10m²	0.090	11.11	10.91	0.20	—	1.00
12	11-67	镀锌钢管 DN80 刷第二遍沥青漆	10m²	0.090	7.64	6.27	1.37	—	0.69
13	11-2153	镀锌钢管 DN80 夹第二层玻璃布	10m²	0.090	8.04	6.50	1.54	—	0.72
14	11-251	镀锌钢管 DN80 刷第三遍沥青漆	10m²	0.090	19.12	16.95	2.17	—	1.72
15	8-595	镀锌钢管 DN65 制作安装	10m	0.36	220.52	78.92	131.59	10.01	79.39
16	8-175	DN100 钢管镀锌薄钢板套管制作	个	1.00	4.34	2.09	2.25	—	4.34
17	11-66	镀锌钢管 DN65 刷第一遍沥青漆	10m²	0.073	8.04	6.50	1.54	—	0.59

序号	定额编号	分项工程名称	计量单位	工程量	基价(元)	人工费	材料费	机械费	合价(元)
						其中(元)			
18	11-2153	镀锌钢管 DN65 夹第一层玻璃布	10m²	0.073	11.11	10.91	0.20	—	0.81
19	11-67	镀锌钢管 DN65 刷第二遍沥青漆	10m²	0.073	7.64	6.27	1.37	—	0.56
20	11-2153	镀锌钢管 DN65 夹第二层玻璃布	10m²	0.073	8.04	6.50	1.54	—	0.59
21	11-251	镀锌钢管 DN65 刷第三遍沥青漆	10m²	0.073	19.12	16.95	2.17	—	1.40
22	8-594	镀锌钢管 DN50 制作安装	10m	1.05	153.71	64.09	83.85	5.77	161.40
23	8-174	DN80 钢管镀锌薄钢板套管制作	个	3.00	4.34	2.09	2.25	—	13.02
24	11-66	镀锌钢管 DN50 刷第一遍沥青漆	10m²	0.165	8.04	6.50	1.54	—	1.33
25	11-2153	镀锌钢管 DN50 夹第一层玻璃布	10m²	0.165	11.11	10.91	0.20	—	1.83
26	11-67	镀锌钢管 DN50 刷第二遍沥青漆	10m²	0.165	7.64	6.27	1.37	—	1.26
27	11-2153	镀锌钢管 DN50 夹第二层玻璃布	10m²	0.165	8.04	6.50	1.54	—	1.33
28	11-251	镀锌钢管 DN50 刷第三遍沥青漆	10m²	0.165	19.12	16.95	2.17	—	3.15
29	8-593	镀锌钢管 DN40 制作安装	10m	3.50	153.71	64.09	83.85	5.77	537.99
30	8-173	DN65 钢管镀锌薄钢板套管制作	个	11.00	4.34	2.09	2.25	—	47.74
31	11-66	镀锌钢管 DN40 刷第一遍沥青漆	10m²	0.439	8.04	6.50	1.54	—	3.53
32	11-2153	镀锌钢管 DN40 夹第一层玻璃布	10m²	0.439	11.11	10.91	0.20	—	4.88
33	11-67	镀锌钢管 DN40 刷第二遍沥青漆	10m²	0.439	7.64	6.27	1.37	—	3.35
34	11-2153	镀锌钢管 DN40 夹第二层玻璃布	10m²	0.439	8.04	6.50	1.54	—	3.53

续表

序号	定额编号	分项工程名称	计量单位	工程量	基价(元)	其中(元)			合价(元)
						人工费	材料费	机械费	
35	11-251	镀锌钢管 DN40 刷第三遍沥青漆	10m²	0.439	19.12	16.95	2.17		8.39
36	8-592	镀锌钢管 DN32 制作安装	10m	3.35	97.54	51.08	43.67	2.79	326.76
37	8-172	DN50 钢管镀锌薄钢板套管制作	个	12.00	2.89	1.39	1.50	—	34.68
38	11-66	镀锌钢管 DN32 刷第一遍沥青漆	10m²	0.337	8.04	6.50	1.54	—	2.71
39	11-2153	镀锌钢管 DN32 夹第一层玻璃布	10m²	0.337	11.11	10.91	0.20		3.74
40	11-67	镀锌钢管 DN32 刷第二遍沥青漆	10m²	0.337	7.64	6.27	1.37	—	2.57
41	11-2153	镀锌钢管 DN32 夹第二层玻璃布	10m²	0.337	8.04	6.50	1.54		2.71
42	11-251	镀锌钢管 DN32 刷第三遍沥青漆	10m²	0.337	19.12	16.95	2.17	—	6.44
43	8-591	镀锌钢管 DN25 制作安装	10m	9.38	84.67	50.97	31.31	2.39	794.20
44	11-66	镀锌钢管 DN25 刷第一遍沥青漆	10m²	0.736	8.04	6.50	1.54	—	5.92
45	11-2153	镀锌钢管 DN25 夹第一层玻璃布	10m²	0.736	11.11	10.91	0.20	—	8.18
46	11-67	镀锌钢管 DN25 刷第二遍沥青漆	10m²	0.736	7.64	6.27	1.37	—	5.62
47	11-2153	镀锌钢管 DN25 夹第二层玻璃布	10m²	0.736	8.04	6.50	1.54	—	5.92
48	11-251	镀锌钢管 DN25 刷第三遍沥青漆	10m²	0.736	19.12	16.95	2.17	—	14.07
49	8-576	室外钢管 φ108×4.5 制作安装	10m	1.88	63.56	25.31	18.22	20.03	119.49
50	8-177	DN150 钢管镀锌薄钢板套管制作	个	2.00	5.30	2.55	2.75		10.60
51	8-178	管道支架制作安装	100kg	0.1091	654.69	235.45	194.98	224.26	71.43
52	11-7	支架人工除锈	100kg	0.1091	17.35	7.89	2.5	6.96	1.89
53	11-119	支架刷第一遍防锈漆	100kg	0.1091	13.11	5.34	0.81	6.96	1.43
54	11-122	支架刷第一遍银粉漆	100kg	0.1091	16.00	5.11	3.93	6.96	1.75
55	11-123	支架刷第二遍银粉漆	100kg	0.1091	15.25	5.11	3.18	6.96	1.66
56	8-249	DN100 内螺纹旋塞阀安装	个	2.00	63.06	22.52	40.54	—	126.12
57	8-248	DN80 内螺纹旋塞阀安装	个	1.00	37.71	11.61	26.10	—	37.71
58	8-247	DN65 内螺纹旋塞阀安装	个	1.00	26.79	8.59	18.20	—	26.79
59	8-246	DN50 内螺纹旋塞阀安装	个	3.00	15.06	5.80	9.26	—	45.18

续表

序号	定额编号	分项工程名称	计量单位	工程量	基价(元)	其中(元)			合价(元)
						人工费	材料费	机械费	
60	8-245	DN40 内螺纹旋塞阀安装	个	13.00	13.22	5.80	7.42	—	171.86
61	8-244	DN32 内螺纹旋塞阀安装	个	11.00	8.57	3.48	5.09	—	94.27
62	8-243	DN25 内螺纹旋塞阀安装	个	31.00	6.24	2.79	3.45	—	193.44
63	8-628	JMB-25 型燃气表安装	块	31.00	29.29	28.56	0.73	—	907.99
64	8-676	MR3-3 型公商用天然气四眼灶	台	11.00	19.74	13.93	5.81	—	217.14
65	8-644	TL200 型燃气快速热水器(直排式)	台	20.00	70.01	27.40	42.61	—	1400.20
合计									5629.65

注：1. 套用《全国统一安装工程预算定额》(GYD-208—2000、GYD-211—2000)，由各个工程对应的定额编号可查出其相应的基价、人工费、材料费、机械费；
2. 合价＝工程量×基价。

分部分项工程和单价措施项目清单与计价表

表 7-23

工程名称：某文化宫燃气工程　　　　　标段：　　　　　　　　　　　　　第 页 共 页

序号	项目编码	项目名称	项目特征描述	计量单位	工程量	金额(元)		
						综合单价	合价	其中：暂估价
给水排水、采暖、燃气工程								
1	031001001001	镀锌钢管制作安装	螺纹连接，DN100	m	7.39	102.63	758.44	—
2	031001001002	镀锌钢管制作安装	螺纹连接，DN80	m	3.60	75.90	273.24	—
3	031001001003	镀锌钢管制作安装	螺纹连接，DN65	m	3.60	65.08	234.29	—
4	031001001004	镀锌钢管制作安装	螺纹连接，DN50	m	10.54	48.51	511.30	—
5	031001001005	镀锌钢管制作安装	螺纹连接，DN40	m	34.98	39.62	1385.91	—
6	031001001006	镀锌钢管制作安装	螺纹连接，DN32	m	33.53	31.22	1046.81	—
7	031001001007	镀锌钢管制作安装	螺纹连接，DN25	m	93.79	22.80	2138.41	—
8	031001002001	钢管制作安装	无缝，焊接，φ108×4.5	m	18.77	12.64	237.25	—
9	031002001001	管道支架制作安装		kg	7.08	11.30	80.00	—
10	031003001001	螺纹阀门	DN100 内螺纹旋塞阀	个	2.00	104.00	208.00	—
11	030803001002	螺纹阀门	DN80 内螺纹旋塞阀	个	1.00	62.40	62.40	—
12	031003001003	螺纹阀门	DN65 内螺纹旋塞阀	个	1.00	44.37	44.37	—
13	031003001004	螺纹阀门	DN50 内螺纹旋塞阀	个	3.00	23.80	71.40	—
14	031003001005	螺纹阀门	DN40 内螺纹旋塞阀	个	13.00	20.29	263.77	—
15	031003001006	螺纹阀门	DN32 内螺纹旋塞阀	个	11.00	13.08	143.88	—
16	031003001007	螺纹阀门	DN25 内螺纹旋塞阀	个	31.00	8.92	276.52	—
17	031007005001	燃气表	JMB-25 型燃气表	块	31.00	59.45	1842.95	—
18	031007006001	燃气灶具	MR3-3 型公商用四眼灶	台	11.00	321.59	3537.49	—
19	031007004001	天然气热水器	TL200 型燃气快速热水器(直排式)	台	20.00	355.83	7116.60	—
本页小计								—
合计							20233.02	

注：1. 综合单价为表 7-1～表 7-20 计算的清单项目综合单价；
2. 合价＝工程量×综合单价。

投标报价

投 标 总 价

招标人：某文化宫

工程名称：某文化宫燃气安装工程

投标总价(小写)：　38194　

　　　　　(大写)：　叁万捌仟壹佰玖拾肆　

投标人：某某燃气安装公司单位公章
　　　　　(单位盖章)

法定代表人：某某燃气安装公司

或其授权人：法定代表人
　　　　　(签字或盖章)

编制人：×××签字盖造价工程师或造价员专用章
　　　　　(造价人员签字盖专用章)

编制时间：××××年×月×日

总 说 明

工程名称：某文化宫燃气安装工程　　　　　　　　　　　　　　　　第 页 共 页

1. 工程概况：本工程为某文化宫燃气安装工程，该文化宫共五层，其中游艺用房、健身房、餐饮、茶座、冷热饮室、小卖部为用气房间。燃气立管完全敷设在管井内，引入管采用无缝钢管(焊接)，燃气立管采用镀锌钢管。燃气引入管必须埋于冰冻线以下，室外标高为−0.60m，按施工安装图册的规定引入管必须埋于地面以下 1.2m 处。本建筑物外墙厚370mm，引入管中心至墙面距离为100mm，引入管规格为无缝钢管，焊接，$\phi108\times4$mm。室内燃气管道穿墙、穿楼板均采用镀锌薄钢板套管，安装在楼板内的套管，其顶部应高出地面 20mm 左右，底部应与楼板面相平；安装在墙壁内的套管，其两端应与饰面相平。室内燃气管管道材料为镀锌钢管，采用螺纹连接，室内燃气管道走向均沿墙面布置。室内燃气管道刷沥青底漆两遍，夹玻璃布两层，第二层玻璃布外再刷一遍沥青漆；支架人工除锈后刷防锈漆一遍、银粉漆两遍。

2. 投标控制价包括范围：为本次招标的文化宫施工图范围内的燃气安装工程。

3. 投标控制价编制依据：

(1)招标文件及其所提供的工程量清单和有关计价的要求，招标文件的补充通知和答疑纪要。

(2)该文化宫施工图及投标施工组织设计。

(3)有关的技术标准、规范和安全管理规定。

(4)省建设主管部门颁发的计价定额和计价管理办法及有关计价文件。

(5)材料价格采用工程所在地工程造价管理机构发布的价格信息，对于造价信息没有发布的材料，其价格参照市场价。

相关附表见表7-24～表7-30。

工程项目投标报价汇总表

表 7-24

工程名称：某文化宫燃气安装工程

第 页 共 页

序号	单项工程名称	金额(元)	其中(元)		
			暂估价	安全文明施工费	规费
1	某文化宫燃气安装工程	38194.39	4000	232.47	383.38
	合　计	38194.39	4000	232.47	383.38

单项工程投标报价汇总表

表 7-25

工程名称：某文化宫燃气安装工程

第 页 共 页

序号	单项工程名称	金额(元)	其中(元)		
			暂估价	安全文明施工费	规费
1	某文化宫燃气安装工程	38194.39	4000	232.47	383.38
	合　计	38194.39	4000	232.47	383.38

单位工程投标报价汇总表 表 7-26

工程名称：某文化宫燃气安装工程   第 页 共 页

序号	汇总内容	金额(元)	其中暂估价(元)
1	分部分项工程	20233.02	
1.1	某文化宫燃气安装工程	20233.02	
2	措施项目	726.85	
2.1	安全文明施工费	232.47	
3	其他项目	15707.96	
3.1	暂列金额	2427.96	
3.2	专业工程暂估价	4000	
3.3	计日工	5080	
3.4	总承包服务费	200	
4	规费	383.38	
5	税金	1143.18	
合计=1+2+3+4+5			38194.39

注：这里的分部分项工程中存在暂估价。

分部分项工程和单价措施项目清单与计价表见表 7-23。

总价措施项目清单与计价表 表 7-27

工程名称：某文化宫燃气安装工程   标段：   第 页 共 页

序号	项目名称	计算基础	费率(%)	金额(元)
1	文明施工费	人工费 (3099.58元)	3.5	108.49
2	安全施工费	人工费	4.0	123.98
3	生活性临时设施费	人工费	7.3	226.27
4	生产性临时设施费	人工费	3.6	111.58
5	夜间施工费	人工费	1.0	31.00
6	冬雨期施工增加费	人工费	1.1	34.10
7	二次搬运费	人工费	0.35	10.85
8	工程定位复测、工程点交、场地清理	人工费	0.2	6.20
9	生产工具、用具使用费	人工费	2.4	74.39
	合　　计			726.85

注：该表费率参考《山西省建设工程施工取费定额》(2005 年)。

其他项目清单与计价汇总表　　　　　　　表 7-28

工程名称：某文化宫燃气安装工程　　　　　　　标段：　　　　　　　第　页　共　页

序号	项目名称	计量单位	金额(元)	备　　注
1	暂列金额	项	2427.96	一般按分部分项工程的(20233.02 元) 10%～15%
2	暂估价		4000	
2.1	材料暂估价			
2.2	专业工程暂估价	项	4000	
3	计日工		5080	
4	总承包服务费		200	一般为专业工程估价的 3%～5%
	合　　计		15707.96	

注：第 1、4 项备注参考《房屋建筑与装饰工程工程量计算规范》。

　　材料暂估单价进入清单项目综合单价，此处不汇总。

计日工表　　　　　　　表 7-29

工程名称：某文化宫燃气安装工程　　　　　　　标段：　　　　　　　第　页　共　页

编号	项目名称	单位	暂定数量	综合单价(元)	合价(元)
一	人工				
1	普工	工日	35	70	2450
2	技工(综合)	工日	15	90	1350
3					
4					
	人工小计				3800
二	材料				
1					
2					
3					
4					
5					
6					
	材料小计				
三	施工机械				
1	自升式塔式起重机	台班	2	640	1280
2					
3					
4					
	施工机械小计				1280
	总　　计				5080

注：此表项目名称由招标人填写，编制招标控制价时，单价由招标人按有关计价规定确定；投标时，单价由投标人自主报价，计入投标总价中。

规费税金项目清单与计价表 表 7-30

工程名称：某文化宫燃气安装工程　　　　　　　标段：　　　　　　　　　第　页　共　页

序号	项目名称	计算基础	费率(%)	金额(元)
一	规费			383.38
1.1	养老保险费	直接费 (5629.65 元)	3.9	219.56
1.2	失业保险费	直接费	0.25	14.07
1.3	医疗保险费	直接费	0.9	50.67
1.4	工伤保险费	直接费	0.12	6.76
1.5	住房保险费	直接费	1.3	73.19
1.6	危险作业意外伤害保险费	直接费	0.20	11.26
1.7	工程定额测定费	直接费	0.14	7.88
二	税金	分部分项工程费+措施项目费 +其他项目费+规费 (33524.31 元)	3.41	835.25
	合　　　计			1526.56

注：该表费率参考《山西省建设工程施工取费定额》(2005 年)。

工程量清单综合单价分析表见前文中的表 7-1～表 7-20。

案例 8 某职工餐厅采暖设计工程

第一部分 工程概况

该工程为某职工餐厅采暖设计，该职工餐厅共三层，每层层高为 3.4m。此设计采用机械循环热水供暖系统中的单管（带闭合管段）上供中回式顺流同程式，采用同程式可以减轻上水平失调显现。设落地式膨胀水箱和集气罐。此系统中供回水温度采用低温热水，即供回水温度分别为 95℃和 70℃热水，由室外城市热力管网供热。管道采用焊接钢管，管径不大于 32mm 的焊接钢管采用螺纹连接，管径大于 32mm 的焊接钢管采用焊接。其中，顶层所走的水平供水干管和底层所走的水平回水干管，以及供回水总立管和与城市热力管网相连的供回水管均需作保温处理，需手工除轻锈，再刷红丹防锈漆两遍后，采用 50mm 厚的泡沫玻璃瓦块管道保温，外裹油毡纸保护层；其他立管和房间内与散热器连接的管均需手工除轻锈后，刷红丹防锈漆一遍、银粉漆两遍。根据《暖通空调规范实施手册》，采暖管道穿过楼板和隔墙时，宜装设套管，故此设计中的穿楼板和隔墙的管道设镀锌薄钢板套管，套管尺寸比管道大一到两号，管道设支架，支架刷红丹防锈漆两遍、耐酸漆两遍。

散热器采用铸铁 M132 型，落地式安装，散热器表面刷防锈底漆一遍、银粉漆两遍。膨胀水箱刷防锈漆两遍，采用 50mm 厚的泡沫玻璃板（设备）做保温层，保护层采用铝箔—复合玻璃钢材料。集气罐刷防锈漆两遍、酚醛耐酸漆两遍。每根供水立管的始末两端各设截止阀一个，根据《暖通空调规范实施手册》可知，热水采暖系统，应在热力入口和出口处的供回水总管上设置温度计、压力表。

系统安装完毕应进行水压试验，系统水压试验压力是工作压力的 1.5 倍，10min 内压力降不大于 0.02MPa，且系统不渗水为合格。系统试压合格后，投入使用前进行冲洗，冲洗至排出水不含泥沙、铁屑等杂物且水色不浑浊为合格，冲洗前应将温度计、调节阀及平衡阀等拆除，待冲洗合格后再装上。

具体设计内容如图 8-1～图 8-4 所示。

第二部分 工程量计算及清单表格编制

第一分部 设备

一、清单工程量

（一）散热器安装

由图 8-4 可知，一层铸铁 M132 型散热器片数为 $12×14×2+12×6×1=408$ 片

【注释】 12——表示每组散热器的片数；

　14——表示立管数，即立管 L1 和 L2、L3、L6、L7、L8、L10、L12、L13、L14、L15、L18、L19、L20；

　2——表示一根立管带两组散热器；

　6——表示立管数，即立管 L4 和 L5、L9、L11、L16、L17，它们在第一层各带一组散热器；

　1——表示一根立管带一组散热器。

二层散热器片数的数量为 $10×14×2+10×6×1=340$ 片

【注释】 12——表示每组散热器的片数；

　14——表示立管数，即立管 L1 和 L2、L3、L6、L7、L8、L10、L12、L13、L14、L15、L18、L19、L20；

　2——表示一根立管带两组散热器；

　6——表示立管数，即立管 L4 和 L5、L9、L11、L16、L17，它们在第二层各带一组散热器；

　1——表示一根立管带一组散热器。

三层散热器片数为 $12×14×2+12×6×1=408$ 片

【注释】 12——表示每组散热器的数；

　14——表示立管数，即立管 L1 和 L2、L3、L6、L7、L8、L10、L12、L13、L14、L15、L18、L19、L20；

　2——表示一根立管带两组散热器；

　6——表示立管数，即立管 L4 和 L5、L9、L11、L16、L17，它们在第三层各带一组散热器；

　1——表示一根立管带一组散热器。

由以上计算可知该采暖工程所需散热器片数共计：408（底层）＋340（中间层）＋408（顶层）＝1156 片

（二）阀门

1）DN15 截止阀 1：每组散热器与供水立管相连接的水管各设一个，共计 34 个。

【注释】 计算方法：每层散热器的组数：$14×2+6×1=34$ 组/层

散热器共有：34 组/层×2 层＝68 组，DN15 截止阀 1 的个数与散热器的组数相等；

其中 14——表示立管数，即立管 L1 和 L2、L3、L6、L7、L8、L10、L12、L13、L14、L15、L18、L19、L20；

　6——表示立管数，即立管 L4 和 L5、L9、L11、L16、L17，它们在每一层各带一组散热器；

　2——表示一根立管带两组散热器；

　1——表示一根立管带一组散热器。

2）DN15 截止阀 2：每根供水立管 DN15 的始端和末端各设一个，共计 12 个。

【注释】 计算方法：$6×2=12$ 个

其中 6——表示立管数，即立管 L4 和 L5、L9、L11、L16、L17，它们均是 DN15 的

　　　　立管在始端和末端各设一个；

　　　　2——表示始端一个，末端一个，共计两个。

3）DN20 截止阀：每根供水立管 DN20 的始端和末端各设一个，共计 28 个。

【注释】　计算方法：14×2＝28 个

其中 14——表示立管数，即立管 L1 和 L2、L3、L6、L7、L8、L10、L12、L13、
　　　　　L14、L15、L18、L19、L20，它们均是 DN20 的立管在始端和末端各设
　　　　　一个；

　　　　2——表示始端一个，末端一个，共计 2 个。

4）DN80 截止阀：供回水总管（即热水引入管）各设一个截止阀，共计 2 个。

5）DN15 自动排气阀：在集气罐的短管末端设自动排气阀，共 4 个。

6）温度仪表：热水引入和引出管的供回水干管上各设温度仪表一个，共计 2 个。

7）压力仪表：热水引入和引出管的供回水干管上各设压力仪表一个，共计 2 个。

8）流量仪表：此职工餐厅仅需要一个流量仪表。

（三）膨胀水箱

在系统中设置开口式的膨胀水箱一个，膨胀水箱的膨胀水管，接到循环水泵吸入口。
膨胀水箱的尺寸（长×宽×高）为 1400mm×900mm×1100mm，本体重量为 255.1kg，
有效容积为 1.2m³。

【注释】　由《简明供热设计手册》方形膨胀水箱一览表可查得膨胀水箱的尺寸，本体
重量和有效容积，有效容积即公称容积。

（四）集气罐

在供回水干管末端的最高处，设集气排气设备，即集气罐。本设计共采用四个集气
罐，采用直径为 100mm 的短管制成的集气罐，顶部连接直径 15mm 的放气管，高度为
300mm，重量为 5.24kg。

【注释】　本工程集气罐选型号 1 的集气罐，由《简明供热设计手册》集气罐尺寸表，
可查得集气罐的尺寸，高度（长度）和直径，以及顶部连接的排气管的直径。

二、定额工程量

（一）铸铁散热器（M132 型）

计量单位：10 片　　安装数量 1156 片　　　工程量：1156 片/10 片＝115.6

套定额子目 8—490

（二）阀门

1）DN15 截止阀 1　　安装工程量：34 个　　套定额子目 8—241

2）DN15 截止阀 2　　安装工程量：12 个　　套定额子目 8—241

3）DN20 截止阀　　　安装工程量：28 个　　套定额子目 8—242

4）DN80 截止阀　　　安装工程量：2 个　　　套定额子目 8—248

（三）自动排气阀（DN15）

计量单位：个　　安装数量：4　　套定额子目 8—299

（四）温度仪表（双金属温度计）

计量单位：个　　安装数量：2　　套定额子目 10—2

（五）压力仪表（就地压力表）

计量单位：个　　　安装数量：2　　　套定额子目 10—25

（六）流量仪表（就地指示式椭圆齿轮流量计）

计量单位：个　　　安装数量：1　　　套定额子目 10—39

（七）膨胀水箱

1. 膨胀水箱的定额工程量同清单工程量

2. 膨胀水箱外（刷防锈漆两遍）刷油

矩形设备刷油工程量以表面积 S 计算，其计算公式为：

$S=2 (A×B+A×C+ B×C)$

【注释】　A——表示膨胀水箱的长度（m）；

　　　　　B——表示膨胀水箱的宽度（m）；

　　　　　C——表示膨胀水箱的高度（m）。

本工程中 $A=1400mm=1.4m$，$B=900mm=0.9m$，$C=1100mm=1.1m$

则 $S=2 (A×B+A×C+ B×C)=2×(1.4×0.9+1.4×1.1+0.9×1.1)=7.58m^2$

刷防锈漆第一遍：

定额计量单位：10m²　　　工程量为：0.76（10m²）　　　套定额子目 11—86

刷防锈漆第二遍：

定额计量单位：10m²　　　工程量为：0.76（10m²）　　　套定额子目 11—87

3. 膨胀水箱外保温层

矩形设备保温层工程量以体积来计量，其公式为：

$$V=2×[(A+1.033δ)+(B+1.033δ)]×1.033δ×L$$

【注释】　A——表示膨胀水箱的宽度（m）；

　　　　　B——表示膨胀水箱的高度（m）；

　　　　　$δ$——表示保温层厚度（m）；

　　　　　L——表示膨胀水箱的长度（m）；

　　　1.033——表示调整系数。

则 $V=2×[(A+1.033δ)+(B+1.033δ)]×1.033δ×L$

　　$=2×[(0.9+1.033×0.05)+(1.1+1.033×0.05)]×1.033×0.05×1.4$

　　$=0.30m^3$

定额计量单位：m³　　　工程量为：0.30；（m³）　　　套定额子目 11—1811

4. 膨胀水箱保护层

本设计中膨胀水箱用铝箔—复合玻璃钢做保护层，其工程量仍以表面积计算，其公式

为：$S=2×[(A+2.1δ+0.0082)+(B+2.1δ+0.0082)]×L$

【注释】　A——表示膨胀水箱的宽度（m）；

　　　　　B——表示膨胀水箱的高度（m）；

　　　　　$δ$——表示保温层厚度（m）；

　　　　　L——示膨胀水箱的长度（m）；

　　　2.1——表示调整系数；

　　0.0082——捆扎线直径或钢带厚（m）。

则 $S=2\times[(0.9+2.1\times0.05+0.0082)+(1.1+2.1\times0.05+0.0082)]\times1.4$

$=2\times(1.0132+1.2132)\times1.4$

$=6.23m^2$

定额计量单位：$10m^2$　　工程量为：0.62（$10m^2$）　　　　套定额子目 11—2164

（八）集气罐

定额工程量同清单工程量，4个。

集气罐刷油

查《全国统一安装工程预算工程量计算规则》知，筒体设备刷油工程量以表面积来计算，其公式为：$S=\pi DL$

【注释】　D——集气罐直径（m）；

L——设备筒体或管道的高度（m），这里指集气罐的高度。

则 $S=\pi DL=3.14\times0.10\times0.30=0.094m^2$

集气罐刷第一遍防锈漆：

定额计量单位：$10m^2$　　　　　　工程量为：$0.094\times4=0.38m^2=0.04$（$10m^2$）

套定额子目 11—86

集气罐刷第二遍防锈漆：

定额计量单位：$10m^2$　　　　　　工程量为：$0.094\times4=0.38m^2=0.04$（$10m^2$）

套定额子目 11—87

集气罐刷第一遍酚醛耐酸漆：

定额计量单位：$10m^2$　　　　　　工程量为：$0.094\times4=0.38m^2=0.04$（$10m^2$）

套定额子目 11—99

集气罐刷第二遍酚醛耐酸漆：

定额计量单位：$10m^2$　　　　　　工程量为：$0.094\times4=0.38m^2=0.04$（$10m^2$）

套定额子目 11—100

三、综合单价分析见表 8-1～表 8-11

工程量清单综合单价分析表　　　　　　　　　　表 8-1

工程名称：某职工餐厅采暖工程　　　标段：　　　　　　　　　第　页　共　页

项目编码	030112001001	项目名称	铸铁散热器（M132 型）	计量单位	片	工程量	1156

清单综合单价组成明细

定额编号	定额名称	定额单位	数量	单价				合价			
				人工费	材料费	机械费	管理费和利润	人工费	材料费	机械费	管理费和利润
8-490	铸铁散热器（M132 型）组成安装	10 片	0.1	14.16	27.11	—	12.28	1.42	2.71	—	1.23
11-199	M132 型散热器刷带锈底漆一遍	$10m^2$	0.024	7.66	1.28	—	5.71	0.18	0.03	—	0.14
11-200	M133 型散热器刷银粉漆第一遍	$10m^2$	0.024	7.89	5.34	—	6.16	0.19	0.13	—	0.15

续表

定额编号	定额名称	定额单位	数量	单价				合价			
				人工费	材料费	机械费	管理费和利润	人工费	材料费	机械费	管理费和利润
11-201	M134型散热器刷银粉漆第二遍	10m²	0.024	7.66	4.71	—	5.95	0.18	0.11	—	0.14
人工单价		小计						1.97	2.98	—	1.66
23.22元/工日		未计价材料费						15.56			
清单项目综合单价								22.17			

主要材料名称、规格、型号	单位	数量	单价(元)	合价(元)	暂估单价(元)	暂估合价(元)
铸铁散热器,M132型	片	10.100×0.1	14.9	15.05		
带锈底漆	kg	0.92×0.024	10.6	0.23		
酚醛清漆各色	kg	(0.450+0.410)×0.028	13.5	0.28		
其他材料费						
材料费小计				15.56		

注:

1. 参照《北京市建设工程费用定额》(2001年):管理费的计费基数为人工费,费率为62.0%;利润的计费基数为直接工程费(人工费+材料费+机械费)+管理费,费率为7.0%;管理费:14.16×62.0%,利润:(14.16+27.11+14.16×62.0%)×7.0%,管理费和利润:14.16×62.0%+(14.16+27.11+14.16×62.0%)×7.0%=12.28元。

2. 铸铁散热器制作安装的数量=定额工程量÷清单工程量÷定额单位。

3. 散热器片刷带锈底漆一遍的数量=刷带锈底漆一遍定额工程量÷散热器制作清单工程量÷定额单位。

4. 散热器片刷银粉漆第一遍的数量=刷银粉漆第一遍的定额工程量÷散热器制作清单工程量÷定额单位。

5. 散热器片刷银粉漆第二遍的数量=刷银粉漆第二遍的定额工程量÷散热器制作清单工程量÷定额单位。

6. 由《全国统一安装工程预算定额》第八册 给水排水、采暖、燃气工程8—491查得铸铁散热器柱形的未计价材料为10.100片,又查得它的单价为14.9元/片,故其合价为10.100×0.1×14.9=15.05元。

7. 由《全国统一安装工程预算定额》第十一册 刷油、防腐蚀、绝热工程11—198查得散热器片刷带锈底漆一遍的未计价材料为0.92kg,又查得其单价为10.6元/m²,故其合价为0.92×10.6×0.024=0.23元。

8. 由《全国统一安装工程预算定额》第十一册 刷油、防腐蚀、绝热工程11—200和11—201查得酚醛清漆各色数第一遍和第二遍的未计价材料分别为0.45、0.41kg,又查得其单价为13.5元/kg,故其合价为(0.450+0.410)×0.024×13.5=0.28元。

9. 其中各项单价是根据市场价确定的,本设计采用估算的价格。

下文亦如此,故不再作详细注明。

工程量清单综合单价分析表

表 8-2

工程名称：某职工餐厅采暖工程　　标段：　　　　　　　　　　　第 页 共 页

项目编码	031003001001	项目名称	螺纹 DN15 截止阀 1	计量单位	个	工程量	34

清单综合单价组成明细

定额编号	定额名称	定额单位	数量	单价				合价			
				人工费	材料费	机械费	管理费和利润	人工费	材料费	机械费	管理费和利润
8-241	螺纹阀 DN15 截止阀 1 安装	个	1	2.32	2.11	—	1.85	2.32	2.11	—	1.85
人工单价			小计					2.32	2.11	—	1.85
23.22 元/工日			未计价材料费					12.12			
清单项目综合单价								18.40			

	主要材料名称、规格、型号	单位	数量	单价（元）	合价（元）	暂估单价（元）	暂估合价（元）
材料费明细	螺纹 DN15 截止阀 2	个	1.01	12	12.12		
	其他材料费						
	材料费小计				12.12		

工程量清单综合单价分析表

表 8-3

工程名称：某职工餐厅采暖工程　　标段：　　　　　　　　　　　第 页 共 页

项目编码	031003001002	项目名称	螺纹 DN15 截止阀 2	计量单位	个	工程量	12

清单综合单价组成明细

定额编号	定额名称	定额单位	数量	单价				合价			
				人工费	材料费	机械费	管理费和利润	人工费	材料费	机械费	管理费和利润
8-241	螺纹阀 DN15 截止阀 2 安装	个	1	2.32	2.11	—	1.85	2.32	2.11	—	1.85
人工单价			小计					2.32	2.11	—	1.85
23.22 元/工日			未计价材料费					12.12			
清单项目综合单价								18.40			

	主要材料名称、规格、型号	单位	数量	单价(元)	合价(元)	暂估单价(元)	暂估合价(元)
材料费明细	螺纹 DN15 截止阀 2	个	1.01	12	12.12		
	其他材料费						
	材料费小计				12.12		

工程量清单综合单价分析表

表 8-4

工程名称：某职工餐厅采暖工程　标段：

第　页　共　页

项目编码	031003001003	项目名称	螺纹 DN20 截止阀	计量单位	个	工程量	28

清单综合单价组成明细

定额编号	定额名称	定额单位	数量	单价				合价			
				人工费	材料费	机械费	管理费和利润	人工费	材料费	机械费	管理费和利润
8-242	螺纹阀 DN20 截止阀安装	个	1	2.32	2.68	—	1.89	2.32	2.68	—	1.89
人工单价		小计						2.32	2.68	—	1.89
23.22 元/工日		未计价材料费						13.53			
清单项目综合单价								20.42			

	主要材料名称、规格、型号	单位	数量	单价(元)	合价(元)	暂估单价(元)	暂估合价(元)
材料费明细	螺纹 DN20 截止阀	个	1.01	13.4	13.53		
	其他材料费						
	材料费小计				13.53		

工程量清单综合单价分析表

表 8-5

工程名称：某职工餐厅采暖工程　标段：

第　页　共　页

项目编码	031003001004	项目名称	螺纹 DN80 截止阀	计量单位	个	工程量	2

清单综合单价组成明细

定额编号	定额名称	定额单位	数量	单价				合价			
				人工费	材料费	机械费	管理费和利润	人工费	材料费	机械费	管理费和利润
8-248	螺纹阀 DN80 截止阀 安装	个	1	11.61	26.1	—	10.34	11.61	26.10	—	10.34
人工单价		小计						11.61	26.10	—	10.34
23.22 元/工日		未计价材料费						68.98			
清单项目综合单价								117.03			

	主要材料名称、规格、型号	单位	数量	单价(元)	合价(元)	暂估单价(元)	暂估合价(元)
材料费明细	螺纹 DN80 截止阀	个	1.01	68.3	68.98		
	其他材料费						
	材料费小计				68.98		

工程量清单综合单价分析表　　表8-6

工程名称：某职工餐厅采暖工程　标段：　　　　　　　第　页　共　页

项目编码	031003001005	项目名称	自动排气阀DN15	计量单位	个	工程量	4

清单综合单价组成明细

定额编号	定额名称	定额单位	数量	单价				合价			
				人工费	材料费	机械费	管理费和利润	人工费	材料费	机械费	管理费和利润
8-299	自动排气阀DN15	1	3.95	5.44	—	3.28	3.95	5.44	—	3.28	

人工单价	小计				3.95	5.44	—	3.28
23.22元/工日	未计价材料费				12			

清单项目综合单价　24.67

材料费明细	主要材料名称、规格、型号	单位	数量	单价(元)	合价(元)	暂估单价(元)	暂估合价(元)
	自动排气阀DN15	个	1	12	12		
	其他材料费						
	材料费小计				12		

工程量清单综合单价分析表　　表8-7

工程名称：某职工餐厅采暖工程　标段：　　　　　　　第　页　共　页

项目编码	030601001001	项目名称	温度仪表	计量单位	支	工程量	2

清单综合单价组成明细

定额编号	定额名称	定额单位	数量	单价				合价			
				人工费	材料费	机械费	管理费和利润	人工费	材料费	机械费	管理费和利润
10-2	双金属温度计安装	支	1	11.15	1.94	1.01	8.38	11.15	1.94	1.01	8.38

人工单价	小计				11.15	1.94	1.01	8.38
23.22元/工日	未计价材料费				19.80			

清单项目综合单价　42.28

材料费明细	主要材料名称、规格、型号	单位	数量	单价(元)	合价(元)	暂估单价(元)	暂估合价(元)
	插座,带丝堵	套	1	19.8	19.80		
	其他材料费						
	材料费小计				19.80		

工程量清单综合单价分析表

表 8-8

工程名称：某职工餐厅采暖工程　　标段：　　　　　　　　　　　第 页 共 页

项目编码	030601002001	项目名称	压力仪表	计量单位	台	工程量	2

清单综合单价组成明细

定额编号	定额名称	定额单位	数量	单价				合价			
				人工费	材料费	机械费	管理费和利润	人工费	材料费	机械费	管理费和利润
10-25	就地式压力表安装	台	1	12.07	4.16	0.58	9.18	12.07	4.16	0.58	9.18
人工单价			小计					12.07	4.16	0.58	9.18
23.22元/工日			未计价材料费					51.76			
清单项目综合单价								77.75			

材料费明细	主要材料名称、规格、型号	单位	数量	单价(元)	合价(元)	暂估单价(元)	暂估合价(元)
	取源部件	套	1	35.2	35.20		
	仪表接头	套	1	16.56	16.56		
	其他材料费						
	材料费小计				51.76		

工程量清单综合单价分析表

表 8-9

工程名称：某职工餐厅采暖工程　　标段：　　　　　　　　　　　第 页 共 页

项目编码	030601004001	项目名称	流量仪表	计量单位	台	工程量	

清单综合单价组成明细

定额编号	定额名称	定额单位	数量	单价				合价			
				人工费	材料费	机械费	管理费和利润	人工费	材料费	机械费	管理费和利润
10-39	就地指示式椭圆齿轮流量计安装	台	1	82.2	90.22	6.99	67.09	82.20	90.22	6.99	67.09
人工单价			小计					82.20	90.22	6.99	67.09
23.22元/工日			未计价材料费					—			
清单项目综合单价								246.50			

材料费明细	主要材料名称、规格、型号	单位	数量	单价(元)	合价(元)	暂估单价(元)	暂估合价(元)
	其他材料费						
	材料费小计				—		

工程量清单综合单价分析表　　表 8-10

工程名称：某职工餐厅采暖工程　标段：　　　　　　　　第 页 共 页

项目编码	031006015001	项目名称	矩形钢板水箱的制作与安装	计量单位	个	工程量	1

清单综合单价组成明细

定额编号	定额名称	定额单位	数量	单价				合价			
				人工费	材料费	机械费	管理费和利润	人工费	材料费	机械费	管理费和利润
8-537	矩形钢板水箱制作	100kg	2.551	73.84	435.04	21.14	86.09	188.37	1109.79	53.93	219.61
8-551	矩形钢板水箱安装	个	1	65.25	14.67	—	48.88	65.25	14.67	—	48.88
11-86	膨胀水箱刷防锈漆第一遍	10m²	0.758	5.8	1.19	—	4.34	4.40	0.90	—	3.29
11-87	膨胀水箱刷防锈漆第二遍	10m²	0.758	5.57	1.1	—	4.16	4.22	0.83	—	3.15
11-1811	膨胀水箱用50mm厚的泡沫玻璃板（设备）做保温层	m³	0.304	416.33	354.8	44.89	333.31	126.56	107.86	13.65	101.33
11-2164	膨胀水箱用铝箔—复合玻璃钢做保护层	10m²	0.62	48.3	34.67	—	37.85	29.95	21.50	—	23.47
人工单价		小计						418.74	1255.55	67.57	399.73
23.22 元/工日		未计价材料费						111.99			
清单项目综合单价								2253.58			

主要材料名称、规格、型号		单位	数量	单价(元)	合价(元)	暂估单价(元)	暂估合价(元)
材料费明细	酚醛防锈漆各色	kg	(1.300+1.110)×0.758	11.6	21.19		
	泡沫玻璃板	m³	1.200×0.304	36.8	13.42		
	铝箔—复合玻璃钢	m²	12.000×0.62	10.4	77.38		
	其他材料费						
	材料费小计				111.99		

工程量清单综合单价分析表　　　　　　有 8-11

工程名称：某职工餐厅采暖工程　　标段：　　　　　　　　　　第　页　共　页

项目编码	031005008001	项目名称	集气罐的制作与安装	计量单位	个	工程量	4

清单综合单价组成明细

定额编号	定额名称	定额单位	数量	单价				合价			
				人工费	材料费	机械费	管理费和利润	人工费	材料费	机械费	管理费和利润
6-2896	集气罐制作	个	1	15.56	14.15	4.13	12.69	15.56	14.15	4.13	12.69
6-2901	集气罐安装	个	1	6.27	0	0	4.60	6.27	0.00	0.00	4.60
11-86	集气罐刷第一遍防锈漆	10m²	0.0094	5.8	1.19	0	4.34	0.05	0.01	0.00	0.04
11-87	集气罐刷第二遍防锈漆	10m²	0.0094	5.57	1.1	0	4.16	0.05	0.01	0.00	0.04
11-99	集气罐刷第一遍酚醛耐酸漆	10m²	0.0094	5.8	0.52	0	4.29	0.05	0.00	0.00	0.04
11-100	集气罐刷第二遍酚醛耐酸漆	10m²	0.0094	5.57	0.46	0	4.12	0.05	0.00	0.00	0.04
人工单价			小计					22.04	14.18	4.13	17.45
23.22元/工日			未计价材料费					0.39			
清单项目综合单价								58.19			

主要材料名称、规格、型号	单位	数量	单价(元)	合价(元)	暂估单价(元)	暂估合价(元)
酚醛防锈漆各色	kg	(1.300+1.110)×0.0094	11.6	0.26		
酚醛耐酸漆	kg	(0.72+0.64)×0.0094	9.6	0.12		
其他材料费						
材料费小计				0.39		

（材料费明细）

第二分部　管道

一、清单工程量

（一）室外管道

根据《暖通空调规范实施手册》可知，采暖热源管道室内外以入口阀门为界，室外热力管井至外墙面距离为7m，入口阀门距外墙面距离1.4m，故室外焊接钢管 *DN*80 的管长为：（7－1.4）×2＝11.20m。

【注释】　2——表示立管数，一根供水立管，一根回水立管。

（二）室内管道

1. 焊接钢管 $DN80$（室内）

① 供水焊接钢管 $DN80$：$0.68+(10.150-0.850)=9.98m$

② 回水焊接钢管 $DN80$：$0.65+(3.350-0.000)=4.00m$

③ 共计：$9.98+4=13.98m$

【注释】 ① 中的 0.68——表示供水干管 $DN80$ 的水平长度；

① 中的 10.150——表示供水干管标高；

① 中的 0.850——表示一层立管末端的标高；

② 中的 3.350——表示回水干管标高；

② 中的 0.000——表示地面标高。

2. 焊接钢管 $DN65$

① 供水焊接钢管 $DN65$：$4.43m$

② 回水焊接钢管 $DN65$：$4.22+2.78+3.18+1.95=12.13m$

③ 共计：$4.43+12.13=16.56m$

【注释】 ① 中的 4.43——表示总供水干管到分支管一和二的交点处之间 $DN65$ 供水干管的长度；

② 中的 4.22——表示 L9 号回水立管到 L10 号回水立管之间 $DN65$ 回水干管的长度；

② 中的 2.78+3.18+1.95——表示 L10 号回水立管到分支管一和二的交点处之间 $DN65$ 回水干管的长度。

3. 焊接钢管 $DN50$

① 供水焊接钢管 $DN50$：$0.90+2.36+2.42+7.05+6.91+8.34+9.94+4.49=42.41m$

② 回水焊接钢管 $DN50$：$3.72+0.90+6.63+7.60+11.64+9.46=39.95m$

③ 共计：$42.41+39.95=82.36m$

【注释】 ①中的 0.90+2.36+2.42——表示供水分支管一和二的交点处到 L20 号的供水立管处之间的供水干管 $DN50$ 的长度；

①中的 7.05——表示 L20 号供水立管到 L19 号供水立管之间的供水干管 $DN50$ 的长度；

①中的 6.91——表示 L19 号供水立管到 L18 号供水立管之间的供水干管 $DN50$ 的长度；

①中的 8.34——表示供水分支管一和二的交点处到 L1 号供水立管之间的供水干管 $DN50$ 的长度；

①中的 9.94+4.49——表示 L1 号供水立管到 L2 号供水立管之间的供水干管 $DN50$ 的长度；

②中的 3.72+0.90——表示回水分支管一和二的交点处到 L11 号回水立管处之间的 $DN50$ 回水干管的长度；

②中的 6.63——表示 L11 号回水立管到 L12 号回水立管之间的回水干管 $DN50$ 的长度；

②中的 7.60——表示 L12 号回水立管到 L13 号回水立管之间的回水干管 $DN50$ 的长度；

②中的 11.64——表示 L9 号回水立管到 L8 号回水立管之间的回水干管 DN50 的长度；

②中的 9.46——表示 L7 号回水立管到 L8 号回水立管之间的回水干管 DN50 的长度。

4. 焊接钢管 DN40

① 供水焊接钢管 DN40：

$$4.40+8.00+4.43+5.67+0.69+2.79+5.68+1.92+6.21=39.79\text{m}$$

② 回水焊接钢管 DN40：

$$7.85+7.43+8.01+6.59=29.88\text{m}$$

③ 共计：39.79+29.88=69.67m

【注释】 ①中的 4.40——表示 L18 号供水立管到 L17 号供水立管之间的供水干管 DN40 的长度；

①中的 8.00——表示 L17 号供水立管到 L16 号供水立管之间的供水干管 DN40 的长度；

①中的 4.43——表示 L16 号供水立管到 L15 号供水立管之间的供水干管 DN40 的长度；

①中的 5.67——表示 L3 号供水立管到 L4 号供水立管之间的供水干管 DN40 的长度；

①中的 0.69+2.79+5.68+1.92——表示 L5 号供水立管到 L4 号供水立管之间的供水干管 DN40 的长度；

①中的 6.21——表示 L5 号供水立管到 L6 号供水立管之间的供水干管 DN40 的长度；

②中的 7.85——表示 L13 号回水立管到 L14 号回水立管之间的回水干管 DN40 的长度；

②中的 7.43——表示 L14 号回水立管到 L15 号回水立管之间的回水干管 DN40 的长度；

②中的 8.01——表示 L7 号回水立管到 L6 号回水立管之间的回水干管 DN40 的长度；

②中的 6.59——表示 L5 号回水立管到 L6 号回水立管之间的回水干管 DN40 的长度。

5. 焊接钢管 DN32

① 供水焊接钢管 DN32：

$$6.95+7.10+8.39+9.46=31.90\text{m}$$

② 回水焊接钢管 DN32：

$$4.10+8.03+3.61+1.97+5.74+3.01+0.50+5.67=32.63\text{m}$$

③ 共计：31.90+32.63=64.53m

【注释】 ①中的 6.95——表示 L14 号供水立管到 L15 号供水立管之间的供水干管 DN32 的长度；

①中的 7.10——表示 L14 号供水立管到 L13 号供水立管之间的供水干管 DN32 的长度；

①中的 8.39——表示 L6 号供水立管到 L7 号供水立管之间的供水干管 DN32 的长度；

①中的 9.46——表示 L7 号供水立管到 L8 号供水立管之间的供水干管 DN32 的长度；

②中的 4.10——表示 L15 号回水立管到 L16 号回水立管之间的回水干管 DN32 的长度；

②中的 8.03——表示 L16 号回水立管到 L17 号回水立管之间的回水干管 DN32 的长度；

②中的 3.61——表示 L17 号回水立管到 L18 号回水立管之间的回水干管 DN32 的长度；

②中的 1.97+5.74+3.01+0.50——表示 L5 号回水立管到 L4 号回水立管之间的回水干管 DN32 的长度；

②中的 5.67——表示 L4 号回水立管到 L3 号回水立管之间的回水干管 DN32 的长度。

6. 焊接钢管 DN25

① 供水焊接钢管 DN25：7.91+11.84＝19.75m

② 回水焊接钢管 DN25：7.46+3.47+3.52+1.55+8.05＝24.05m

③ 共计：19.75+24.05＝43.80m

【注释】　①中的 7.91——表示 L12 号供水立管至 L13 号供水立管之间的供水干管 DN25 的长度；

①中的 11.84——表示 L8 号供水立管至 L9 号供水立管之间的供水干管 DN25 的长度；

②中的 7.46——表示 L18 号回水立管至 L19 号的回水立管之间的回水干管 DN25 的长度；

②中的 3.47+3.52+1.55+8.05——表示 L2 号回水立管至 L3 号回水立管之间的回水干管 DN25 的长度。

7. 焊接钢管 DN20

① 供水焊接钢管 DN20：

$$7.76+5.07+(10.150-0.850)\times14＝143.03m$$

② 回水焊接钢管 DN20：

$$7.35+6.97+(3.350-0.000)\times14＝61.22m$$

③ 共计：143.03+61.22＝204.25m，其中不需要做保温和保护层的长度为 $(10.150-0.850)\times14+(3.350-0.000)\times14＝177.10m$，需要做的为 7.76+5.07+7.35+6.97＝27.15m

【注释】　①中的 7.76——表示 L11 号供水立管至 L12 号供水立管之间的供水干管 DN20 的长度；

①中的 5.07——表示 L9 号供水立管至 L10 号供水立管之间的供水干管 DN20 的长度；

①中的 10.150——表示供水干管标高；

①中的 0.850——表示一层供水立管末端的标高；

①和②中的 14——表示立管数，即立管 L1 和 L2、L3、L6、L7、L8、L10、L12、L13、L14、L15、L18、L19、L20；

②中的 7.35——表示 L19 号回水立管至 L20 号回水立管之间的回水干管 DN20 的长度；

②中的 6.97——表示 L1 号回水立管至 L2 号回水立管之间的回水干管 DN20 的长度；

②中的 3.350——表示回水干管标高；

②中的 0.000——表示地面的标高。

8. 焊接钢管 $DN15$

① 供水镀锌钢管 $DN15$：$2.00 \times 7 \times 3 + 0.70 \times 3 \times 3 + 1.00 \times 3 \times 3 + 2.55 \times 1 \times 3 + 1.75 \times 4 \times 3 + 2.27 \times 2 \times 3 + (10.150 - 0.850) \times 6 = 155.37 \text{m}$

② 回水焊接钢管 $DN15$：$2.00 \times 7 \times 3 + 0.70 \times 3 \times 3 + 1.00 \times 3 \times 3 + 2.55 \times 1 \times 3 + 1.75 \times 4 \times 3 + 2.27 \times 2 \times 3 + (3.350 - 0.000) \times 6 = 119.67 \text{m}$

共计：$155.37 + 119.67 = 275.04 \text{m}$

【注释】 焊接钢管 $DN15$——表示与散热器相连接的供回水管，且供回水的长度相等，同时还包括 $DN15$ 的立管；

2.00——表示立管所带的散热器与立管相连接的长度；

7——表示立管数，即立管 L1 和 L2、L3、L6、L7、L8、L10；

3（第一个和第三个、第五个、第六个、第七个、第八个）——表示这种立管在每一层都分别与散热器相连，共三层；

0.70——表示这种立管 L4 和 L16、L17 与散热器相连的长度；

3（第二个）——表示立管数，即立管 L4 和 L16、L17；

1.00——表示这种立管 L5 和 L9、L11 与散热器相连的长度；

3（第四个）——表示立管数，即立管 L5 和 L9、L11；

2.55——表示这种立管 L12 与散热器相连的长度；

1（第一个）——表示立管 L12；

1.75——表示这种立管 L13、L14、L19、L20 与散热器相连的长度；

4——表示立管数，即立管 L13 和 L14、L19、L20；

2.27——表示这种立管 L15、L18 与散热器相连的长度；

2（第七个）——表示立管数，即立管 L15 和 L18；

①中的 10.150——表示供水干管标高；

①中的 0.850——表示一层供水立管末端的标高；

②中的 3.350——表示回水干管标高；

②中的 0.000——表示地面的标高。

二、定额工程量

（一）管道

管道工程量汇总见表 8-12

管道工程量汇总表　　　　　　　　　　　　表 8-12

管道类型、型号	计量单位	计算式	工程量	套定额子目
室外 $DN80$ 钢管（焊接）	10m	11.20m/10m	1.12	8—19
室内 $DN80$ 钢管（焊接）	10m	13.98m/10m	1.40	8—105
室内 $DN65$ 钢管（焊接）	10m	16.56m/10m	1.66	8—104

续表

管道类型、型号	计量单位	计算式	工程量	套定额子目
室内 DN50 钢管（焊接）	10m	82.36m/10m	8.24	8—103
室内 DN40 钢管（焊接）	10m	69.67m/10m	6.97	8—102
室内 DN32 钢管（焊接）	10m	64.53m/10m	6.45	8—101
室内 DN25 钢管（螺纹连接）	10m	43.80m/10m	4.38	8—100
室内 DN20 钢管（螺纹连接，做保温层和保护层）	10m	27.15m/10m	2.72	8—99
室内 DN20 钢管（螺纹连接，不做保温层和保护层）	10m	177.10m/10m	17.71	8—99
室内 DN15 钢管（螺纹连接）	10m	275.04m/10m	27.50	8—98

（二）管道手工除轻锈、刷防锈漆、刷银粉漆，保温层、保护层制作

管道工程量同清单工程量。

1. DN15 焊接钢管（手工除轻锈，刷红丹防锈漆一遍、银粉漆两遍）

手工除轻锈：长度：275.04m　　除锈工程量：275.04×0.067＝18.43m²

计量单位：10m²　　　　工程量：1.84（10m²）　套定额子目 11—1

刷红丹防锈漆一遍：由手工除轻锈工程量可知，刷红丹防锈漆一遍的工程量为 18.43m²

计量单位：10m²　　　　工程量：1.84（10m²）　套定额子目 11—51

刷银粉漆第一遍：由手工除轻锈工程量可知，刷银粉漆第一遍的工程量为 18.43m²

计量单位：10m²　　　　工程量：1.84（10m²）　套定额子目 11—56

刷银粉漆第二遍：由手工除轻锈工程量可知，刷银粉漆第二遍的工程量为 18.43m²

计量单位：10m²　　　　工程量：1.84（10m²）　套定额子目 11—57

【注释】　275.04×0.067——表示 DN15 焊接钢管 275.04m 长的表面积；

0.067——由《简明供热设计手册》表 3-27 每米长管道表面积和表 1-2 焊接钢管规格可查得，DN15 的每米长管道表面积为 0.0665m²，在此估读一位，为 0.067m²；

18.43——表示 DN15 焊接钢管 275.04m 长的表面积；

1.84——表示以计量单位 10m² 计算时的工程量，18.43m²/10m²＝1.84（10m²）

2. DN20 焊接钢管（手工除轻锈，刷红丹防锈漆一遍、银粉漆两遍）

手工除轻锈：长度：177.10m　　除锈工程量：177.10×0.084＝14.88m²

定额单位：10m²　　　　工程量：1.49（10m²）　套定额子目 11—1

刷红丹防锈漆一遍：由手工除轻锈工程量可知，刷红丹防锈漆一遍的工程量为 14.88m²

定额单位：10m²　　　　工程量：1.49（10m²）　套定额子目 11—51

刷银粉漆第一遍：由手工除轻锈工程量可知，刷银粉漆第一遍的工程量为 14.88m²

定额单位：10m²　　　　工程量：1.49（10m²）　套定额子目 11—56

刷银粉漆第二遍：由手工除轻锈工程量可知，刷银粉漆第二遍的工程量为 14.88m²

定额单位：10m²　　　　工程量：1.49（10m²）　套定额子目 11—57

【注释】　177.10×0.084——表示 DN20 焊接钢管 177.10m 长的表面积；

0.084——由《简明供热设计手册》表 3-27 每米长管道表面积和表 1-2 焊接钢管规格可查得，$DN20$ 的每米长管道表面积为 $0.084m^2$；

14.88——表示 $DN20$ 焊接钢管 177.10m 长的表面积；

1.49——表示以计量单位 $10m^2$ 计算时的工程量，$14.88m^2/10m^2 = 1.49$（$10m^2$）

3. $DN20$ 焊接钢管（手工除轻锈，刷红丹防锈漆两遍，采用 50mm 厚的泡沫玻璃瓦块管道保温，外裹油毡纸保护层）

手工除轻锈：长度：27.15m　　　除锈工程量：27.15×0.084＝2.28m²

定额单位：$10m^2$　　　　　　工程量：0.23（$10m^2$）　套定额子目 11—1

刷红丹防锈漆第一遍：由手工除轻锈工程量可知，刷红丹防锈漆第一遍的工程量为 2.28m²

定额单位：$10m^2$　　　　　　工程量：0.23（$10m^2$）　套定额子目 11—51

刷红丹防锈漆第二遍：由手工除轻锈工程量可知，刷红丹防锈漆第二遍的工程量为 2.28m²

定额单位：$10m^2$　　　　　　工程量：0.23（$10m^2$）　套定额子目 11—52

保温层：根据《全国统一安装工程预算工程量计算规则》可知，管道保温层工程量计算公式为：$V = \pi \times (D + 1.033\delta) \times 1.033\delta \times L$

【注释】　D——管道直径（m）；

　　1.033——调整系数；

　　δ——保温层厚度（m）；

　　L——设备筒体或管道的长度（m），这里指管道的长度。

根据《简明供热设计手册》表 1-2 焊接钢管规格可查得，$DN20$ 普通焊接钢管的直径为 26.8mm。

由以上可知，$DN20$ 焊接钢管的保温层工程量：

$V = \pi \times (D + 1.033\delta) \times 1.033\delta \times L = 3.14 \times (0.0268 + 1.033 \times 0.04) \times 1.033 \times 0.04 \times 27.15 = 0.24m^3$

计量单位：m^3　　　　　　工程量：0.24m³　套定额子目 11—1751

保护层：根据《全国统一安装工程预算工程量计算规则》可知，管道保护层工程量计算依据公式为：$S = \pi \times (D + 2.1\delta + 0.0082) \times L$

【注释】　S——保护层的表面积（m²）；

　　D——管道直径（m）；

　　2.1——调整系数；

　　δ——保温层厚度（m）；

　　L——设备筒体或管道的长度（m），这里指管道的长度；

　0.0082——捆扎线直径或钢带厚（m）。

由以上可知，$DN20$ 焊接钢管的保护层工程量：

$S = \pi \times (D + 2.1\delta + 0.0082) \times L = 3.14 \times (0.0268 + 2.1 \times 0.04 + 0.0082) \times 27.15 = 10.14m^2$

计量单位：$10m^2$　　　　　工程量：1.01（$10m^2$）　套定额子目 11—2159

【注释】　27.15×0.084——表示 $DN20$ 焊接钢管 27.15m 长的表面积；

0.084——由《简明供热设计手册》表3-27每米长管道表面积和表1—2焊接钢管规格可查得，DN20的每米长管道表面积为0.084m²；

2.28——表示DN20焊接钢管27.15m长的表面积；

0.23——表示以计量单位计算时的工程量，2.28m²/10m²＝0.23（10m²）；

0.24——表示以计量单位m³计算时的工程量；

1.01——表示以计量单位10m²计算时的工程量。

4. DN25焊接钢管（手工除轻锈，刷红丹防锈漆两遍，采用50mm厚的泡沫玻璃瓦块管道保温，外裹油毡纸保护层）

手工除轻锈：长度：43.80m　　除锈工程量：43.80×0.105＝4.60m²

计量单位：10m²　　　　工程量：0.46（10m²）　套定额子目11—1

刷红丹防锈漆第一遍：由手工除轻锈工程量可知，刷红丹防锈漆第一遍的工程量为4.60m²

定额单位：10m²　　　　工程量：0.46（10m²）　套定额子目11—51

刷红丹防锈漆第二遍：由手工除轻锈工程量可知，刷红丹防锈漆第二遍的工程量为4.60m²

定额单位：10m²　　　　工程量：0.46（10m²）　套定额子目11—52

保温层：根据《简明供热设计手册》表1—2焊接钢管规格可查得，DN25普通焊接钢管的直径为33.5mm。

由以上可知，DN25焊接钢管的保温层工程量：

$V=\pi\times(D+1.033\delta)\times1.033\delta\times L=3.14\times(0.0335+1.033\times0.04)\times1.033\times0.04\times$ 43.80＝0.43m³

计量单位：m³　　　　　工程量：0.43m³　套定额子目11—1751

保护层：由以上可知，DN25焊接钢管的保护层工程量：

$S=\pi\times(D+2.1\delta+0.0082)\times L=3.14\times(0.0335+2.1\times0.04+0.0082)\times$ 43.80＝17.29m²

计量单位：10m²　　　　工程量：1.73（10m²）　套定额子目11—2159

【注释】　43.80×0.105——表示DN25焊接钢管43.80m长的表面积；

0.105——由《简明供热设计手册》表3-27每米长管道表面积和表1-2焊接钢管规格可查得，DN25的每米长管道表面积为0.105m²；

4.60——表示DN25焊接钢管43.80m长的表面积；

0.46——表示以计量单位10m²计算时的工程量，4.60m²/10m²＝0.46（10m²）；

0.43——表示以计量单位m³计算时的工程量；

1.73——表示以计量单位10m²计算时的工程量。

5. DN32焊接钢管（手工除轻锈，刷红丹防锈漆两遍，采用50mm厚的泡沫玻璃瓦块管道保温，外裹油毡纸保护层）

手工除轻锈：长度：64.53m　　除锈工程量：64.53×0.133＝8.58m²

定额单位：10m²　　　　工程量：0.86（10m²）　套定额子目11—1

刷红丹防锈漆第一遍：由手工除轻锈工程量可知，刷红丹防锈漆第一遍的工程量为8.58m²

定额单位：10m² 　　　　工程量：0.86（10m²） 　套定额子目 11—51

刷红丹防锈漆第二遍：由手工除轻锈工程量可知，刷红丹防锈漆第二遍的工程量为 8.58m²

定额单位：10m² 　　　　工程量：0.86（10m²） 　套定额子目 11—52

根据《简明供热设计手册》表 1—2 焊接钢管规格可查得，$DN32$ 普通焊接钢管的直径为 42.3mm。

由以上可知，$DN32$ 焊接钢管的保温层工程量：

$V=\pi\times(D+1.033\delta)\times1.033\delta\times L=3.14\times(0.0423+1.033\times0.04)\times1.033\times0.04\times64.53=0.70m^3$

计量单位：m³ 　　　　　　工程量：0.70m³ 　套定额子目 11—1751

保护层：

由以上可知，$DN32$ 焊接钢管的保护层工程量：

$S=\pi\times(D+2.1\delta+0.0082)\times L=3.14\times(0.0423+2.1\times0.04+0.0082)\times64.53=27.25m^2$

计量单位：10m² 　　　　工程量：2.73（10m²） 　套定额子目 11—2159

【注释】 64.53×0.133——表示 $DN32$ 焊接钢管 64.53m 长的表面积；

0.133——由《简明供热设计手册》表 3-27 每米长管道表面积和表 1—2 焊接钢管规格可查得，$DN32$ 的每米长管道表面积为 0.133m²；

8.58——表示 $DN32$ 焊接钢管 64.53m 长的表面积；

0.86——表示以计量单位计算时的工程量，8.58m²/10m²＝0.86（10m²）。

0.70——表示以计量单位 m³ 计算时的工程量；

2.73——表示以计量单位 10m² 计算时的工程量。

6. $DN40$ 焊接钢管（手工除轻锈，刷红丹防锈漆两遍，采用 50mm 厚的泡沫玻璃瓦块管道保温，外裹油毡纸保护层）

手工除轻锈：长度：69.67m 　　除锈工程量：69.67×0.151＝10.52m²

定额单位：10m² 　　　　工程量：1.05（10m²） 　套定额子目 11—1

刷红丹防锈漆第一遍：由手工除轻锈工程量可知，刷红丹防锈漆第一遍的工程量为 10.52m²

定额单位：10m² 　　　　工程量：1.05（10m²） 　套定额子目 11—51

刷红丹防锈漆第二遍：由手工除轻锈工程量可知，刷红丹防锈漆第二遍的工程量为 10.52m²

定额单位：10m² 　　　　工程量：1.05（10m²） 　套定额子目 11—52

保温层：

根据《简明供热设计手册》表 1-2 焊接钢管规格可查得，$DN40$ 普通焊接钢管的直径为 48mm。

由以上可知，$DN40$ 焊接钢管的保温层工程量：

$V=\pi\times(D+1.033\delta)\times1.033\delta\times L=3.14\times(0.048+1.033\times0.04)\times1.033\times0.04\times69.67=0.81m^3$

计量单位：m³ 　　　　　　工程量：0.81m³ 　套定额子目 11—1751

保护层：

由以上可知，DN40 焊接钢管的保护层工程量：

$S=\pi\times(D+2.1\delta+0.0082)\times L=3.14\times(0.048+2.1\times0.04+0.0082)\times$
$69.67=30.67m^2$

计量单位：10m²　　　　　工程量：3.07（10m²）　　套定额子目 11—2159

【注释】　69.67×0.151——表示 DN40 焊接钢管 69.67m 长的表面积；

0.151m²/m——由《简明供热设计手册》表 3-27 每米长管道表面积和表 1-2 焊接钢管规格可查得，DN40 的每米长管道表面积为 0.151m²；

10.52——表示 DN40 焊接钢管 69.67m 长的表面积；

1.05——表示以计量单位 10m² 计算时的工程量，10.52m²/10m²=1.05（10m²）。

0.81——表示以计量单位 m³ 计算时的工程量；

3.07（10m²）——表示以计量单位 10m² 计算时的工程量。

7. DN50 焊接钢管（手工除轻锈，刷红丹防锈漆两遍，采用 50mm 厚的泡沫玻璃瓦块管道保温，外裹油毡纸保护层）

手工除轻锈：长度：82.36m　　　除锈工程量：82.36×0.188=15.48m²

定额单位：10m²　　　　　工程量：1.55（10m²）　　套定额子目 11—1

刷红丹防锈漆第一遍：由手工除轻锈工程量可知，刷红丹防锈漆第一遍的工程量为 15.48m²

定额单位：10m²　　　　　工程量：1.55（10m²）　　套定额子目 11—51

刷红丹防锈漆第二遍：由手工除轻锈工程量可知，刷红丹防锈漆第二遍的工程量为 15.48m²

定额单位：10m²　　　　　工程量：1.55（10m²）　　套定额子目 11—52

保温层：

根据《简明供热设计手册》表 1—2 焊接钢管规格可查得，DN50 普通焊接钢管的直径为 60mm。

由以上可知，DN50 焊接钢管的保温层工程量：

$V=\pi\times(D+1.033\delta)\times1.033\delta\times L=3.14\times(0.06+1.033\times0.04)\times1.033\times0.04\times$
$82.36=1.08m^3$

计量单位：m³　　　　　工程量：1.08m³　　套定额子目 11—1759

保护层：

由以上可知，DN50 焊接钢管的保护层工程量：

$S=\pi\times(D+2.1\delta+0.0082)\times L=3.14\times(0.06+2.1\times0.04+0.0082)\times82.36=39.36m^2$

计量单位：10m²　　　　　工程量：3.94（10m²）　　套定额子目 11—2159

【注释】　82.36×0.188——表示 DN50 焊接钢管 82.36m 长的表面积；

0.188——由《简明供热设计手册》表 3-27 每米长管道表面积和表 1-2 焊接钢管规格可查得，DN50 的每米长管道表面积为 0.188m²；

15.48——表示 DN50 焊接钢管 82.36m 长的表面积；

1.55——表示以计量单位 10m² 计算时的工程量，15.48m²/10m²=1.55（10m²）。

1.08——表示以计量单位 m³ 计算时的工程量；

3.94（10m^2）——表示以计量单位 10m^2 计算时的工程量。

8. DN65 焊接钢管（手工除轻锈，刷红丹防锈漆两遍，采用 50mm 厚的泡沫玻璃瓦块管道保温，外裹油毡纸保护层）

手工除轻锈：长度：16.56m　　　除锈工程量：16.56×0.239＝3.96m^2

定额单位：10m^2　　　　　工程量：0.40（10m^2）　套定额子目 11—1

刷红丹防锈漆第一遍：由手工除轻锈工程量可知，刷红丹防锈漆第一遍的工程量为 3.96m^2

定额单位：10m^2　　　　　工程量：0.40（10m^2）　套定额子目 11—51

刷红丹防锈漆第二遍：由手工除轻锈工程量可知，刷红丹防锈漆第二遍的工程量为 3.96m^2

定额单位：10m^2　　　　　工程量：0.40（10m^2）　套定额子目 11—52

保温层：

根据《简明供热设计手册》表 1-2 焊接钢管规格可查得，DN65 普通焊接钢管的直径为 75.5mm。

由以上可知，DN65 焊接钢管的保温层工程量：

$V＝\pi×(D+1.033\delta)×1.033\delta×L＝3.14×(0.0755+1.033×0.04)×1.033×0.04×16.56＝0.25m^3$

计量单位：m^3　　　　　工程量：0.25m^3　套定额子目 11—1759

保护层：

由以上可知，DN65 焊接钢管的保护层工程量：

$S＝\pi×(D+2.1\delta+0.0082)×L＝3.14×(0.0755+2.1×0.04+0.0082)×16.56＝8.72m^2$

计量单位：10m^2　　　　　工程量：0.87（10m^2）　套定额子目 11—2159

【注释】　16.56×0.239——表示 DN65 焊接钢管 16.56m 长的表面积；

0.239——由《简明供热设计手册》表 3-27 每米长管道表面积和表 1-2 焊接钢管规格可查得，DN65 的每米长管道表面积为 0.239m^2；

3.96——表示 DN65 焊接钢管 16.56m 长的表面积；

0.40——表示以计量单位 10m^2 计算时的工程量，3.96m^2/10m^2＝0.40（10m^2）。

0.25——表示以计量单位 m^3 计算时的工程量；

0.87——表示以计量单位 10m^2 计算时的工程量。

9. DN80 焊接钢管（室内，手工除轻锈，刷红丹防锈漆两遍，采用 50mm 厚的泡沫玻璃瓦块管道保温，外裹油毡纸保护层）

手工除轻锈：长度：13.98m　　　除锈工程量：13.98×0.280＝3.91m^2

定额单位：10m^2　　　　　工程量：0.39（10m^2）　套定额子目 11—1

刷红丹防锈漆第一遍：由手工除轻锈工程量可知，刷红丹防锈漆第一遍的工程量为 3.91m^2

定额单位：10m^2　　　　　工程量：0.39（10m^2）　套定额子目 11—51

刷红丹防锈漆第二遍：由手工除轻锈工程量可知，刷红丹防锈漆第二遍的工程量为 3.91m^2

定额单位：10m^2　　　　　工程量：0.39（10m^2）　套定额子目 11—52

保温层：

根据《简明供热设计手册》表 1-2 焊接钢管规格可查得，$DN80$ 普通焊接钢管的直径为 88.5mm。

由以上可知，$DN80$ 焊接钢管的保温层工程量：

$V=\pi\times(D+1.033\delta)\times1.033\delta\times L=3.14\times(0.0885+1.033\times0.04)\times1.033\times0.04\times13.98=0.24m^3$

计量单位：m^3 工程量：$0.24m^3$ 套定额子目 11—1759

保护层：

由以上可知，$DN80$ 焊接钢管的保护层工程量：

$S=\pi\times(D+2.1\delta+0.0082)\times L=3.14\times(0.0885+2.1\times0.04+0.0082)\times13.98=7.93m^2$

计量单位：$10m^2$ 工程量：0.79（$10m^2$）   套定额子目 11—2159

【注释】 13.98×0.280——表示 $DN80$ 焊接钢管 13.98m 长的表面积；

0.280——由《简明供热设计手册》表 3-27 每米长管道表面积和表 1-2 焊接钢管规格可查得，$DN80$ 的每米长管道表面积为 $0.280m^2$；

3.91——表示 $DN80$ 焊接钢管 13.98m 长的表面积；

0.39——表示以计量单位 $10m^2$ 计算时的工程量，$3.91m^2/10m^2=0.39$（$10m^2$）。

0.24——表示以计量单位 m^3 计算时的工程量；

0.79——表示以计量单位 $10m^2$ 计算时的工程量。

10. $DN80$ 焊接钢管（室外，手工除轻锈，刷红丹防锈漆两遍，采用 50mm 厚的泡沫玻璃瓦块管道保温，外裹油毡纸保护层）

手工除轻锈：长度：11.20m   除锈工程量：$11.2\times0.280=3.14m^2$

定额单位：$10m^2$ 工程量：0.31（$10m^2$）   套定额子目 11—1

刷红丹防锈漆第一遍：由手工除轻锈工程量可知，刷红丹防锈漆第一遍的工程量为 $3.14m^2$

定额单位：$10m^2$ 工程量：0.31（$10m^2$）   套定额子目 11—51

刷红丹防锈漆第二遍：由手工除轻锈工程量可知，刷红丹防锈漆第二遍的工程量为 $3.14m^2$

定额单位：$10m^2$ 工程量：0.31（$10m^2$）   套定额子目 11—52

保温层：

根据《简明供热设计手册》表 1-2 焊接钢管规格可查得，$DN80$ 普通焊接钢管的直径为 88.5mm。

由以上可知，$DN80$ 焊接钢管的保温层工程量：

$V=\pi\times(D+1.033\delta)\times1.033\delta\times L=3.14\times(0.0885+1.033\times0.04)\times1.033\times0.04\times11.2=0.19m^3$

计量单位：m^3 工程量：$0.19m^3$ 套定额子目 11—1759

保护层：

由以上可知，$DN80$ 焊接钢管的保护层工程量：

$S=\pi\times(D+2.1\delta+0.0082)\times L=3.14\times(0.0885+2.1\times0.04+0.0082)\times11.2=6.35m^2$

计量单位：$10m^2$ 工程量：0.64（$10m^2$）   套定额子目 11—2159

【注释】 11.2×0.280——表示 DN80 焊接钢管 11.20m 长的表面积；

0.280——由《简明供热设计手册》表 3-27 每米长管道表面积和表 1-2 焊接钢管规格可查得，DN80 的每米长管道表面积为 0.280m^2；

3.14——表示 DN80 焊接钢管 11.20m 长的表面积；

0.31——表示以计量单位 $10m^2$ 计算时的工程量，$3.14m^2/10m^2=0.31$（$10m^2$）；

0.19——表示以计量单位 m^3 计算时的工程量；

0.64——表示以计量单位 $10m^2$ 计算时的工程量。

（三）套管

套管选取原则：比管道尺寸大一到两号

1. 镀锌薄钢板套管（供回水干管穿楼板用）

（1）DN100 套管：2 个   计量单位：个 套定额子目 8—175

（2）DN25 套管：20×2＝40 个   计量单位：个 套定额子目 8—169

2. 镀锌薄钢板套管（供回水干管穿墙用）

（1）DN80 套管：1＋3＝4 个   计量单位：个 套定额子目 8—174

（2）DN65 套管：3＋4＝7 个   计量单位：个 套定额子目 8—173

（3）DN50 套管：5＋1＝6 个   计量单位：个 套定额子目 8—172

（4）DN40 套管：2＋3＝5 个   计量单位：个 套定额子目 8—171

（5）DN32 套管：1＋2＝3 个   计量单位：个 套定额子目 8—170

（6）DN25 套管：1＋0＝1 个   计量单位：个 套定额子目 8—169

【注释】

DN100 套管：2——表示 DN80 立管穿一、二层楼板；

DN25 套管：20×2＝40——表示 DN20 和 DN15 立管穿一、二层楼板，式子 20×2＝40 个中的 20 表示有 20 根立管 DN20 和 DN15，2 表示每根立管穿一、二层楼板；

DN80 套管：1＋3＝4——表示 DN65 供水水平管穿墙的次数为 1 次，DN65 回水水平管穿墙的次数为 3 次，则供水和回水管各一个套管 DN80，共计 4 个；

DN65 套管：3＋4＝7——表示 DN50 供水水平管穿墙的次数为 3 次，DN50 回水水平管穿墙的次数为 4 次，则供水和回水管的套管 DN65，共计 7 个；

DN50 套管：5＋1＝6——表示 DN40 供水水平管穿墙的次数为 5 次，DN40 回水水平管穿墙的次数为 1 次，共计 6 次，则供水和回水管套管 DN50，共计 6 个；

DN40 套管：2＋3＝5——表示 DN32 供水水平管穿墙的次数为 2 次，DN32 供回水水平管穿墙的次数为 3 次，则供水和回水管套管 DN40，共计 5 个；

DN32 套管：1＋2＝3——表示 DN25 供回水水平管穿墙的次数为 1 次，DN25 供回水水平管穿墙的次数为 2 次，则供水和回水管套管 DN32，共计 5 个；

DN25 套管：1＋0＝1——表示 DN20 供回水水平管穿墙的次数为 1 次，DN20 回水水平管穿墙的次数为 0 次，则供水和回水管套管 DN25，共计 1 个。

三、综合单价分析见表8-13～表8-23

工程量清单综合单价分析表 表8-13

工程名称：某职工餐厅采暖工程　标段：　　　第 页 共 页

项目编码	031001002001		项目名称	室外焊接钢管, DN80		计量单位	m	工程量	11.20

清单综合单价组成明细

定额编号	定额名称	定额单位	数量	单价				合价			
				人工费	材料费	机械费	管理费和利润	人工费	材料费	机械费	管理费和利润
8-19	室外焊接钢管, DN80	10m	0.1	22.06	22.09	1.73	17.85	2.21	2.21	0.17	1.78
11-1	管道手工除轻锈	10m²	0.028	7.89	3.38	—	6.02	0.22	0.09	—	0.17
11-51	刷红丹防锈漆第一遍	10m²	0.028	6.27	1.07	—	4.67	0.18	0.03	—	0.13
11-52	刷红丹防锈漆第二遍	10m²	0.028	6.27	0.96	—	4.67	0.18	0.03	—	0.13
11-1759	泡沫玻璃瓦块保温层, 管道 $\phi133mm$ 以下	m³	0.017	151.2	343.3	6.75	135.39	2.57	5.84	0.11	2.30
11-2159	油毡纸保护层	10m²	0.057	11.15	8.93	—	8.80	0.64	0.51	—	0.50
8-236	管道压力试验	100m	0.01	107.51	56.02	9.95	83.47	1.08	0.56	0.10	0.83
8-231	$DN100 \sim DN50$ 以内管道冲洗	100m	0.01	15.79	13.47	—	12.52	0.16	0.13	—	0.13
人工单价			小计					7.22	9.40	0.39	5.98
23.22 元/工日			未计价材料费					23.26			
清单项目综合单价								46.24			

材料费明细	主要材料名称、规格、型号	单位	数量	单价(元)	合价(元)	暂估单价(元)	暂估合价(元)
	焊接钢管, DN80	m	10.15×0.1	17.8	18.07		
	醇酸防锈漆, G53—1	kg	(1.47+1.30)×0.028	11.6	0.90		
	泡沫玻璃瓦块	m³	1.100×0.017	7.8	0.15		
	油毡纸, 350g	m²	14.00×0.057	5.2	4.15		
	其他材料费						
	材料费小计				23.26		

工程量清单综合单价分析表

表 8-14

工程名称：某职工餐厅采暖工程 标段：

第 页 共 页

项目编码	031001002002	项目名称	室内焊接钢管，DN80		计量单位		m	工程量	13.98

清单综合单价组成明细

定额编号	定额名称	定额单位	数量	单价				合价			
				人工费	材料费	机械费	管理费和利润	人工费	材料费	机械费	管理费和利润
8-105	室内焊接钢管，DN80	10m	0.1	67.34	50.8	3.89	53.22	6.73	5.08	0.39	5.32
11-1	管道手工除轻锈	10m²	0.028	7.89	3.38	—	6.02	0.22	0.09	—	0.17
11-51	刷红丹防锈漆第一遍	10m²	0.028	6.27	1.07	—	4.67	0.18	0.03	—	0.13
11-52	刷红丹防锈漆第二遍	10m²	0.028	6.27	0.96	—	4.67	0.18	0.03	—	0.13
11-1759	泡沫玻璃瓦块保温层，管道 ϕ133mm 以下	m³	0.017	151.2	343.3	6.75	135.39	2.57	5.84	0.11	2.30
11-2159	油毡纸保护层	10m²	0.057	11.15	8.93	—	8.80	0.64	0.51	—	0.50
8-236	管道压力试验	100m	0.01	107.51	56.02	9.95	83.47	1.08	0.56	0.10	0.83
8-231	DN100 ～ DN50 以内管道冲洗	100m	0.01	15.79	13.47	—	12.52	0.16	0.13	—	0.13
人工单价			小计					11.74	12.27	0.60	9.52
23.22 元/工日			未计价材料费					23.26			
清单项目综合单价								57.40			

	主要材料名称、规格、型号	单位	数量	单价(元)	合价(元)	暂估单价(元)	暂估合价(元)
材料费明细	焊接钢管，DN80	m	10.15× 0.1	17.8	18.07		
	醇酸防锈漆，G53—1	kg	(1.47+ 1.30)× 0.028	11.6	0.90		
	泡沫玻璃瓦块	m³	1.100× 0.017	7.8	0.15		
	油毡纸，350g	m²	14.00× 0.057	5.2	4.15		
	其他材料费						
	材料费小计				23.26		

工程量清单综合单价分析表　　　　　　表 8-15

工程名称：某职工餐厅采暖工程　　标段：　　　　　　　第　页　共　页

项目编码	031001002003	项目名称	室内焊接钢管,DN65		计量单位	m	工程量	16.56

清单综合单价组成明细

定额编号	定额名称	定额单位	数量	单价				合价			
				人工费	材料费	机械费	管理费和利润	人工费	材料费	机械费	管理费和利润
8-104	室内焊接钢管,DN65	10m	0.1	63.62	46.87	4.99	50.29	6.36	4.69	0.50	5.03
11-1	管道手工除轻锈	10m²	0.024	7.89	3.38	—	6.02	0.19	0.08	—	0.14
11-51	刷红丹防锈漆第一遍	10m²	0.024	6.27	1.07	—	4.67	0.15	0.03	—	0.11
11-52	刷红丹防锈漆第二遍	10m²	0.024	6.27	0.96	—	4.67	0.15	0.02	—	0.11
11-1759	泡沫玻璃瓦块保温层,管道 φ133mm 以下	m³	0.015	151.2	343.3	6.75	135.39	2.27	5.15	0.10	2.03
11-2159	油毡纸保护层	10m²	0.053	11.15	8.93	—	8.80	0.59	0.47	—	0.47
8-236	管道压力试验	100m	0.01	107.51	56.02	9.95	83.47	1.08	0.56	0.10	0.83
8-231	DN100 ～ DN50 以内管道冲洗	100m	0.01	15.79	13.47	—	12.52	0.16	0.13	—	0.13
人工单价			小计					10.94	11.13	0.70	8.85
23.22元/工日			未计价材料费					20.80			
清单项目综合单价								52.43			

	主要材料名称、规格、型号	单位	数量	单价(元)	合价(元)	暂估单价(元)	暂估合价(元)
材料费明细	焊接钢管,DN65	m	10.15×0.1	15.8	16.04		
	醇酸防锈漆,G53-1	kg	(1.47+1.30)×0.024	11.6	0.77		
	泡沫玻璃瓦块	m³	1.100×0.015	7.8	0.13		
	油毡纸,350g	m²	14.00×0.053	5.2	3.86		
	其他材料费						
	材料费小计				20.80		

工程量清单综合单价分析表 　　　　　　　　　表 8-16

工程名称：某职工餐厅采暖工程　　标段：　　　　　　　　　　　　第 页 共 页

项目编码	031001002004	项目名称	室内焊接钢管，$DN50$	计量单位	m	工程量	82.36

清单综合单价组成明细

定额编号	定额名称	定额单位	数量	单　价				合　价			
				人工费	材料费	机械费	管理费和利润	人工费	材料费	机械费	管理费和利润
8-103	室内焊接钢管，$DN50$	10m	0.1	62.23	36.06	3.26	48.39	6.22	3.61	0.33	4.84
11-1	管道手工除轻锈	10m²	0.019	7.89	3.38	—	6.02	0.15	0.06	—	0.11
11-51	刷红丹防锈漆第一遍	10m²	0.019	6.27	1.07	—	4.67	0.12	0.02	—	0.09
11-52	刷红丹防锈漆第二遍	10m²	0.019	6.27	0.96	—	4.67	0.12	0.02	—	0.09
11-1759	泡沫玻璃瓦块保温层，管道$\phi133mm$以下	m³	0.013	151.2	343.3	6.75	135.39	1.97	4.46	0.09	1.76
11-2159	油毡纸保护层	10m²	0.048	11.15	8.93	—	8.80	0.54	0.43	—	0.42
8-236	管道压力试验	100m	0.01	107.51	56.02	9.95	83.47	1.08	0.56	0.10	0.83
8-230	$DN50$以内管道冲洗	100m	0.01	12.07	8.42	—	9.44	0.12	0.08	—	0.09
人工单价		小计						10.31	9.24	0.51	8.24
23.22 元/工日		未计价材料费						18.02			
		清单项目综合单价						46.33			

	主要材料名称、规格、型号	单位	数量	单价(元)	合价(元)	暂估单价(元)	暂估合价(元)
材料费明细	焊接钢管，$DN50$	m	10.15×0.1	13.6	13.80		
	醇酸防锈漆，G53—1	kg	(1.47+1.30)×0.019	11.6	0.61		
	泡沫玻璃瓦块	m³	1.100×0.013	7.8	0.11		
	油毡纸，350g	m²	14.00×0.048	5.2	3.49		
	其他材料费						
	材料费小计				18.02		

<h2 style="text-align:center">工程量清单综合单价分析表</h2>

表 8-17

工程名称：某职工餐厅采暖工程　标段：

第　页　共　页

项目编码	031001002005	项目名称	室内焊接钢管,DN40	计量单位	m	工程量	69.57

清单综合单价组成明细

定额编号	定额名称	定额单位	数量	单价				合价			
				人工费	材料费	机械费	管理费和利润	人工费	材料费	机械费	管理费和利润
8-102	室内焊接钢管,DN40	10m	0.1	60.84	31.16	1.39	46.90	6.08	3.12	0.14	4.69
11-1	管道手工除轻锈	10m²	0.015	7.89	3.38	—	6.02	0.12	0.05	—	0.09
11-51	刷红丹防锈漆第一遍	10m²	0.015	6.27	1.07	—	4.67	0.09	0.02	—	0.07
11-52	刷红丹防锈漆第二遍	10m²	0.015	6.27	0.96	—	4.67	0.09	0.01	—	0.07
11-1751	泡沫玻璃瓦块保温层,管道φ57mm以下	m³	0.012	203.9	403.3	6.75	178.24	2.45	4.84	0.08	2.14
11-2159	油毡纸保护层	10m²	0.044	11.15	8.93	—	8.80	0.49	0.39	—	0.39
8-236	管道压力试验	100m	0.01	107.51	56.02	9.95	83.47	1.08	0.56	0.10	0.83
8-230	DN50以内管道冲洗	100m	0.01	12.07	8.42	—	9.44	0.12	0.08	—	0.09
人工单价		小计						10.52	9.07	0.32	8.38
23.22元/工日		未计价材料费						16.78			
清单项目综合单价								45.07			

	主要材料名称、规格、型号		单位	数量	单价(元)	合价(元)	暂估单价(元)	暂估合价(元)
材料费明细	焊接钢管,DN40		m	10.15×0.1	12.8	12.99		
	醇酸防锈漆,G53—1		kg	(1.47+1.30)×0.015	11.6	0.48		
	泡沫玻璃瓦块		m³	1.100×0.012	7.8	0.10		
	油毡纸,350g		m²	14.00×0.044	5.2	3.20		
	其他材料费							
	材料费小计					16.78		

195

工程量清单综合单价分析表

表 8-18

工程名称：某职工餐厅采暖工程　　标段：　　　　　　　　　第 页 共 页

项目编码	031001002006	项目名称	室内焊接钢管,DN32	计量单位	m	工程量	64.53

清单综合单价组成明细

定额编号	定额名称	定额单位	数量	单价				合价			
				人工费	材料费	机械费	管理费和利润	人工费	材料费	机械费	管理费和利润
8-101	室内焊接钢管,DN32	10m	0.1	51.08	35.3	1.03	40.01	5.11	3.53	0.10	4.00
11-1	管道手工除轻锈	10m²	0.013	7.89	3.38	—	6.02	0.10	0.04		0.08
11-51	刷红丹防锈漆第一遍	10m²	0.013	6.27	1.07	—	4.67	0.08	0.01		0.06
11-52	刷红丹防锈漆第二遍	10m²	0.013	6.27	0.96	—	4.67	0.82	0.12		0.61
11-1751	泡沫玻璃瓦块保温层,管道φ57mm 以下	m³	0.011	203.9	403.3	6.75	178.24	2.24	4.44	0.07	1.96
11-2159	油毡纸保护层	10m²	0.042	11.15	8.93	—	8.80	0.47	0.38		0.37
8-236	管道压力试验	100m	0.01	107.51	56.02	9.95	83.47	1.08	0.56	0.10	0.83
8-230	DN50 以内管道冲洗	100m	0.01	12.07	8.42	—	9.44	0.12	0.08		0.09
人工单价			小计					10.01	9.17	0.28	8.01
23.22 元/工日			未计价材料费					15.85			
清单项目综合单价								43.32			

材料费明细	主要材料名称、规格、型号	单位	数量	单价(元)	合价(元)	暂估单价(元)	暂估合价(元)
	焊接钢管,DN32	m	10.15×0.1	12.1	12.28		
	醇酸防锈漆,G53—1	kg	(1.47+1.30)×0.013	11.6	0.42		
	泡沫玻璃瓦块	m³	1.100×0.011	7.8	0.09		
	油毡纸,350g	m²	14.00×0.042	5.2	3.06		
	其他材料费						
	材料费小计				15.85		

工程量清单综合单价分析表　　　　表 8-19

工程名称：某职工餐厅采暖工程　　　标段：　　　　　　　　　　　第 页 共 页

项目编码	031001002007	项目名称	室内焊接钢管,DN25		计量单位	m	工程量	43.80

清单综合单价组成明细

定额编号	定额名称	定额单位	数量	单价				合价			
				人工费	材料费	机械费	管理费和利润	人工费	材料费	机械费	管理费和利润
8-99	室内焊接钢管,DN25(需作保温和保护层处理的)	10m	0.1	51.08	29.26	1.03	39.58	5.11	2.93	0.10	3.96
11-1	管道手工除轻锈	10m²	0.011	7.89	3.38	—	6.02	0.09	0.04	—	0.07
11-51	刷红丹防锈漆第一遍	10m²	0.011	6.27	1.07	—	4.67	0.07	0.01	—	0.05
11-52	刷红丹防锈漆第二遍	10m²	0.011	6.27	0.96	—	4.67	0.07	0.01	—	0.05
11-1751	泡沫玻璃瓦块保温层,管道φ57mm以下	m³	0.01	203.9	403.3	6.75	178.24	2.04	4.03	0.07	1.78
11-2159	油毡纸保护层	10m²	0.039	11.15	8.93	—	8.80	0.43	0.35	—	0.34
8-236	管道压力试验	100m	0.01	107.51	56.02	9.95	83.47	1.08	0.56	0.10	0.83
8-230	DN50以内管道冲洗	100m	0.01	12.07	8.42	—	9.44	0.12	0.08	—	0.09
人工单价		小计						9.00	8.01	0.27	7.18
23.22元/工日		未计价材料费						14.95			
清单项目综合单价								39.42			

材料费明细	主要材料名称、规格、型号	单位	数量	单价(元)	合价(元)	暂估单价(元)	暂估合价(元)
	焊接钢管,DN25	m	10.15×0.1	11.5	11.67		
	醇酸防锈漆,G53—1	kg	(1.47+1.30)×0.011	11.6	0.35		
	泡沫玻璃瓦块	m³	1.100×0.010	7.8	0.09		
	油毡纸,350g	m²	14.00×0.039	5.2	2.84		
	其他材料费						
	材料费小计				14.95		

工程量清单综合单价分析表

表 8-20

工程名称：某职工餐厅采暖工程　标段：　　　　　　　　　　　第 页 共 页

项目编码	031001002008	项目名称	室内焊接钢管,DN20	计量单位	m	工程量	27.15

清单综合单价组成明细

定额编号	定额名称	定额单位	数量	单价				合价			
				人工费	材料费	机械费	管理费和利润	人工费	材料费	机械费	管理费和利润
8-99	室内作焊接钢管,DN20(需作保温和保护层处理的)	10m	0.1	42.49	20.62	—	32.61	4.25	2.06	—	3.26
11-1	管道手工除轻锈	10m²	0.008	7.89	3.38	—	6.02	0.06	0.03	—	0.05
11-51	刷红丹防锈漆第一遍	10m²	0.008	6.27	1.07	—	4.67	0.05	0.01	—	0.04
11-52	刷红丹防锈漆第二遍	10m²	0.008	6.27	0.96	—	4.67	0.05	0.01	—	0.04
11-1751	泡沫玻璃瓦块保温层,管道φ57mm 以下	m³	0.009	203.9	403.3	6.75	178.24	1.84	3.63	0.06	1.60
11-2159	油毡纸保护层	10m²	0.037	11.15	8.93	—	8.80	0.41	0.33	—	0.33
8-236	管道压力试验	100m	0.01	107.51	56.02	9.95	83.47	1.08	0.56	0.10	0.83
8-230	DN50 以内管道冲洗	100m	0.01	12.07	8.42	—	9.44	0.12	0.08	—	0.09
人工单价		小计						7.86	6.71	0.16	6.24
23.22元/工日		未计价材料费						11.04			
清单项目综合单价								32.00			

	主要材料名称、规格、型号	单位	数量	单价(元)	合价(元)	暂估单价(元)	暂估合价(元)
材料费明细	焊接钢管,DN20	m	10.15×0.1	7.89	8.01		
	醇酸防锈漆,G53—1	kg	(1.47+1.30)×0.008	11.6	0.26		
	泡沫玻璃瓦块	m³	1.100×0.009	7.8	0.08		
	油毡纸,350g	m²	14.00×0.037	5.2	2.69		
	其他材料费						
	材料费小计				11.04		

工程量清单综合单价分析表

表 8-21

工程名称：某职工餐厅采暖工程　标段：

| 项目编码 | 031001002009 | 项目名称 | 室内焊接钢管,DN25 | 计量单位 | m | 工程量 | |

清单综合单价组成明细

定额编号	定额名称	定额单位	数量	单价				合价			
				人工费	材料费	机械费	管理费和利润	人工费	材料费	机械费	管理费和利润
8-100	室内焊接钢管,DN25(不需作保温和保护层处理的)	10m	0.1	51.08	29.26	1.03	39.58	5.11	2.93	0.10	3.96
11-1	管道手工除轻锈	10m²	0.011	7.89	3.38	—	6.02	0.09	0.04	—	0.07
11-51	刷红丹防锈漆一遍	10m²	0.011	6.27	1.07	—	4.67	0.07	0.01	—	0.05
11-56	刷银粉漆第一遍	10m²	0.011	6.5	4.81	—	5.10	0.07	0.05	—	0.06
11-57	刷银粉漆第二遍	10m²	0.011	6.27	4.37	—	4.90	0.07	0.05	—	0.05
8-236	管道压力试验	100m	0.01	107.51	56.02	9.95	83.47	1.08	0.56	0.10	0.83
8-230	DN50 以内管道冲洗	100m	0.01	12.07	8.42	—	9.44	0.12	0.08	—	0.09
人工单价		小计						6.60	3.72	0.20	5.12
23.22 元/工日		未计价材料费						11.92			
	清单项目综合单价							27.56			

	主要材料名称、规格、型号				单位	数量	单价(元)	合价(元)	暂估单价(元)	暂估合价(元)
材料费明细	焊接钢管,DN25				m	10.15×0.1	11.5	11.67		
	醇酸防锈漆,G53—1				kg	1.47×0.011	11.6	0.19		
	酚醛轻漆各色				kg	(0.36+0.33)×0.011	8.2	0.06		
	其他材料费									
	材料费小计							11.92		

工程量清单综合单价分析表

表 8-22

工程名称：某职工餐厅采暖工程　　标段：　　　　　　　　　　　　　　　第 页 共 页

| 项目编码 | 031001002010 | 项目名称 | 室内焊接钢管,DN20 | | 计量单位 | | m | 工程量 | 177.10 |

清单综合单价组成明细

定额编号	定额名称	定额单位	数量	单　价				合　价			
				人工费	材料费	机械费	管理费和利润	人工费	材料费	机械费	管理费和利润
8-99	室内焊接钢管,DN20(不需作保温和保护层处理的)	10m	0.1	42.49	20.62	—	32.61	4.25	2.06	—	3.26
11-1	管道手工除轻锈	10m²	0.008	7.89	3.38	—	6.02	0.06	0.03		0.05
11-51	刷红丹防锈漆一遍	10m²	0.008	6.27	1.07	—	4.67	0.05	0.01		0.04
11-56	刷银粉漆第一遍	10m²	0.008	6.5	4.81	—	5.10	0.05	0.04		0.04
11-57	刷银粉漆第二遍	10m²	0.008	6.27	4.37	—	4.90	0.05	0.03		0.04
8-236	管道压力试验	100m	0.01	107.51	56.02	9.95	83.47	1.08	0.56	0.10	0.83
8-230	DN50 以内管道冲洗	100m	0.01	12.07	8.42	—	9.44	0.12	0.08		0.09
人工单价			小计					5.66	2.82	0.10	4.36
23.22 元/工日			未计价材料费					8.19			
清单项目综合单价								21.12			

	主要材料名称、规格、型号			单位	数量	单价(元)	合价(元)	暂估单价(元)	暂估合价(元)
材料费明细	焊接钢管,DN20			m	10.15×0.1	7.89	8.01		
	醇酸防锈漆,G53—1			kg	1.47×0.008	11.6	0.14		
	酚醛轻漆各色			kg	(0.36+0.33)×0.008	8.2	0.05		
	其他材料费								
	材料费小计						8.19		

工程量清单综合单价分析表　　表 8-23

工程名称：某职工餐厅采暖工程　　标段：　　　　　　　　　第　页　共　页

项目编码	031001002011	项目名称	室内焊接钢管,DN15	计量单位	m	工程量	275.04

清单综合单价组成明细

定额编号	定额名称	定额单位	数量	单价				合价			
				人工费	材料费	机械费	管理费和利润	人工费	材料费	机械费	管理费和利润
8-98	室内焊接钢管,DN15	10m	0.1	42.49	12.41	—	32.03	4.25	1.24	—	3.20
11-1	管道手工除轻锈	10m²	0.007	7.89	3.38	—	6.02	0.06	0.02	—	0.04
11-51	刷红丹防锈漆一遍	10m²	0.007	6.27	1.07	—	4.67	0.04	0.01	—	0.03
11-56	刷银粉漆第一遍	10m²	0.007	6.5	4.81	—	5.10	0.05	0.03	—	0.04
11-57	刷银粉漆第二遍	10m²	0.007	6.27	4.37	—	4.90	0.04	0.03	—	0.03
8-236	管道压力试验	100m	0.01	107.51	56.02	9.95	83.47	1.08	0.56	0.10	0.83
8-230	DN50 以内管道冲洗	100m	0.01	12.07	8.42	—	9.44	0.12	0.08	—	0.09
人工单价		小计						5.63	1.98	0.10	4.28
23.22 元/工日		未计价材料费						6.22			
清单项目综合单价								18.21			

	主要材料名称、规格、型号			单位	数量	单价(元)	合价(元)	暂估单价(元)	暂估合价(元)
材料费明细	焊接钢管,DN15			m	10.15×0.1	5.97	6.06		
	醇酸防锈漆,G53—1			kg	1.47×0.007	11.6	0.12		
	酚醛轻漆各色			kg	(0.36+0.33)×0.007	8.2	0.04		
	其他材料费								
	材料费小计						6.22		

第三分部　管道支架制作安装

一、清单工程量

本设计中选用 A 型不保温双管支架,管道支架的安装应按表 8-24 进行。

管道支架的安装 表 8-24

管道公称直径(mm)		15	20	25	32	40	50	65	80	100
支架最大间距(m)	保温管	1.5	2.0	2.0	2.5	3.0	3.0	4.0	4.0	4.5
	不保温管	2.5	3.0	3.5	4.0	4.5	5.0	6.0	6.0	6.5

根据《建筑安装工程施工图集》知：层高小于等于 5m 时，每层需安装一个支架，位置距地面 1.8m。当层高大于 5m 时，每层需安装 2 个，位置匀称安装。本工程层高均小于 5m，综上可知，立管 $DN15$ 需安装 $6×4$，即 24 个；立管 $DN20$ 需安装 $14×4$，即 56 个；$DN80$ 的支架共设 3 个。

对于水平干管：由图 8-1 和图 8-3 可知 $DN20$ 的支架共设 $4×2$，共计 8 个，综上可知，$DN20$ 的支架共设 $56+8=64$；$DN25$ 的支架共设 $4+5$，共计 9 个；$DN32$ 的支架共设 $7+9$，共计 16 个；$DN40$ 的支架共设 $9+6$，共计 15 个；$DN50$ 的支架共设 $9+6$，共计 15 个；$DN65$ 的支架共设 $1+1$，共计 2 个；$DN80$ 的支架共设 $4+3$，共计 7 个。根据《安装工程预算常用定额项目对照图示》，管道支架的重量可参考表 8-25。

管道支架重量表（kg/个） 表 8-25

托架形式	支架种类	DN15	DN20	DN25	DN32	DN40	DN50	DN65	DN80
A 型	不保温	0.28	0.34	0.48	0.94	1.38	2.27	2.44	2.72
C 型	保温	0.35	0.39	0.53	0.99	1.43	2.22	2.39	2.65

$DN15$ 的支架 $0.28×24=6.72kg$

$DN20$ 的支架 $0.34×64=21.76kg$

$DN25$ 的支架 $0.48×9=4.32kg$

$DN32$ 的支架 $0.94×16=15.04kg$

$DN40$ 的支架 $1.38×15=20.70kg$

$DN50$ 的支架 $2.27×15=34.05kg$

$DN65$ 的支架 $2.44×2=4.88kg$

$DN80$ 的支架 $2.72×7=19.04kg$

管道支架的总重量为：

$6.72+21.76+4.32+15.04+20.70+34.05+4.88+19.04=126.51kg$

【注释】

$6×4$——4 表示每根 $DN15$ 的立管各设 4 个，即对于立管在一层设置两个，供水管一个，回水管一个，其他层均设置一个，共计四个；6 表示共 6 根立管。

$14×4$——4 表示每根 $DN20$ 的立管各设 4 个，即对于立管 $DN20$ 在一层设置两个，供水管一个，回水管一个，其他层均设置一个，共计四个；14 表示立管数。

3——表示 $DN80$ 的立管设 3 个，即对于立管 $DN80$ 每一层均设置一个，共计 3 个。

$4×2$——表示 $DN20$ 的水平干管，在分支管一 $DN20$ 水平干管设置两个，分支管二 $DN20$ 水平干管设置两个，共计四个；2 表示回水管和供水管各四个。

$4+5$——表示 $DN25$ 的水平干管，在供水分支管一 $DN25$ 水平干管设置 1 个，供水分支管二 $DN25$ 水平干管设置 3 个，共计 4 个；在回水分支管一 $DN25$ 水平干管设置 1

个，回水分支管二 DN25 水平干管设置 4 个，共计 5 个。

7+9——表示 DN32 的水平干管，在供水分支管一 DN32 水平干管设置 3 个，供水分支管二 DN32 水平干管设置 4 个，共计 7 个；回水分支管一 DN32 水平干管设置 4 个，回水分支管二 DN32 水平干管设置 5 个，共计 9 个。

9+6——表示 DN40 的水平干管，在供水分支管一 DN40 水平干管设置 4 个，供水分支管二 DN40 水平干管设置 5 个，共计 9 个；回水分支管一 DN40 水平干管设置 3 个，回水分支管二 DN40 水平干管设置 3 个，共计 6 个。

9+6——表示 DN50 的水平干管，在供水分支管一 DN50 水平干管设置 4 个，供水分支管二 DN50 水平干管设置 5 个，共计 9 个；回水分支管一 DN50 水平干管设置 3 个，回水分支管一 DN50 水平干管设置 3 个，共计 6 个。

1+1——表示 DN65 的供水水平干管设置一个，DN65 的回水水平干管设置一个，共计 2 个。

4——表示 DN80 的回水水平干管设置 4 个。

二、定额工程量

（一）管道支架制作安装及其刷油

由清单工程量计算可得，管道支架重量为 126.51kg

定额计量单位：100kg　　　工程量：1.27（100kg）　　套定额子目 8—178

刷红丹防锈漆第一遍：

定额计量单位：100kg　　　工程量：1.27（100kg）　　套定额子目 11—117

刷红丹防锈漆第二遍：

定额计量单位：100kg　　　工程量：1.27（100kg）　　套定额子目 11—118

刷耐酸漆第一遍：

定额计量单位：100kg　　　工程量：1.27（100kg）　　套定额子目 11—130

刷耐酸漆第二遍：

定额计量单位：100kg　　　工程量：1.27（100kg）　　套定额子目 11—131

【注释】

1.27——表示以 100kg 为计量单位时的工程量。

（二）散热器片刷油漆（刷防锈底漆一遍、银粉漆两遍）

根据《暖通空调常用数据手册》表 1.4-12 铸铁散热器综合性能表可查得，每片 M-132 型散热器片的表面积为 $0.24m^2$，即每片散热器片油漆面积为 $0.24m^2$，共计：$1156 \times 0.24 = 277.44m^2$

刷防锈底漆：

定额计量单位：$10m^2$　　　工程量：$277.44m^2/10m^2 = 27.74$（$10m^2$）　　套定额子目 11—199

刷银粉漆第一遍：

定额计量单位：$10m^2$　　　工程量：$277.44m^2/10m^2 = 27.74$（$10m^2$）　　套定额子目 11—200

刷银粉漆第二遍：

定额计量单位：$10m^2$ 工程量：$277.44m^2/10m^2 = 27.74$（$10m^2$）   套定额子目 11—201

【注释】

27.74（$10m^2$）——表示以 $10m^2$ 为计量单位时的工程量。

（三）管道压力试验

所有管道均在100mm以内，管长总计：

$275.04+177.10+27.15+43.80+64.53+69.67+82.36+16.56+13.98+11.2=781.39m$

定额计量单位：100m   工程量：7.81 套定额子目 8—236

【注释】

275.04——表示焊接钢管 $DN15$ 的长度；

177.10——表示焊接钢管 $DN20$ 不需做保温层和保护层的长度；

27.15——表示焊接钢管 $DN20$ 需做保温层和保护层的长度；

43.80——表示焊接钢管 $DN25$ 需做保温层和保护层的长度；

64.53——表示焊接钢管 $DN32$ 的长度；

69.67——表示焊接钢管 $DN40$ 的长度；

82.36——表示焊接钢管 $DN50$ 的长度；

16.56——表示焊接钢管 $DN65$ 的长度；

13.98——表示焊接钢管 $DN80$ 室内管的长度；

11.20——表示焊接钢管 $DN80$ 室外管的长度；

7.81——表示以 100m 为计量单位时的工程量。

下文亦如此，故不再标注。

（四）管道冲洗

系统管道管径均在50mm以内，

$275.04+177.10+27.15+43.80+64.53+69.67+82.36=739.65m$

定额计量单位：100m   工程量：7.40 套定额子目 8—230

系统管道管径均在100mm以内，$16.56+13.98+11.2=41.74m$

定额计量单位：100m   工程量：0.42 套定额子目 8—230

本工程套用《全国统一安装工程预算定额》。

三、综合单价分析见表 8-26

工程量清单综合单价分析表   表 8-26

工程名称：某职工餐厅采暖工程   标段：   第 页 共 页

项目编码	031002001001	项目名称	管道支架制作安装	计量单位	kg	工程量	126.51

<table>
<tr><td colspan="12" align="center">清单综合单价组成明细</td></tr>
<tr><td rowspan="2">定额编号</td><td rowspan="2">定额名称</td><td rowspan="2">定额单位</td><td rowspan="2">数量</td><td colspan="4" align="center">单价</td><td colspan="4" align="center">合价</td></tr>
<tr><td>人工费</td><td>材料费</td><td>机械费</td><td>管理费和利润</td><td>人工费</td><td>材料费</td><td>机械费</td><td>管理费和利润</td></tr>
<tr><td>8-178</td><td>管道支架制作安装</td><td>100kg</td><td>0.01</td><td>235.5</td><td>195</td><td>224</td><td>202.05</td><td>2.36</td><td>1.95</td><td>2.24</td><td>2.02</td></tr>
</table>

定额编号	定额名称	定额单位	数量	单　价				合　价			
				人工费	材料费	机械费	管理费和利润	人工费	材料费	机械费	管理费和利润
11-117	管道支架刷红丹防锈漆第一遍	100kg	0.01	5.34	0.87	6.96	4.46	0.05	0.009	0.07	0.04
11-118	管道支架刷红丹防锈漆第二遍	100kg	0.01	5.11	0.75	6.96	4.29	0.05	0.008	0.07	0.04
11-130	管道支架刷耐酸漆第一遍	100kg	0.01	5.11	0.38	6.96	4.26	0.05	0.004	0.07	0.04
11-131	管道支架刷耐酸漆第二遍	100kg	0.01	5.11	0.35	6.96	4.26	0.05	0.004	0.07	0.04
人工单价		小计						2.56	1.97	2.52	2.19
23.22 元/工日		未计价材料费						2.89			
清单项目综合单价								12.14			

材料费明细	主要材料名称、规格、型号	单位	数量	单价(元)	合价(元)	暂估单价(元)	暂估合价(元)
	型钢	kg	106.000×0.01	2.37	2.51		
	醇酸防锈漆,G53—1	kg	(1.16+0.95)×0.01	11.6	0.24		
	酚醛耐酸漆	kg	(0.560+0.490)×0.01	12.54	0.13		
	其他材料费						
	材料费小计				2.89		

某职工餐厅采暖清单工程量计算表见表 8-27。

清单工程量计算表　　　　　表 8-27

序号	项目编码	项目名称	项目特征描述	计量单位	工程量
1	031005001001	铸铁散热器	M132 型,刷防锈底漆一遍,再刷银粉漆两遍	片	1156
2	031003001001	螺纹阀门	DN15,截止阀 1	个	34
3	031003001002	螺纹阀门	DN15,截止阀 2	个	12
4	031003001003	螺纹阀门	DN20,截止阀,铸铁	个	28
5	031003001004	螺纹阀门	DN80,截止阀,铸铁	个	2
6	031003001005	自动排气阀	DN15,自动排气阀,铸铁	个	4
7	030601001001	温度仪表	温度计,双金属温度计	支	2
8	030601002001	压力仪表	压力表,就地式	台	2
9	030601004001	流量仪表	椭圆齿轮流量计,就地指示式	台	1

序号	项目编码	项目名称	项目特征描述	计量单位	工程量
10	031006015001	膨胀水箱	膨胀水箱,矩形钢板,矩形尺寸为 1400mm×900mm×1100mm	个	1
11	031005008001	集气罐	集气罐由 φ100mm 的短管制成,高度为 300mm,无缝钢管焊接	个	4
12	031001002001	焊接钢管	DN80 室外采暖热水管,焊接,手工除轻锈,刷红丹防锈漆两遍,采用 50mm 的泡沫玻璃瓦块管道保温,外裹油毡纸保护层	m	11.20
13	031001002002	焊接钢管	DN80 室内采暖热水管,焊接,手工除轻锈,刷红丹防锈漆两遍,采用 50mm 的泡沫玻璃瓦块管道保温,外裹油毡纸保护层	m	13.98
14	031001002003	焊接钢管	DN65 室内采暖热水管,焊接,手工除轻锈,刷红丹防锈漆两遍,采用 50mm 的泡沫玻璃瓦块管道保温,外裹油毡纸保护层	m	16.56
15	031001002004	焊接钢管	DN50 室内采暖热水管,焊接,手工除轻锈,刷红丹防锈漆两遍,采用 50mm 的泡沫玻璃瓦块管道保温,外裹油毡纸保护层	m	82.36
16	031001002005	焊接钢管	DN40 室内采暖热水管,焊接,手工除轻锈,刷红丹防锈漆两遍,采用 50mm 的泡沫玻璃瓦块管道保温,外裹油毡纸保护层	m	69.67
17	031001002006	焊接钢管	DN32 室内采暖热水管,焊接,手工除轻锈,刷红丹防锈漆两遍,采用 50mm 的泡沫玻璃瓦块管道保温,外裹油毡纸保护层	m	64.53
18	031001002007	焊接钢管	DN25 室内采暖热水管,螺纹连接,手工除轻锈,刷红丹防锈漆两遍,采用 50mm 的泡沫玻璃瓦块管道保温,外裹油毡纸保护层	m	43.80
19	031001002008	焊接钢管	DN20 室内采暖热水管,螺纹连接,手工除轻锈,刷红丹防锈漆两遍,采用 50mm 的泡沫玻璃瓦块管道保温,外裹油毡纸保护层	m	27.15
20	031001002009	焊接钢管	DN20 室内采暖热水管,螺纹连接,手工除轻锈,刷红丹防锈漆一遍,再刷银粉漆两遍	m	177.10
21	031001002010	焊接钢管	DN15 室内采暖热水管,螺纹连接,手工除轻锈,刷红丹防锈漆一遍,再刷银粉漆两遍	m	275.04
22	031002001001	管道支架	安装 A 型不保温双管支架,刷红丹防锈漆两遍,耐酸漆两遍	kg	126.51

某校职工餐厅采暖工程预算表见表 8-28,分部分项工程和单价措施项目清单与计价表见表 8-29,工程量清单综合单价分析表见表 8-1~表 8-11,表 8-13~表 8-23。

某职工餐厅采暖工程预算表　　　　表 8-28

序号	定额编号	分项工程名称	计量单位	工程量	基价(元)	其中(元) 人工费	材料费	机械费	合价(元)
1	8-490	铸铁 M132 型散热器	10 片	115.6	41.27	14.16	27.11	—	4770.81
2	8-241	DN15,截止阀 1,螺纹阀	个	34	4.43	2.32	2.11	—	150.62
3	8-241	DN1,5 截止阀 2,螺纹阀	个	12	4.43	2.32	2.11	—	53.16
4	8-242	DN20,截止阀,螺纹阀	个	28	5	2.32	2.68	—	140.00
5	8-248	DN80,截止阀,螺纹阀	个	2	37.71	11.61	26.1	—	75.42

续表

序号	定额编号	分项工程名称	计量单位	工程量	基价(元)	人工费	材料费	机械费	合价(元)
						其中(元)			
6	8-299	自动排气阀, DN15	个	4	9.39	3.95	5.44	—	37.56
7	10-2	双金属温度计安装	支	2	14.1	11.15	1.94	1.01	28.2
8	10-25	就地式压力表安装	台	2	16.81	12.07	4.16	0.58	33.62
9	10-39	就地指示式椭圆齿轮流量计安装	台	1	179.4	82.2	90.22	6.99	179.41
10	8-537	矩形钢板水箱制作	100kg	2.55	530.02	73.84	435.04	21.14	1352.08
11	8-551	矩形钢板水箱安装	个	1	79.92	65.25	14.67	—	79.92
12	11-86	膨胀水箱刷防锈漆第一遍	10m²	0.76	6.99	5.8	1.19		5.30
13	11-87	膨胀水箱刷防锈漆第二遍	10m²	0.76	6.67	5.57	1.1		5.06
14	11-1811	膨胀水箱用 50mm 厚的泡沫玻璃板(设备)做保温层	m³	0.30	816.02	416.33	354.8	44.89	248.07
15	11-2164	膨胀水箱用铝箔—复合玻璃钢做保护层	10m²	0.62	82.97	48.3	34.67	—	51.44
16	6-2896	集气罐制作	个	4	33.84	15.56	14.15	4.13	135.36
17	6-2901	集气罐安装	个	4	6.27	6.27	—	—	25.08
18	11-86	集气罐刷第一遍防锈漆	10m²	0.04	6.99	5.8	1.19	—	0.27
19	11-87	集气罐刷第二遍防锈漆	10m²	0.04	6.67	5.57	1.1	—	0.25
20	11-99	集气罐刷第一遍酚醛耐酸漆	10m²	0.04	6.32	5.8	0.52	—	0.24
21	11-100	集气罐刷第二遍酚醛耐酸漆	10m²	0.04	6.03	5.57	0.46	—	0.23
22	8-19	室外焊接钢管, DN80	10m	1.12	45.88	22.06	22.09	1.73	51.39
	11-1	管道, 手工除轻锈	10m²	0.31	11.27	7.89	3.38		3.49
	11-51	刷红丹防锈漆第一遍	10m²	0.31	7.34	6.27	1.07		2.28
	11-52	刷红丹防锈漆第二遍	10m²	0.31	7.23	6.27	0.96		2.24
	11-1759	泡沫玻璃瓦块保温层管道, φ133mm 以下	m³	0.19	501.19	151.16	343.28	6.75	95.23
	11-2159	油毡纸保护层	10m²	0.64	20.08	11.15	8.93		12.85
23	8-105	室内焊接钢管, DN80	10m	1.40	122.03	67.34	50.8	3.89	170.84
	11-1	管道, 手工除轻锈	10m²	0.39	11.27	7.89	3.38	—	4.40
	11-51	刷红丹防锈漆第一遍	10m²	0.39	7.34	6.27	1.07		2.86
	11-52	刷红丹防锈漆第二遍	10m²	0.39	7.23	6.27	0.96		2.82
	11-1759	泡沫玻璃瓦块保温层管道, φ133mm 以下	m³	0.24	501.19	151.16	343.28	6.75	120.29
	11-2159	油毡纸保护层	10m²	0.79	20.08	11.15	8.93		15.86
24	8-104	室内焊接钢管, DN65	10m	1.66	115.48	63.62	46.87	4.99	2299.21
	11-1	管道, 手工除轻锈	10m²	0.40	11.27	7.89	3.38	—	5.41
	11-51	刷红丹防锈漆第一遍	10m²	0.40	7.34	6.27	1.07		3.52
	11-52	刷红丹防锈漆第二遍	10m²	0.40	7.23	6.27	0.96		3.47
	11-1759	泡沫玻璃瓦块保温层管道, φ133mm 以下	m³	0.25	501.19	151.16	343.28	6.75	150.36
	11-2159	油毡纸保护层	10m²	0.87	20.08	11.15	8.93	—	21.08

序号	定额编号	分项工程名称	计量单位	工程量	基价(元)	其中(元)			合价(元)
						人工费	材料费	机械费	
25	8-103	室内焊接钢管,DN50	10m	8.24	101.55	62.23	36.06	3.26	836.77
	11-1	管道,手工除轻锈	10m²	1.55	11.27	7.89	3.38	—	17.47
	11-51	刷红丹防锈漆第一遍	10m²	1.55	7.34	6.27	1.07	—	11.38
	11-52	刷红丹防锈漆第二遍	10m²	1.55	7.23	6.27	0.96	—	11.21
	11-1759	泡沫玻璃瓦块保温层管道,φ133mm 以下	m³	1.08	501.19	151.16	343.28	6.75	541.29
	11-2159	油毡纸保护层	10m²	3.94	20.08	11.15	8.93	—	79.12
26	8-102	室内焊接钢管,DN40	10m	6.97	93.39	60.84	31.16	1.39	650.93
	11-1	管道,手工除轻锈	10m²	1.05	11.27	7.89	3.38	—	11.83
	11-51	刷红丹防锈漆第一遍	10m²	1.05	7.34	6.27	1.07	—	7.71
	11-52	刷红丹防锈漆第二遍	10m²	1.05	7.23	6.27	0.96	—	7.59
	11-1751	泡沫玻璃瓦块保温层管道,φ57mm 以下	m³	0.81	613.9	203.87	403.28	6.75	497.26
	11-2159	油毡纸保护层	10m²	3.07	20.08	11.15	8.93	—	61.65
27	8-101	室内焊接钢管,DN32	10m	6.45	87.41	51.08	35.3	1.03	563.79
	11-1	管道,手工除轻锈	10m²	0.86	11.27	7.89	3.38	—	9.69
	11-51	刷红丹防锈漆第一遍	10m²	0.86	7.34	6.27	1.07	—	6.31
	11-52	刷红丹防锈漆第二遍	10m²	0.86	7.23	6.27	0.96	—	6.22
	11-1751	泡沫玻璃瓦块保温层管道,φ57mm 以下	m³	0.70	613.9	203.87	403.28	6.75	429.73
	11-2159	油毡纸保护层	10m²	2.73	20.08	11.15	8.93	—	54.82
28	8-99	室内焊接钢管,DN25(需作保温和保护层处理的)	10m	4.38	81.37	51.08	29.26	1.03	356.40
	11-1	管道,手工除轻锈	10m²	0.46	11.27	7.89	3.38	—	5.18
	11-51	刷红丹防锈漆第一遍	10m²	0.46	7.34	6.27	1.07	—	3.38
	11-52	刷红丹防锈漆第二遍	10m²	0.46	7.23	6.27	0.96	—	3.33
	11-1751	泡沫玻璃瓦块保温层管道 φ57mm 以下	m³	0.43	613.9	203.87	403.28	6.75	263.98
	11-2159	油毡纸保护层	10m²	1.73	20.08	11.15	8.93	—	34.74
29	8-99	室内焊接钢管,DN20(需作保温和保护层处理的)	10m	2.72	63.11	42.49	20.62	—	171.66
	11-1	管道,手工除轻锈	10m²	0.23	11.27	7.89	3.38	—	2.59
	11-51	刷红丹防锈漆第一遍	10m²	0.23	7.34	6.27	1.07	—	1.69
	11-52	刷红丹防锈漆第二遍	10m²	0.23	7.23	6.27	0.96	—	1.66
	11-1751	泡沫玻璃瓦块保温层管道,φ57mm 以下	m³	0.24	613.9	203.87	403.28	6.75	147.34
	11-2159	油毡纸保护层	10m²	1.01	20.08	11.15	8.93	—	20.28

续表

序号	定额编号	分项工程名称	计量单位	工程量	基价(元)	人工费	材料费	机械费	合价(元)
						其中(元)			
30	8-99	室内焊接钢管,DN20(不需作保温和保护层处理的)	10m	17.71	63.11	42.49	20.62	—	1198.46
	11-1	管道,手工除轻锈	10m²	1.49	11.27	7.89	3.38	—	18.03
	11-51	刷红丹防锈漆一遍	10m²	1.49	7.34	6.27	1.07	—	11.74
	11-56	刷银粉漆第一遍	10m²	1.49	11.31	6.5	4.81	—	18.10
	11-57	刷银粉漆第二遍	10m²	1.49	10.64	6.27	4.37	—	17.02
31	8-98	室内焊接钢管,DN15	10m	27.50	54.9	42.49	12.41	—	1509.75
	11-1	管道,手工除轻锈	10m²	1.84	11.27	7.89	3.38	—	20.74
	11-51	刷红丹防锈漆一遍	10m²	1.84	7.34	6.27	1.07	—	13.51
	11-56	刷银粉漆第一遍	10m²	1.84	11.31	6.5	4.81	—	20.81
	11-57	刷银粉漆第二遍	10m²	1.84	10.64	6.27	4.37	—	19.58
32	11-199	M132型散热器刷带锈底漆一遍	10m²	27.74	8.94	7.66	1.28	—	248.00
	11-200	M133型散热器刷银粉漆第一遍	10m²	27.74	13.23	7.89	5.34	—	367.00
	11-201	M134型散热器刷银粉漆第二遍	10m²	27.74	12.37	7.66	4.71	—	343.14
33	8-178	管道支架制作安装	100kg	1.27	654.7	235.5	195	224	792.19
	11-117	管道支架刷红丹防锈漆第一遍	100kg	1.27	13.17	5.34	0.87	6.96	15.94
	11-118	管道支架刷红丹防锈漆第二遍	100kg	1.27	12.82	5.11	0.75	6.96	15.51
	11-130	管道支架刷耐酸漆第一遍	100kg	1.27	12.45	5.11	0.38	6.96	15.06
	11-131	管道支架刷耐酸漆第二遍	100kg	1.27	12.42	5.11	0.35	6.96	15.03
34	8-175	镀锌薄钢板套管,DN100	个	2	4.34	2.09	2.25	—	8.68
35	8-174	镀锌薄钢板套管,DN80	个	4	4.34	2.09	2.25	—	17.36
36	8-173	镀锌薄钢板套管,DN65	个	7	4.34	2.09	2.25	—	30.38
37	8-172	镀锌薄钢板套管,DN50	个	6	2.89	1.39	1.5	—	17.34
38	8-171	镀锌薄钢板套管,DN40	个	5	2.89	1.39	1.5	—	14.45
39	8-170	镀锌薄钢板套管,DN32	个	3	2.89	1.39	1.5	—	8.67
40	8-169	镀锌薄钢板套管,DN25	个	41	1.7	0.7	1	—	69.70
41	8-236	管道压力试验	100m	7.81	173.5	107.5	56.02	9.95	1384.53
42	8-231	DN100~DN50以内管道冲洗	100m	0.42	29.26	15.79	13.47	—	13.17
43	8-230	DN50以内管道冲洗	100m	7.40	20.49	12.07	8.42	—	154.08
		本页小计							31454.08

分部分项工程和单价措施项目清单与计价表　　　表8-29

工程名称:某职工餐厅采暖工程　标段:　　　　　　　　　　　第 页 共 页

序号	项目编码	项目名称	项目特征描述	计量单位	工程量	综合单价	合价	其中:暂估价
						金额(元)		
1	031005001001	铸铁散热器(M132型)	M132型散热器刷防锈底漆一遍,刷银粉漆两遍	片	1156	22.17	25628.52	

续表

序号	项目编码	项目名称	项目特征描述	计量单位	工程量	综合单价	合价	其中：暂估价
2	031003001001	螺纹阀门	螺纹,DN15,截止阀1	个	34	18.4	625.60	
3	031003001002	螺纹阀门	螺纹,DN15,截止阀2	个	12	18.4	220.80	
4	031003001003	螺纹阀门	螺纹,截止阀,DN20	个	28	20.42	571.76	
5	031003001004	螺纹阀门	螺纹,截止阀,DN80	个	2	117.03	234.06	
6	031003001005	自动排气阀	自动排气阀,DN15	个	4	24.67	98.68	
7	030601001001	温度仪表	双金属温度计安装	支	2	42.28	84.56	
8	030601002001	压力仪表	就地式压力表安装	台	2	77.75	155.50	
9	031006015001	膨胀水箱	矩形钢板水箱制作与安装,刷防锈漆两遍,用50mm厚的泡沫玻璃板(设备)做保温层,用铝箔—复合玻璃钢做保护层	个	1	2253.58	2253.58	
10	031005008001	集气罐	集气罐,刷两遍防锈漆,刷两遍酚醛耐酸漆	个	4	58.19	232.76	
11	031001002001	焊接钢管	室外焊接钢管,DN80,手工除轻锈,刷红丹防锈漆两遍,泡沫玻璃瓦块保温层管道 φ133mm以下,麻袋布保护层	m	11.20	46.24	517.89	
12	031001002002	焊接钢管	室内焊接钢管,DN80,手工除轻锈,刷红丹防锈漆两遍,泡沫玻璃瓦块保温层管道,φ133mm以下,麻袋布保护层	m	13.98	57.4	802.45	
13	031001002003	焊接钢管	室内焊接钢管,DN65,手工除轻锈,刷红丹防锈漆两遍,泡沫玻璃瓦块保温层管道,φ133mm以下,麻袋布保护层	m	16.56	52.43	1043.88	
14	031001002004	焊接钢管	室内焊接钢管,DN50,手工除轻锈,刷红丹防锈漆两遍,泡沫玻璃瓦块保温层管道 φ133mm以下,麻袋布保护层	m	82.36	46.33	3815.74	
15	031001002005	焊接钢管	室内焊接钢管,DN40,手工除轻锈,刷红丹防锈漆两遍,泡沫玻璃瓦块保温层管道,φ57mm以下,麻袋布保护层	m	69.67	45.07	3140.03	
16	031001002006	焊接钢管	室内焊接钢管,DN32,手工除轻锈,刷红丹防锈漆两遍,泡沫玻璃瓦块保温层管道,φ57mm以下,麻袋布保护层	m	64.53	43.32	2795.44	
17	031001002007	焊接钢管	室内焊接钢管,DN25,手工除轻锈,刷红丹防锈漆两遍,泡沫玻璃瓦块保温层管道,φ57mm以下,麻袋布保护层	m	43.80	39.42	1726.60	
18	031001002008	焊接钢管	室内焊接钢管,DN20,手工除轻锈,刷红丹防锈漆两遍,泡沫玻璃瓦块保温层管道,φ57mm以下,麻袋布保护层	m	27.15	32	868.80	

序号	项目编码	项目名称	项目特征描述	计量单位	工程量	综合单价	合价	其中:暂估价
						金额(元)		
19	031001002009	焊接钢管	室内焊接钢管,DN20,手工除轻锈,刷红丹防锈漆一遍,银粉漆两遍	m	177.10	21.12	4011.32	
20	031001002010	焊接钢管	室内焊接钢管,DN15,手工除轻锈,刷红丹防锈漆一遍、银粉漆两遍	m	275.04	18.21	5008.48	
21	031002001001	管道支架	管道支架,刷红丹防锈漆两遍,刷耐酸漆两遍	kg	126.51	12.14	1469.79	
			本页小计				103189.56	

投标报价

投标总价

招标人:某职工餐厅

工程名称:某职工餐厅采暖工程

投标总价(小写):　149231

　　　　　　(大写):拾肆万玖仟贰佰叁拾壹

投标人:某某职工餐厅采暖单位公章

　　　　(单位盖章)

法定代表人:某某暖通安装公司

或其授权人:法定代表人

　　　　　　(签字或盖章)

编制人:×××签字盖造价工程师或造价员专用章

　　　　(造价人员签字盖专用章)

编制时间:××××年×月×日

总说明

工程名称:某职工餐厅采暖工程　　　　　　　　　　　　　　　　第　页　共　页

1. 工程概况:该工程为某职工餐厅采暖工程,该职工餐厅共三层,每层层高为3.4米。此设计采用机械循环热水供暖系统中的单管(带闭合管段)上供中回式顺流同程式,采用同程式可以减轻上水平失调现象。设落地式膨胀水箱和集气罐。此系统中供回水温度采用低温热水,即供回水温度分别为95℃和70℃热水,由室外城市热力管网供热。管道采用焊接钢管,管径不大于32mm的焊接钢管采用螺纹连接,管径大于32mm的焊接钢管采用焊接。其中,顶层所走的水平供水干管和底层所走的水平回水干管,以及供回水总立管和与城市热力管网相连的供回水管均需作保温处理,需手工除轻锈,再刷红丹防锈漆两遍后,采用50mm厚的泡沫玻璃瓦块管道保温,外裹油毡纸保护层;其他立管和房间内与散热器连接的管均需手工除轻锈后,刷红丹防锈漆一遍,银粉漆两遍。根据《暖通空调规范实施手册》,采暖管穿过楼板和隔墙时,宜装设套管,故此设计中的穿楼板和隔墙的管道设镀锌薄钢板套管,套管尺寸比管道大一到两号,管道设支架,支架刷红丹防锈漆两遍、耐酸漆两遍。

散热器采用铸铁M132型,落地式安装,散热器表面刷防锈底漆一遍、银粉漆两遍。膨胀水箱刷防锈漆两遍,采用50mm的泡沫玻璃板(设备)做保温层,保护层采用铝箔一复合玻璃钢材料。集气罐刷防锈漆两遍、酚醛耐酸漆两遍。每根供水立管的始末两端各设截止阀一个,根据《暖通空调规范实施手册》可知,热水采暖系统,应在热力入口和出口处的供回水总管上设置温度计、压力表。

续表

系统安装完毕应进行水压试验,系统水压试验压力是工作压力的 1.5 倍,10min 内压力降不大于 0.02MPa,且系统不渗水为合格。系统试压合格后,投入使用前进行冲洗,冲洗至排出水不含泥砂、铁屑等杂物且水色不浑浊为合格,冲洗前应将温度计、调节阀及平衡阀等拆除,待冲洗合格后再装上。

2. 投标控制价包括范围:为本次招标的职工餐厅施工图范围内的采暖工程。

3. 投标控制价编制依据:

(1)招标文件及其所提供的工程量清单和有关计价的要求,招标文件的补充通知和答疑纪要。

(2)该职工餐厅施工图及投标施工组织设计。

(3)有关的技术标准、规范和安全管理规定。

(4)省建设主管部门颁发的计价定额和计价管理办法及有关计价文件。

(5)材料价格采用工程所在地工程造价管理机构发布的价格信息,对于造价信息没有发布的材料,其价格参照市场价。

相关附表见表 8-30～表 8-36

工程项目投标报价汇总表

工程名称:某职工餐厅采暖工程

表 8-30

第　页 共　页

序号	单项工程名称	金额(元)	其中(元)		
			暂估价	安全文明施工费	规费
1	某职工餐厅工程	149231.32	10000	812.23	2081.25
	合　计	149231.32	10000	812.23	2081.25

单位工程投标报价汇总表

工程名称:某职工餐厅采暖工程

表 8-31

第　页 共　页

序号	单项工程名称	金额(元)	其中(元)		
			暂估价	环境保护和安全文明施工费	规费
1	某职工餐厅工程	149231.32	10000	812.23	2081.25
	合　计	149231.32	10000	812.23	2081.25

单位工程投标报价汇总表

工程名称:某职工餐厅采暖工程

表 8-32

第　页 共　页

序号	汇总内容	金额(元)	其中,暂估价(元)
1	分部分项工程	103189.6	
1.1	某职工餐厅工程	103189.6	
1.2			
1.3			
1.4			
2	措施项目	2110.53	
2.1	环境保护和安全文明施工费	812.23	
3	其他项目	36929	
3.1	暂列金额	10319	

续表

序号	汇总内容	金额(元)	其中,暂估价(元)
3.2	专业工程暂估价	10000	
3.3	计日工	6210	
3.4	总承包服务费	400	
4	规费	2081.25	
5	税金	4920.98	
合计＝1＋2＋3＋4＋5		149231.32	

注：这里的分部分项工程中存在暂估价。

分部分项工程和单价措施项目清单与计价表见表 8-29。

总价措施项目清单与计价表　　　　　　　　　　　　　表 8-33

工程名称：某职工餐厅采暖工程　　　　　　　　　标段：　第　页　共　页

序号	项目名称	计算基础	费率(%)	金额(元)
1	环境保护费及文明施工费	人工费 (10521.02 元)	3.98	418.74
2	安全施工费	人工费	3.74	393.49
3	临时设施费	人工费	6.88	723.85
4	夜间施工增加费	根据工程实际情况编制费用预算		
5	材料二次搬运费	人工费	1.2	126.25
6	大型机械设备进出场及安拆费,混凝土、钢筋混凝土模板及支架费、脚手架费,施工排水、降水费用	根据工程实际情况编制费用预算		
7	已完工程及设备保护费(含越冬维护费)	根据工程实际情况编制费用预算		
8	检验试验费、生产工具用具使用费	人工费	4.26	448.20
合　　计				2110.53

注：该表费率参考《吉林省建筑安装工程费用定额》(2006 年)。

其他项目清单与计价汇总表　　　　　　　　　　　　表 8-34

工程名称：某职工餐厅采暖工程　　　　　　　　　标段：　第　页　共　页

序号	项目名称	计量单位	金额(元)	备　　注
1	暂列金额	项	10319	一般按分部分项工程的 (103189.56 元) 10%～15%
2	暂估价		20000	
2.1	材料暂估价			

序号	项目名称	计量单位	金额(元)	备 注
2.2	专业工程暂估价	项	20000	按有关规定估算
3	计日工		6210	
4	总承包服务费		400	一般为专业工程估价的3%~5%
	合　计		36929	

注：第1、4项备注参考《工程量计算规范》。
　　材料暂估单价进入清单项目综合单价，此处不汇总。

计日工表　　　　　　　　　　　　　　　　　　表 8-35

工程名称：某职工餐厅采暖工程　　　　　　　　　　标段：　　第 页 共 页

编号	项目名称	单位	暂定数量	综合单价(元)	合价(元)
一	人工				
1	普工	工日	50	60	3000
2	技工(综合)	工日	20	80	1600
3					
4					
	人　工　小　计				4600
二	材料				
1					
2					
3					
4					
5					
6					
	材料小计				
三	施工机械				
1	灰浆搅拌机	台班	1	20	20
2	自升式塔式起重机	台班	3	530	1590
3					
4					
	施　工　机　械　小　计				1610
	总　　计				6210

注：此表项目名称由招标人填写，编制招标控制价时，单价由招标人按有关计价规定确定；投标时，单价由投标
　　人自主报价，计入投标总价中。

规费税金项目清单与计价表　　　　　表 8-36

工程名称：某职工餐厅采暖工程　　　　　　标段：　　　第　页　共　页

序号	项目名称	计算基础	费率(%)	金额(元)
一	规费			
1.1	工程排污费	人工费	1.3	136.77
1.2	工程定额测定费	税前工程造价(分部分项工程费＋措施项目费＋其他项目费)＋利润(147489.6元)	0.1	147.49
1.3	养老保险费	根据工程实际情况编制费用预算		
1.4	失业保险费	人工费	2.44	256.71
1.5	医疗保险费	人工费	7.32	770.14
1.6	住房公积金	人工费	6.10	641.78
1.7	工伤保险费	人工费	1.22	128.36
1.8	危险作业意外伤害保险费	根据工程实际情况编制费用预算		
二	税金	不含税工程造价(分部分项工程费＋措施项目费＋其他项目费＋规费)(144310.34元)	3.41	4920.98
	合　　　计			7002.23

注：该表费率参考《吉林省建筑安装工程费用定额》(2006 年)。

其中的利润：建筑业行业利润为人工费的 50%，即该工程的利润为 10521.02 元×50%＝5260.51 元。

工程量清单综合单价分析表见前文中的表 8-1～表 8-11，表 8-13～表 8-23。

案例 9　某综合楼工程

第一部分　工程概况

如图 9-1 所示为北京某综合楼一层中央空调平面图，该层内布置有商场、办公大厅，以及办公室、会议室等多种功能建筑，由于商场面积较大，人员多，负荷量大，并且与办公大厅相比，有不同的功能特性和同时使用特性，故从节能角度考虑商场与办公大厅采用两套相互独立的全空气一次回风空调系统，并且商场内采用两台空气处理机组。而北侧为办公区，对于小空间的办公室、会议室，则采用风机盘管为独立新风系统。

该系统内的空气处理机组、新风处理器均采用吊顶式的商场和办公大厅，以散流器送风，办公室、会议室则采用单层百叶风口侧送风，接口形式为咬口连接。风管材料均采用优质碳钢镀锌钢板，其厚度为：风管周长在 2000mm 以上时，为 1.2mm。风管保温材料采用 80mm 厚的泡沫塑料瓦块，防潮层为一道麻袋布，保护层涂厚度均为 35mm 的两道抹面，外刷两道红丹防锈漆，试计算此工程的工程量。

第二部分　工程量计算及清单表格编制

一、清单工程量

（一）1000mm×500mm 碳钢风管

$$S = 2 \times (1.0 + 0.5) \times \left(2.5 + \frac{1}{2}\pi R_1 + \frac{1}{2}\pi R_2 \times 4 \times 2 + 2.5 + \frac{1}{2}\pi R_3 \times 4\right)$$

$$= 2 \times 1.5 \times \left(2.5 + \frac{1}{2} \times 3.14 \times 1.5 + \frac{1}{2} \times 3.14 \times 0.75 \times 8 + 2.5 + \frac{1}{2} \times 3.14 \times 1.25 \times 4\right)$$

$$= 73.88 \text{m}^2$$

（二）800mm×500mm 碳钢风管

$$S = 2 \times (0.8 + 0.4) \times \left(2.5 + \frac{1}{2}\pi R_1 \times 4 + 4.5 + \frac{1}{2}\pi R_2 \times 4\right)$$

$$= 2 \times 1.2 \times \left(2.5 + \frac{1}{2} \times 3.14 \times 0.75 \times 4 + 4.5 + \frac{1}{2} \times 3.14 \times 0.75 \times 4\right)$$

$$= 39.41 \text{m}^2$$

（三）630mm×400mm 碳钢风管

$$S = 2 \times (0.63 + 0.4) \times \left(0.875 + 3.75 + 7.25 + \frac{1}{2} \times 3.14 \times 0.625 \times 4 + 4.0\right) = 40.79 \text{m}^2$$

216

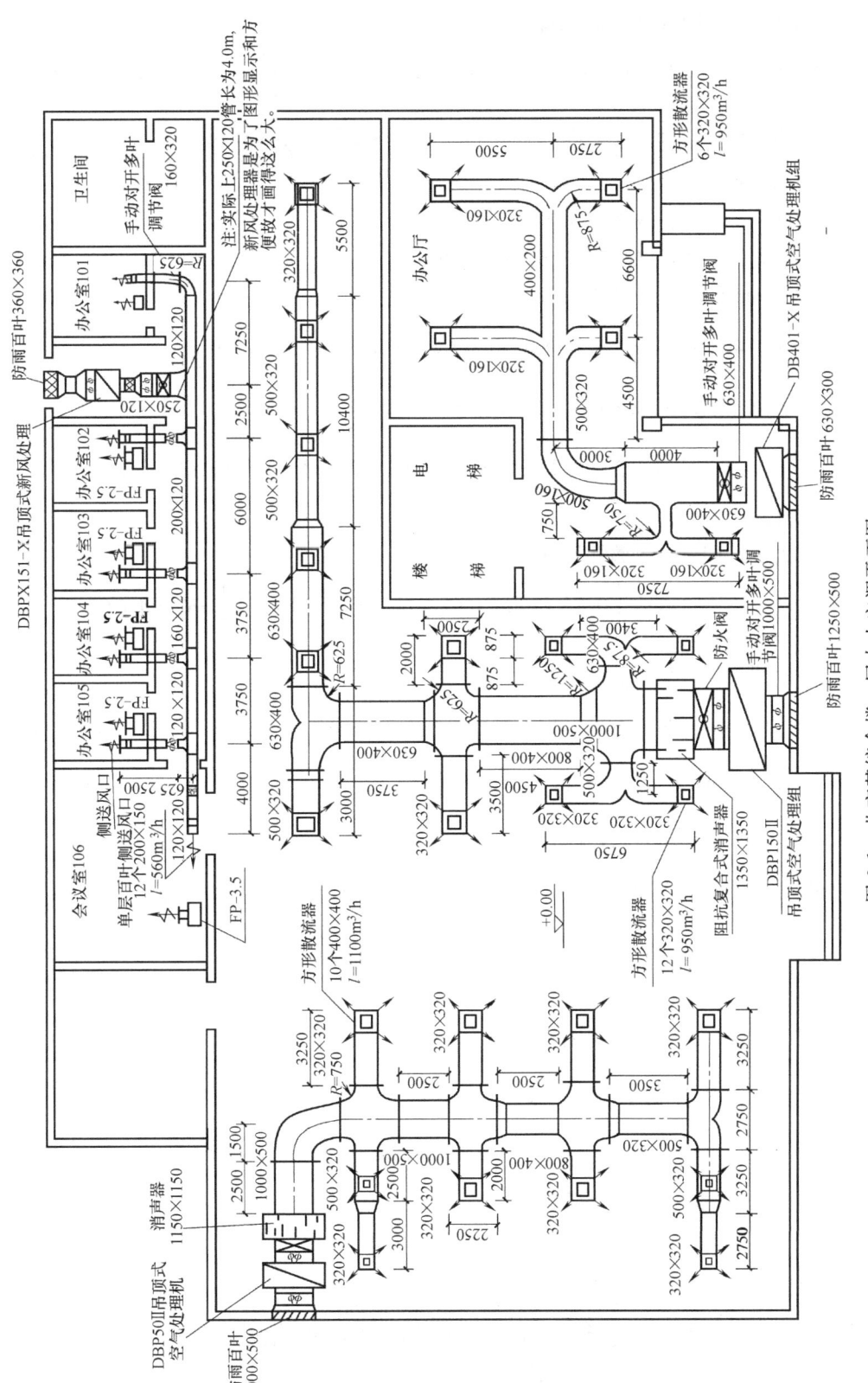

图 9-1　北京某综合楼一层中央空调平面图

（四）500mm×320mm 碳钢风管

$$S = 2 \times (0.5 + 0.32) \times \left(2.5 + 3.5 + 3.25 + \frac{1}{2}\pi R_1 \times 2 + 0.875 + 3.0 + 10.4 + \frac{1}{2}\pi R_2 \right)$$

$$= 2 \times 0.82 \times \left(9.25 + \frac{1}{2} \times 3.14 \times 0.725 \times 2 + 14.275 + \frac{1}{2} \times 3.14 \times 3.0 \right)$$

$$= 50.04 \text{m}^2$$

（五）400mm×200mm 碳钢风管

$$S = 2 \times (0.4 + 0.2) \times (4.5 + 6.6) = 13.32 \text{m}^2$$

（六）320mm×320mm 碳钢风管

$$S = 2 \times (0.32 + 0.32) \times \left[3.25 \times 4 + 3.0 + 2.0 \times 2 + 2.75 + 3.25 + \frac{1}{2} \right.$$

$$\left. \pi R_1 \times 4 + (6.75 - 2 \times R_1) \times 2 + 3.5 + 2.0 + 5.5 \right]$$

$$= 2 \times 0.64 \times \left[26.0 + \frac{1}{2} \times 3.14 \times 0.875 \times 4 + (6.75 - 2 \times 0.875) \times 2 + 11.0 \right]$$

$$= 67.19 \text{m}^2$$

（七）320mm×160mm 碳钢风管

$$S = 2 \times (0.32 + 0.16) \times \left[0.75 + \frac{1}{2}\pi R_1 \times 2 + (7.25 - 2 \times R_1) + \frac{1}{2}\pi R_2 \times 4 + (5.5 + 2.75 \right.$$

$$\left. + 2 \times R_2 - 0.4) \times 2 \right]$$

$$= 2 \times 0.48 \times \left[0.75 + \frac{1}{2} \times 3.14 \times 0.75 \times 2 + (7.25 - 2 \times 0.75) + \frac{1}{2} \times 3.14 \times 0.875 \times 4 \right.$$

$$\left. + (8.25 + 2 \times 0.875 - 0.4) \times 2 \right] = 25.49 \text{m}^2$$

（八）250mm×120mm 碳钢风管

$$S = 2 \times (0.25 + 0.12) \times \left[\frac{1}{2}\pi R + 4.0 + (2.5 - 2 \times R) \right]$$

$$= 2 \times 0.37 \times \left[\frac{1}{2} \times 3.14 \times 0.5 + 4.0 + (2.5 - 2 \times 0.5) \right]$$

$$= 4.65 \text{m}^2$$

（九）200mm×120mm 碳钢风管

$$S = 2 \times (0.2 + 0.12) \times \left[\frac{1}{2}\pi R + 4.0 + (2.5 - 2R) \right]$$

$$= 2 \times 0.37 \times \left[\frac{1}{2} \times 3.14 \times 0.5 + 4.0 + (2.5 - 2 \times 0.5) \right] = 4.65 \text{m}^2$$

（十）160mm×120mm 碳钢风管

$$S = 2 \times (0.16 + 0.12) \times (3.75 - 2 \times 0.5) = 1.54 \text{m}^2$$

（十一）120mm×120mm 碳钢风管

$$S = 2 \times (0.12 + 0.12) \times \left[\left(2.5 - \frac{0.5 - 0.24}{\text{手动对开多叶调节阀的长度}} \right) \times \right.$$

$$\left. 5 + \left(4.0 - 0.5 - 0.24 - \frac{0.5}{\text{弯头半径}} \right) + \right.$$

$$(3.75-2\times0.5)+(7.25-0.5-0.625)+1/2\times3.14\times0.625]$$

$$=10.28\text{m}^2$$

（十二）DBP150Ⅱ空气处理机组

DBP150Ⅱ空气处理机组为吊顶式，其制作安装工程量为 2 台。

（十三）DB401-X 空气处理机组

DB401-X 空气处理机组为吊顶式，其制作安装工程量为 1 台。

（十四）DBPX151-X 新风处理器

DBPX151-X 新风处理器为吊顶式，其制作安装工程量为 1 台。

（十五）风机盘管 FP-3.5

风机盘管 FP-3.5 的制作安装工程量为 1 台。

（十六）风机盘管 FP-2.5

风机盘管 FP-2.5 的制作安装工程量为 5 台。

（十七）手动对开多叶调节阀，1000mm×500mm

手动对开多叶调节阀（1000mm×500mm）的安装工程量为 4 个。

（十八）手动对开多叶调节阀，630mm×400mm

手动对开多叶调节阀（630mm×400mm）的安装工程量为 1 个。

（十九）手动对开多叶调节阀（250mm×320mm）的安装工程量为 7 个

（二十）风管防火阀（400mm×500mm）的安装工程量为 2 个

（二十一）风管防火阀（250mm×400mm）的安装工程量为 1 个

（二十二）风管防火阀（120mm×120mm）的安装工程量为 1 个

（二十三）（400mm×400mm）方形散流器的安装工程量为 10 个，$L=1100\text{m}^3/\text{h}$

（二十四）（320mm×320mm）方形散流器的工程量为 12+6=18 个，$L=950\text{m}^3/\text{h}$

（二十五）单层百叶侧送风口（200mm×150mm）的安装工程量为 12 个，$L=560\text{m}^3/\text{h}$

（二十六）防雨百叶风口（1250mm×500mm）的安装工程量为 1 个

（二十七）防雨百叶风口（1000mm×500mm）的安装工程量为 1 个

（二十八）防雨百叶风口（630mm×300mm）的安装工程量为 1 个

（二十九）防雨百叶风口（360mm×360mm）的安装工程量为 1 个

（三十）阻抗复合式消声器（1350mm×1350mm）的安装工程量为 1 个

（三十一）阻抗复合式消声器（1150mm×1150mm）的安装工程量为 1 个

清单工程量计算表见表 9-1～表 9-32。

分部分项工程量清单与计价表　　　　　　　　　　表 9-1

工程名称：　　　　　标段：　　　　　　　　　　　第　页　共　页

序号	项目编码	项目名称	项目特征描述	计量单位	工程量	金额（元）		
						综合单价	合价	其中：暂估价
1	030902001001	碳钢风管制作安装	1000mm×500mm	m²	73.88	193.58	14305.78	
2	030902001002	碳钢风管制作安装	800mm×400mm	m²	39.41	203.17	8004.77	
3	030902001003	碳钢风管制作安装	630mm×400mm	m²	40.79	206.96	8443.87	

续表

序号	项目编码	项目名称	项目特征描述	计量单位	工程量	金额(元)		
						综合单价	合价	其中:暂估价
4	030902001004	碳钢风管制作安装	500mm×320mm	m²	50.04	228.61	11430.40	
5	030902001005	碳钢风管制作安装	400mm×200mm	m²	13.32	258.32	3435.70	
6	030902001006	碳钢风管制作安装	320mm×320mm	m²	67.19	234.92	15786.70	
7	030902001007	碳钢风管制作安装	320mm×160mm	m²	25.49	260.12	6632.97	
8	030902001008	碳钢风管制作安装	250mm×120mm	m²	4.65	331.80	1526.29	
9	030902001009	碳钢风管制作安装	200mm×120mm	m²	3.20	361.12	1155.57	
10	030902001010	碳钢风管制作安装	160mm×120mm	m²	1.54	451.09	676.64	
11	030902001011	碳钢风管制作安装	120mm×120mm	m²	10.28	348.68	3591.43	
12	030901004001	空调器	DBP150Ⅱ,吊顶式	台	2	156.71	313.42	
13	030901004002	空调器	DB401-X,吊顶式	台	1	156.71	156.71	
14	030901004003	空调器	DBPX151-X,吊顶式	台	1	134.76	134.76	
15	030901005001	风机盘管	FP-3.5	台	1	160.70	160.70	
16	030901005002	风机盘管	FP-2.5	台	5	160.70	803.52	
17	030903001001	碳钢调节阀制作安装	手动对开多叶调节阀,1000mm×500mm	个	4	535.63	2142.52	
18	030903001002	碳钢调节阀制作安装	手动对开多叶调节阀,630mm×400mm	个	1	343.56	343.56	
19	030903001003	碳钢调节阀制作安装	手动对开多叶调节阀,250mm×320mm	个	7	230.19	1611.35	
20	030903001004	碳钢调节阀制作安装	风管防火阀,400mm×500mm	个	2	170.38	340.75	
21	030903001005	碳钢调节阀制作安装	风管防火阀,250mm×400mm	个	1	94.48	94.48	
22	030903001006	碳钢调节阀制作安装	风管防火阀,120mm×120mm	个	1	56.53	56.53	
23	030903007001	散流器制作安装	400mm×400mm,$L=1100m^3/h$	个	10	419.30	4193.01	
24	030903007002	散流器制作安装	320mm×320mm,$L=950m^3/h$	个	18	285.72	5142.96	
25	030903007003	碳钢风口制作安装	单层百叶,侧送,200mm×150mm,$L=560m^3/h$	个	12	59.19	710.24	
26	030903007004	碳钢风口制作安装	防雨百叶,1250mm×500mm	个	1	429.90	429.90	
27	030903007005	碳钢风口制作安装	防雨百叶,1000mm×500mm	个	1	354.70	354.70	
28	030903007006	碳钢风口制作安装	防雨百叶,630mm×630mm	个	1	251.22	251.22	

续表

序号	项目编码	项目名称	项目特征描述	计量单位	工程量	综合单价	合价	其中：暂估价
29	030903007007	碳钢风口制作安装	防雨百叶，360mm×360mm	个	1	155.03	155.03	
30	030903020001	消声器制作安装	阻抗复合式，1350mm×1350mm	kg	215.00	18.11	3893.33	
31	030903020002	消声器制作安装	阻抗复合式，1150mm×1150mm	kg	124.00	18.11	2245.45	

注：根据建设部、财政部发布的《建筑安装工程费用组成》(建标[2003]206号)的规定，为计取规费等的使用，可在表中增设其中："直接费"、"人工费"或"人工费＋机械费"。

工程量清单综合单价分析表　　　表 9-2

工程名称：　　　　标段：　　　　　　　　　第1页　共31页

项目编码	030902001001	项目名称	1000mm×500mm碳钢风管制作安装	计量单位	m²

清单综合单价组成明细

定额编号	定额名称	定额单位	数量	单价 人工费	材料费	机械费	管理费和利润	合价 人工费	材料费	机械费	管理费和利润
9-7	1000mm×500mm 风管制作安装	10m²	7.39	115.87	167.99	11.68	249.58	856.28	1241.45	86.32	1844.40
11-1943	1000mm×500mm 风管保温层	m³	6.78	58.98	352.09	6.75	127.04	399.88	2387.17	45.76	861.33
11-2155	1000mm×500mm 风管防潮层	10m²	9.12	10.91	0.20	—	23.50	99.50	1.82	—	214.32
11-2171	1000mm×500mm 风管保护层	10m²	18.24	95.90	0.58	2.83	206.57	1749.22	10.58	51.62	3767.84
11-51	1000mm×500mm 风管刷第一遍红丹防锈漆	10m²	7.39	6.27	1.07	—	13.50	46.34	7.91	—	99.76
11-52	1000mm×500mm 风管刷第二遍红丹防锈漆	10m²	7.39	6.27	0.96	—	13.50	46.34	7.09	—	99.76
人工单价		小 计						3197.56	3656.02	183.70	6887.41
23.22 元/工日		未计价材料费						381.09			
清单项目综合单价								14305.78/73.9＝193.58			

材料费明细	主要材料名称、规格、型号	单位	数量	单价(元)	合价(元)	暂估单价(元)	暂估合价(元)
	镀锌钢板，δ1	m²	11.380				
	理论重量	t	0.0893	4266.00	381.09		
	其他材料费						
	材料费小计						

221

工程量清单综合单价分析表

表 9-3

工程名称： 　　　　标段： 　　　　第 2 页　共 31 页

项目编码	030902001002	项目名称	800mm×400mm 碳钢风管制作安装		计量单位		m²

清单综合单价组成明细

定额 编号	定额名称	定额 单位	数量	单　价				合　价			
				人工费	材料费	机械费	管理费 和利润	人工费	材料费	机械费	管理费 和利润
9-7	800mm×400mm 风管 制作安装	10m²	3.94	115.87	167.99	11.68	249.58	456.53	661.88	43.02	983.34
11-1943	800mm×400mm 风管 保温层	m³	3.70	58.98	352.09	6.75	127.04	218.23	1302.73	24.98	470.05
11-2155	800mm×400mm 风管 防潮层	10m²	5.10	10.91	0.20	—	23.50	55.64	1.02	—	119.85
11-2171	800mm×400mm 风管 保护层	10m²	10.20	95.90	0.58	2.83	206.57	978.18	5.92	28.87	2107.01
11-51	800mm×400mm 风管 刷第一遍红丹防锈漆	10m²	3.94	6.27	1.07	—	13.50	24.70	4.22	—	53.19
11-52	800mm×400mm 风管 刷第二遍红丹防锈漆	10m²	3.94	6.27	0.96	—	13.50	24.70	3.78	—	53.19
人工单价			小　计					1757.98	1979.55	99.87	3786.28
23.22 元/工日			未计价材料费					381.09			
清单项目综合单价								8004.77/39.4＝203.17			

材 料 费 明 细	主要材料名称、规格、型号	单位	数量	单价 (元)	合价 (元)	暂估单 价(元)	暂估合 价(元)
	镀锌钢板,δ1	m²	11.380				
	理论重量	t	0.0893	4266.00	381.09		
	其他材料费						
	材料费小计						

工程量清单综合单价分析表

表 9-4

工程名称： 　　　　标段： 　　　　第 3 页　共 31 页

项目编码	030902001003	项目名称	630×400 碳钢风管制作安装		计量单位		m²

清单综合单价组成明细

定额 编号	定额名称	定额 单位	数量	单　价				合　价			
				人工费	材料费	机械费	管理费 和利润	人工费	材料费	机械费	管理费 和利润
9-7	630mm×400mm 风管 制作安装	10m²	4.08	115.87	167.99	11.68	249.58	472.75	685.40	47.65	1018.29
11-1943	630mm×400mm 风管 保温层	m³	3.91	58.98	352.09	6.75	127.04	230.61	1376.67	26.39	496.73
11-2155	630mm×400mm 风管 防潮层	10m²	5.47	10.91	0.20	—	23.50	59.68	1.09	—	128.54

续表

| 项目编码 | 030902001003 | 项目名称 | 630×400碳钢风管制作安装 | | 计量单位 | | m² |

清单综合单价组成明细

定额编号	定额名称	定额单位	数量	单价				合价			
				人工费	材料费	机械费	管理费和利润	人工费	材料费	机械费	管理费和利润
11-2171	630mm×400mm 风管保护层	10m²	10.95	95.90	0.58	2.83	206.57	1050.10	6.35	30.99	2261.94
11-51	630mm×400mm 风管刷第一遍红丹防锈漆	10m²	4.08	6.27	1.07	—	13.50	25.58	4.36	—	55.08
11-52	630mm×400mm 风管刷第二遍红丹防锈漆	10m²	4.08	6.27	0.96	—	13.50	25.58	3.92	—	55.08
人工单价		小 计						1864.30	2077.79	105.03	4015.66
23.22元/工日		未计价材料费						381.09			
清单项目综合单价								8443.87/40.8=206.96			

材料费明细	主要材料名称、规格、型号					单位	数量	单价（元）	合价（元）	暂估单价（元）	暂估合价（元）
	镀锌钢板，δ1					m²	11.380				
	理论重量					t	0.0893	4266.00	381.09		
	其他材料费										
	材料费小计										

工程量清单综合单价分析表　　　　　　　　表 9-5

工程名称：　　　　　　　标段：　　　　　　　　　　　　　　第4页　共31页

| 项目编码 | 030902001004 | 项目名称 | 500mm×320mm碳钢风管制作安装 | | 计量单位 | | m² |

清单综合单价组成明细

定额编号	定额名称	定额单位	数量	单价				合价			
				人工费	材料费	机械费	管理费和利润	人工费	材料费	机械费	管理费和利润
9-6	500mm×320mm 风管制作安装	10m²	5.00	154.18	213.52	19.35	332.10	770.90	1067.60	96.75	1660.50
11-1943	500mm×320mm 风管保温层	m³	4.97	58.98	352.09	6.75	127.04	293.13	1749.89	33.55	631.39
11-2155	500mm×320mm 风管防潮层	10m²	7.15	10.91	0.20	—	23.50	78.01	1.43	—	168.02
11-2171	500mm×320mm 风管保护层	10m²	14.31	95.90	0.58	2.83	206.57	1372.33	8.30	40.50	2956.02
11-51	500mm×320mm 风管刷第一遍红丹防锈漆	10m²	5.00	6.27	1.07	—	13.50	31.35	5.35	—	67.50
11-52	500mm×320mm 风管刷第二遍红丹防锈漆	10m²	5.00	6.27	0.96	—	13.50	31.35	4.80	—	67.50
人工单价		小 计						2577.07	2837.37	170.80	5550.93
23.22元/工日		未计价材料费						294.23			
清单项目综合单价								11430.40/50.0=228.61			

材料费明细	主要材料名称、规格、型号	单位	数量	单价（元）	合价（元）	暂估单价(元)	暂估合价(元)
	镀锌钢板,δ1	m²	11.380				
	理论重量	t	0.067	4391.5	294.23		
	其他材料费						
	材料费小计						

工程量清单综合单价分析表　　　　表 9-6

工程名称：　　　　　标段：　　　　　第 5 页　共 31 页

项目编码	030902001005	项目名称	400mm×200mm 碳钢风管制作安装		计量单位		m²

清单综合单价组成明细

定额编号	定额名称	定额单位	数量	单价				合价			
				人工费	材料费	机械费	管理费和利润	人工费	材料费	机械费	管理费和利润
9-6	400mm×200mm 风管制作安装	10m²	1.33	154.18	213.52	19.35	332.10	205.06	283.98	25.74	441.69
11-1943	400mm×200mm 风管保温层	m³	1.40	58.98	352.09	6.75	127.04	82.57	492.93	9.45	177.86
11-2155	400mm×200mm 风管防潮层	10m²	2.11	10.91	0.20	—	23.50	23.02	0.42	—	49.58
11-2171	400mm×200mm 风管保护层	10m²	4.23	95.90	0.58	2.83	206.57	405.66	2.45	11.97	873.79
11-51	400mm×200mm 风管刷第一遍红丹防锈漆	10m²	1.33	6.27	1.07	—	13.50	8.34	1.42	—	17.96
11-52	400mm×200mm 风管刷第二遍红丹防锈漆	10m²	1.33	6.27	0.96	—	13.50	8.34	1.28	—	17.96
人工单价		小计						732.99	782.48	47.16	1578.84
23.22 元/工日		未计价材料费						294.23			
清单项目综合单价								3435.70/13.3＝258.32			

材料费明细	主要材料名称、规格、型号	单位	数量	单价（元）	合价（元）	暂估单价(元)	暂估合价(元)
	镀锌钢板,δ0.75	m²	11.380				
	理论重量	t	0.067	4391.5	294.23		
	其他材料费						
	材料费小计						

工程量清单综合单价分析表　　　　　　　表 9-7

工程名称：　　　　　　标段：　　　　　　　　第 6 页　共 31 页

项目编码	030902001006	项目名称	320mm×320mm 碳钢风管制作安装	计量单位	m²

清单综合单价组成明细

定额编号	定额名称	定额单位	数量	单价 人工费	材料费	机械费	管理费和利润	合价 人工费	材料费	机械费	管理费和利润
9-6	320mm×320mm 风管制作安装	10m²	6.72	154.18	213.52	19.35	332.10	1036.09	1434.85	130.03	2231.71
11-1943	320mm×320mm 风管保温层	m³	6.99	58.98	352.09	6.75	127.04	412.27	2461.11	47.18	888.01
11-2155	320mm×320mm 风管防潮层	10m²	10.42	10.91	0.20	—	23.50	113.68	2.08	—	244.87
11-2171	320mm×320mm 风管保护层	10m²	20.84	95.90	0.58	2.83	206.57	1998.56	12.09	58.98	4304.92
11-51	320mm×320mm 风管刷第一遍红丹防锈漆	10m²	6.72	6.27	1.07	—	13.50	42.13	7.19	—	9.07
11-52	320mm×320mm 风管刷第二遍红丹防锈漆	10m²	6.72	6.27	0.96	—	13.50	42.13	6.45	—	9.07
人工单价			小　计					3644.86	3923.77	236.19	7687.65
23.22 元/工日			未计价材料费					294.23			
清单项目综合单价								15786.70/67.2＝234.92			

	主要材料名称、规格、型号				单位	数量	单价（元）	合价（元）	暂估单价（元）	暂估合价（元）
材料费明细	镀锌钢板，δ0.75				m²	11.380				
	理论重量				t	0.067	4391.5	294.23		
	其他材料费									
	材料费小计									

工程量清单综合单价分析表　　　　　　　表 9-8

工程名称：　　　　　　标段：　　　　　　　　第 7 页　共 31 页

项目编码	030902001007	项目名称	320mm×160mm 碳钢风管制作安装	计量单位	m²

清单综合单价组成明细

定额编号	定额名称	定额单位	数量	单价 人工费	材料费	机械费	管理费和利润	合价 人工费	材料费	机械费	管理费和利润
9-6	320mm×160mm 风管制作安装	10m²	2.55	154.18	213.52	19.35	332.10	393.16	544.48	49.34	846.86
11-1943	320mm×160mm 风管保温层	m³	2.83	58.98	352.09	6.75	127.04	166.91	996.41	19.10	359.52

续表

项目编码	030902001007	项目名称	320mm×160mm 碳钢风管制作安装	计量单位	m²

清单综合单价组成明细

定额编号	定额名称	定额单位	数量	单价 人工费	单价 材料费	单价 机械费	单价 管理费和利润	合价 人工费	合价 材料费	合价 机械费	合价 管理费和利润
11-2155	320mm×160mm 风管防潮层	10m²	4.42	10.91	0.20	—	23.50	48.22	0.88	—	103.87
11-2171	320mm×160mm 风管保护层	10m²	8.84	95.90	0.58	2.83	206.57	847.76	5.13	25.02	1826.08
11-51	320mm×160mm 风管刷第一遍红丹防锈漆	10m²	2.55	6.27	1.07	—	13.50	15.99	2.73	—	34.42
11-52	320mm×160mm 风管刷第二遍红丹防锈漆	10m²	2.55	6.27	0.96	—	13.50	15.99	2.45	—	34.42
人工单价		小 计						1488.03	1552.08	93.46	3205.17
23.22 元/工日		未计价材料费						294.23			
清单项目综合单价								6632.97/25.5=260.12			

材料费明细	主要材料名称、规格、型号	单位	数量	单价(元)	合价(元)	暂估单价(元)	暂估合价(元)
	镀锌钢板,δ0.75	m²	11.380				
	理论重量	t	0.067	4391.5	294.23		
	其他材料费						
	材料费小计						

工程量清单综合单价分析表 表 9-9

工程名称： 标段： 第 8 页 共 31 页

项目编码	030902001008	项目名称	250mm×120mm 碳钢风管制作安装	计量单位	m²

清单综合单价组成明细

定额编号	定额名称	定额单位	数量	单价 人工费	单价 材料费	单价 机械费	单价 管理费和利润	合价 人工费	合价 材料费	合价 机械费	合价 管理费和利润
9-5	250mm×120mm 风管制作安装	10m²	0.46	211.77	196.98	32.90	456.15	97.41	90.61	15.13	209.83
11-1943	250mm×120mm 风管保温层	m³	0.56	58.98	352.09	6.75	127.04	33.03	197.17	3.78	71.14
11-2155	250mm×120mm 风管防潮层	10m²	0.91	10.91	0.20	—	23.50	9.93	0.18	—	21.38

续表

项目编码	030902001008	项目名称	250mm×120mm 碳钢风管制作安装		计量单位			m²	

清单综合单价组成明细

定额编号	定额名称	定额单位	数量	单价				合价			
				人工费	材料费	机械费	管理费和利润	人工费	材料费	机械费	管理费和利润
11-2171	250mm×120mm 风管保护层	10m²	1.81	95.90	0.58	2.83	206.57	173.58	1.05	5.12	373.89
11-51	250mm×120mm 风管刷第一遍红丹防锈漆	10m²	0.46	6.27	1.07	—	13.50	2.88	0.49	—	6.21
11-52	250mm×120mm 风管刷第二遍红丹防锈漆	10m²	0.46	6.27	0.96	—	13.50	2.88	0.44	—	6.21
人工单价		小　计						319.71	289.94	24.03	688.66
23.22 元/工日		未计价材料费						203.95			
清单项目综合单价								1526.29/4.6＝331.80			

材料费明细	主要材料名称、规格、型号	单位	数量	单价(元)	合价(元)	暂估单价(元)	暂估合价(元)
	镀锌钢板,δ0.5	m²	11.380				
	理论重量	t	0.0447	4566.00	203.95		
	其他材料费						
	材料费小计						

工程量清单综合单价分析表　　　　表 9-10

工程名称：　　　　标段：　　　　第9页　共31页

项目编码	030902001009	项目名称	200mm×120mm 碳钢风管制作安装		计量单位			m²	

清单综合单价组成明细

定额编号	定额名称	定额单位	数量	单价				合价			
				人工费	材料费	机械费	管理费和利润	人工费	材料费	机械费	管理费和利润
9-5	200mm×120mm 风管制作安装	10m²	0.32	211.77	196.98	32.90	456.15	67.77	63.03	10.53	145.97
11-1943	200mm×120mm 风管保温层	m³	0.40	58.98	352.09	6.75	127.04	23.59	140.84	2.70	50.82
11-2155	200mm×120mm 风管防潮层	10m²	0.67	10.91	0.20	—	23.50	7.31	0.13	—	15.74
11-2171	200mm×120mm 风管保护层	10m²	1.34	95.90	0.58	2.83	206.57	128.51	0.78	3.79	276.80

续表

项目编码	030902001009	项目名称	200mm×120mm 碳钢风管制作安装		计量单位		m²

清单综合单价组成明细

定额 编号	定额名称	定额 单位	数量	单 价				合 价			
				人工费	材料费	机械费	管理费 和利润	人工费	材料费	机械费	管理费 和利润
11-51	200mm×120mm 风管 刷第一遍红丹防锈漆	10m²	0.32	6.27	1.07	—	13.50	2.01	0.34	—	4.32
11-52	200mm×120mm 风管 刷第二遍红丹防锈漆	10m²	0.32	6.27	0.96	—	13.50	2.01	0.31	—	4.32
	人工单价				小　计			231.20	205.43	17.02	497.97
	23.22 元/工日				未计价材料费				203.95		
	清单项目综合单价							1155.57/3.2＝361.12			

	主要材料名称、规格、型号			单位	数量	单价 (元)	合价 (元)	暂估单 价(元)	暂估合 价(元)
材 料 费 明 细	镀锌钢板，δ0.5			m²	11.380				
	理论重量			t	0.0447	4566.00	203.95		
	其他材料费								
	材料费小计								

工程量清单综合单价分析表

表 9-11

工程名称：　　　　　　标段：

项目编码	030902001010	项目名称	160mm×120mm 碳钢风管制作安装		计量单位		m²

清单综合单价组成明细

定额 编号	定额名称	定额 单位	数量	单 价				合 价			
				人工费	材料费	机械费	管理费 和利润	人工费	材料费	机械费	管理费 和利润
9-5	160mm×120mm 风管 制作安装	10m²	0.15	211.77	196.98	32.90	456.15	31.76	29.55	4.94	68.42
11-1943	160mm×120mm 风管 保温层	m³	0.20	58.98	352.09	6.75	127.04	11.80	70.42	1.35	25.41
11-2155	160mm×120mm 风管 防潮层	10m²	0.34	10.91	0.20	—	23.50	3.71	0.068	—	7.99
11-2171	160mm×120mm 风管 保护层	10m²	0.69	95.90	0.58	2.83	206.57	66.17	0.40	1.95	142.53
11-51	160mm×120mm 风管 刷第一遍红丹防锈漆	10m²	0.15	6.27	1.07	—	13.50	0.94	0.16	—	2.02

续表

| 项目编码 | 030902001010 | 项目名称 | 160mm×120mm 碳钢风管制作安装 | | 计量单位 | | m² |

清单综合单价组成明细

定额编号	定额名称	定额单位	数量	单价				合价			
				人工费	材料费	机械费	管理费和利润	人工费	材料费	机械费	管理费和利润
11-52	160mm×120mm 风管刷第二遍红丹防锈漆	10m²	0.15	6.27	0.96	—	13.50	0.94	0.14	—	2.02
人工单价		小　计						115.32	100.74	8.24	248.39
23.22 元/工日		未计价材料费						203.95			
清单项目综合单价								676.64/1.5＝451.09			

	主要材料名称、规格、型号		单位	数量	单价(元)	合价(元)	暂估单价(元)	暂估合价(元)
材料费明细	镀锌钢板,δ0.5		m²	11.380				
	理论重量		t	0.0447	4566.00	203.95		
	其他材料费							
	材料费小计							

工程量清单综合单价分析表　　　　　　表 9-12

工程名称：　　　　　　标段：　　　　　　第 11 页　共 31 页

| 项目编码 | 030902001011 | 项目名称 | 120mm×120mm 碳钢风管制作安装 | | 计量单位 | | m² |

清单综合单价组成明细

定额编号	定额名称	定额单位	数量	单价				合价			
				人工费	材料费	机械费	管理费和利润	人工费	材料费	机械费	管理费和利润
9-5	120mm×120mm 风管制作安装	10m²	1.03	211.77	196.98	32.90	456.15	218.12	202.89	32.89	469.83
11-1943	120mm×120mm 风管保温层	m³	1.43	58.98	352.09	6.75	127.04	84.34	503.49	9.65	181.67
11-2155	120mm×120mm 风管防潮层	10m²	2.54	10.91	0.20	—	23.50	27.71	0.51	—	59.69
11-2171	120mm×120mm 风管保护层	10m²	5.08	95.90	0.58	2.83	206.57	487.17	2.95	14.38	1049.38
11-51	120mm×120mm 风管刷第一遍红丹防锈漆	10m²	1.03	6.27	1.07	—	13.50	6.46	1.10	—	13.90
11-52	120mm×120mm 风管刷第二遍红丹防锈漆	10m²	1.03	6.27	0.96	—	13.50	6.46	0.99	—	13.90
人工单价		小　计						830.26	711.93	56.92	1788.37
23.22 元/工日		未计价材料费						203.95			
清单项目综合单价								3591.43/10.3＝348.68			

材料费明细	主要材料名称、规格、型号	单位	数量	单价（元）	合价（元）	暂估单价(元)	暂估合价(元)
	镀锌钢板，δ0.5	m²	11.380				
	理论重量	t	0.0447	4566.00	203.95		
	其他材料费						
	材料费小计						

工程量清单综合单价分析表

表 9-13

工程名称： 　标段： 　第 12 页 共 31 页

项目编码	030901003001	项目名称	DBP150Ⅱ空调器	计量单位	台

清单综合单价组成明细

定额编号	定额名称	定额单位	数量	单价				合价			
				人工费	材料费	机械费	管理费和利润	人工费	材料费	机械费	管理费和利润
9-236	DBP150Ⅱ空调器	台	2	48.76	2.92	—	105.03	97.52	5.84	—	210.06
	人工单价			小　计				97.52	5.84	—	210.06
	23.22元/工日			未计价材料费				0			
	清单项目综合单价							313.42/2=156.71			

材料费明细	主要材料名称、规格、型号	单位	数量	单价（元）	合价（元）	暂估单价(元)	暂估合价(元)
	其他材料费						
	材料费小计						

工程量清单综合单价分析表

表 9-14

工程名称： 　标段： 　第 13 页 共 31 页

项目编码	030901003002	项目名称	DB401-X空调器	计量单位	台

清单综合单价组成明细

定额编号	定额名称	定额单位	数量	单价				合价			
				人工费	材料费	机械费	管理费和利润	人工费	材料费	机械费	管理费和利润
9-236	DB401-X空调器	台	1	48.76	2.92	—	105.03	48.76	2.92	—	105.03
	人工单价			小　计				48.76	2.92	—	105.03
	23.22元/工日			未计价材料费				0			
	清单项目综合单价							156.71			

材料费明细	主要材料名称、规格、型号	单位	数量	单价(元)	合价(元)	暂估单价(元)	暂估合价(元)
	其他材料费						
	材料费小计						

工程量清单综合单价分析表　　表 9-15

工程名称：　　　　标段：　　　　第 14 页　共 31 页

项目编码	030901003003	项目名称	DBPX151-X 空调器	计量单位	台

清单综合单价组成明细

定额编号	定额名称	定额单位	数量	单价				合价			
				人工费	材料费	机械费	管理费和利润	人工费	材料费	机械费	管理费和利润
9-235	DBPX151-X 空调器	台	1	41.80	2.92	—	90.04	41.80	2.92	—	90.04
	人工单价			小　计				41.80	2.92	—	90.04
	23.22元/工日			未计价材料费				0			
	清单项目综合单价							134.76			

材料费明细	主要材料名称、规格、型号	单位	数量	单价(元)	合价(元)	暂估单价(元)	暂估合价(元)
	其他材料费						
	材料费小计						

工程量清单综合单价分析表　　表 9-16

工程名称　　　　标段：　　　　第 15 页　共 31 页

项目编码	030901004001	项目名称	风机盘管 FP-3.5	计量单位	台

清单综合单价组成明细

定额编号	定额名称	定额单位	数量	单价				合价			
				人工费	材料费	机械费	管理费和利润	人工费	材料费	机械费	管理费和利润
9-245	风机盘管 FP-3.5	台	1	28.79	66.11	3.79	62.01	28.79	66.11	3.79	62.01
	人工单价			小　计				28.79	66.11	3.79	62.01
	23.22元/工日			未计价材料费				0			
	清单项目综合单价							160.70			

材料费明细	主要材料名称、规格、型号	单位	数量	单价(元)	合价(元)	暂估单价(元)	暂估合价(元)
	其他材料费						
	材料费小计						

工程量清单综合单价分析表 表 9-17

工程名称：　　　　　　标段：　　　　　　第 16 页　共 31 页

项目编码	030901005002	项目名称	风机盘管 FP-2.5	计量单位		台

清单综合单价组成明细

定额编号	定额名称	定额单位	数量	单价				合价			
				人工费	材料费	机械费	管理费和利润	人工费	材料费	机械费	管理费和利润
9-245	风机盘管 FP-2.5	台	5	28.79	66.11	3.79	62.01	143.95	330.55	18.95	310.07
人工单价			小　计					143.95	330.55	18.95	310.07
23.22 元/工日			未计价材料费					0			
清单项目综合单价								803.52/5＝160.70			

材料费明细	主要材料名称、规格、型号		单位	数量	单价（元）	合价（元）	暂估单价(元)	暂估合价(元)
	其他材料费							
	材料费小计							

工程量清单综合单价分析表 表 9-18

工程名称：　　　　　　标段：　　　　　　第 17 页　共 31 页

项目编码	030903001001	项目名称	碳钢调节阀制作安装	计量单位		个

清单综合单价组成明细

定额编号	定额名称	定额单位	数量	单价				合价			
				人工费	材料费	机械费	管理费和利润	人工费	材料费	机械费	管理费和利润
9-62	手动对开多叶调节阀(1000mm×500mm)制作	100kg	1.04	344.58	546.37	212.34	742.22	358.36	568.22	220.83	771.91
9-85	手动对开多叶调节阀(1000mm×500mm)安装	个	4	11.61	19.18	—	25.01	46.44	76.72	—	100.04
人工单价			小　计					404.80	644.94	220.83	871.95
23.22 元/工日			未计价材料费					0			
清单项目综合单价								2142.52/4＝535.63			

材料费明细	主要材料名称、规格、型号		单位	数量	单价（元）	合价（元）	暂估单价(元)	暂估合价(元)
	其他材料费							
	材料费小计							

工程量清单综合单价分析表　　表 9-19

工程名称：　　　　标段：　　　　第 18 页　共 31 页

项目编码	030903001002	项目名称	碳钢调节阀制作安装	计量单位		个

清单综合单价组成明细

定额编号	定额名称	定额单位	数量	单价				合价			
				人工费	材料费	机械费	管理费和利润	人工费	材料费	机械费	管理费和利润
9-62	手动对开多叶调节阀(630mm×400mm)制作	100kg	0.16	344.58	546.37	212.34	742.22	55.13	87.42	33.97	118.76
9-84	手动对开多叶调节阀(630mm×400mm)安装	个	1	10.45	15.32	—	22.51	10.45	15.32	—	22.51
人工单价			小　计					65.88	102.74	33.97	141.27
23.22 元/工日			未计价材料费					0			
清单项目综合单价								343.56			

材料费明细	主要材料名称、规格、型号			单位	数量	单价(元)	合价(元)	暂估单价(元)	暂估合价(元)
	其他材料费								
	材料费小计								

工程量清单综合单价分析表　　表 9-20

工程名称：　　　　标段：　　　　第 19 页　共 31 页

项目编码	030903001003	项目名称	碳钢调节阀制作安装	计量单位		个

清单综合单价组成明细

定额编号	定额名称	定额单位	数量	单价				合价			
				人工费	材料费	机械费	管理费和利润	人工费	材料费	机械费	管理费和利润
9-62	手动对开多叶调节阀(250mm×320mm)制作	100kg	0.69	344.58	546.37	212.34	742.22	237.76	376.99	146.51	512.13
9-84	手动对开多叶调节阀(250mm×320mm)安装	个	7	10.45	15.32	—	22.51	73.15	107.24	—	157.57
人工单价			小　计					310.91	484.23	143.51	669.70
23.22 元/工日			未计价材料费					0			
清单项目综合单价								1611.35/7＝230.19			

材料费明细	主要材料名称、规格、型号			单位	数量	单价(元)	合价(元)	暂估单价(元)	暂估合价(元)
	其他材料费								
	材料费小计								

工程量清单综合单价分析表
表 9-21

第 20 页　共 31 页

工程名称：		标段：									

项目编码	030903001004	项目名称	碳钢调节阀制作安装		计量单位				个		

清单综合单价组成明细

定额编号	定额名称	定额单位	数量	单价				合价			
				人工费	材料费	机械费	管理费和利润	人工费	材料费	机械费	管理费和利润
9-65	风管防火阀（400mm×500mm）制作	100kg	0.31	134.21	394.33	85.90	289.09	41.60	122.24	26.63	89.62
9-88	风管防火阀（400mm×500mm）安装	个	2	4.88	14.94	—	10.51	9.76	29.88	—	21.02
人工单价		小　计						51.36	152.12	26.63	110.64
23.22 元/工日		未计价材料费						0			
清单项目综合单价								340.75/2＝170.38			

材料费明细	主要材料名称、规格、型号				单位	数量	单价(元)	合价(元)	暂估单价(元)	暂估合价(元)
	其他材料费									
	材料费小计									

工程量清单综合单价分析表
表 9-22

第 21 页　共 31 页

工程名称：		标段：									

项目编码	030903001005	项目名称	碳钢调节阀制作安装		计量单位				个		

清单综合单价组成明细

定额编号	定额名称	定额单位	数量	单价				合价			
				人工费	材料费	机械费	管理费和利润	人工费	材料费	机械费	管理费和利润
9-65	风管防火阀（250mm×400mm）制作	100kg	0.071	134.21	394.33	85.90	289.09	9.53	28.00	6.10	20.52
9-88	风管防火阀（250mm×400mm）安装	个	1	4.88	14.94	—	10.51	4.88	14.94	—	10.51
人工单价		小　计						14.41	42.94	6.10	31.03
23.22 元/工日		未计价材料费						0			
清单项目综合单价								94.48			

材料费明细	主要材料名称、规格、型号				单位	数量	单价(元)	合价(元)	暂估单价(元)	暂估合价(元)
	其他材料费									
	材料费小计									

工程量清单综合单价分析表

表 9-23

工程名称： 标段： 第 22 页 共 31 页

| 项目编码 | 030903001006 | 项目名称 | 碳钢调节阀制作安装 | 计量单位 | 个 |

清单综合单价组成明细

定额编号	定额名称	定额单位	数量	单价				合价			
				人工费	材料费	机械费	管理费和利润	人工费	材料费	机械费	管理费和利润
9-65	风管防火阀(120mm×120mm)制作	100kg	0.029	134.21	394.33	85.90	289.09	3.89	11.44	2.49	8.38
9-88	风管防火阀(120mm×120mm)安装	个	1	4.88	14.94	—	10.51	4.88	14.94	—	10.51
人工单价		小　计						8.77	26.38	2.49	18.89
23.22 元/工日		未计价材料费						0			
清单项目综合单价								56.53			

材料费明细	主要材料名称、规格、型号				单位	数量	单价(元)	合价(元)	暂估单价(元)	暂估合价(元)
	其他材料费									
	材料费小计									

工程量清单综合单价分析表

表 9-24

工程名称： 标段： 第 23 页 共 31 页

| 项目编码 | 030903007001 | 项目名称 | 散流器制作安装 | 计量单位 | 个 |

清单综合单价组成明细

定额编号	定额名称	定额单位	数量	单价				合价			
				人工费	材料费	机械费	管理费和利润	人工费	材料费	机械费	管理费和利润
9-113	散流器（400mm×400mm)制作	100kg	0.89	811.77	584.07	304.80	1748.55	1556.21	519.82	271.27	1556.21
9-148	散流器（400mm×400mm)安装	个	10	8.36	2.58	—	18.01	83.60	25.80	—	180.10
人工单价		小　计						1639.81	545.62	271.27	1736.31
23.22 元/工日		未计价材料费						0			
清单项目综合单价								4193.01/10＝419.30			

材料费明细	主要材料名称、规格、型号				单位	数量	单价(元)	合价(元)	暂估单价(元)	暂估合价(元)
	其他材料费									
	材料费小计									

工程量清单综合单价分析表

表 9-25

第 24 页　共 31 页

项目编码	030903007002	项目名称	散流器制作安装	计量单位		个

清单综合单价组成明细

定额编号	定额名称	定额单位	数量	单价				合价			
				人工费	材料费	机械费	管理费和利润	人工费	材料费	机械费	管理费和利润
9-113	散流器（320mm×320mm)制作	100kg	1.34	811.77	584.07	304.80	1748.55	1087.77	782.65	408.43	2343.06
9-148	散流器（320mm×320mm)安装	个	18	8.36	2.58	—	18.01	150.48	46.44	—	324.13
人工单价		小　计						1238.25	829.09	408.43	2667.19
23.22 元/工日		未计价材料费						0			
清单项目综合单价								5142.96/18＝285.72			

材料费明细	主要材料名称、规格、型号	单位	数量	单价（元）	合价（元）	暂估单价(元)	暂估合价(元)
	其他材料费						
	材料费小计						

工程量清单综合单价分析表

表 9-26

第 25 页　共 31 页

项目编码	030903007003	项目名称	碳钢风口制作安装	计量单位		个

清单综合单价组成明细

定额编号	定额名称	定额单位	数量	单价				合价			
				人工费	材料费	机械费	管理费和利润	人工费	材料费	机械费	管理费和利润
9-94	单层百叶侧送风口（200mm×150mm)制作	100kg	0.10	1477.95	520.88	15.64	3183.50	147.80	52.09	1.56	618.35
9-133	单层百叶侧送风口（200mm×150mm)安装	个	12	4.18	2.47	0.22	9.00	50.16	29.64	2.64	108.00
人工单价		小　计						197.96	81.73	4.20	426.35
23.22 元/工日		未计价材料费						0			
清单项目综合单价								710.24/12＝59.19			

材料费明细	主要材料名称、规格、型号	单位	数量	单价（元）	合价（元）	暂估单价(元)	暂估合价(元)
	其他材料费						
	材料费小计						

工程量清单综合单价分析表

表 9-27

第 26 页 共 31 页

工程名称： 标段：

项目编码	030903007004	项目名称	碳钢风口制作安装	计量单位	个

清单综合单价组成明细

定额编号	定额名称	定额单位	数量	单价				合价			
				人工费	材料费	机械费	管理费和利润	人工费	材料费	机械费	管理费和利润
9-93	防雨百叶风口(1250mm×500mm)制作	100kg	0.076	1230.89	626.21	193.73	2651.34	93.55	47.59	14.72	201.50
9-137	防雨百叶风口(1250mm×500mm)安装	个	1	20.43	7.88	0.22	44.01	20.43	7.88	0.22	44.01
人工单价		小 计						113.98	55.47	14.94	245.51
23.22元/工日		未计价材料费						0			
清单项目综合单价								429.90			

材料费明细	主要材料名称、规格、型号				单位	数量	单价(元)	合价(元)	暂估单价(元)	暂估合价(元)
	其他材料费									
	材料费小计									

工程量清单综合单价分析表

表 9-28

第 27 页 共 31 页

工程名称： 标段：

项目编码	030903007005	项目名称	碳钢风口制作安装	计量单位	个

清单综合单价组成明细

定额编号	定额名称	定额单位	数量	单价				合价			
				人工费	材料费	机械费	管理费和利润	人工费	材料费	机械费	管理费和利润
9-93	防雨百叶风口(1000mm×500mm)制作	100kg	0.060	1230.89	626.21	193.73	2651.34	73.85	37.57	11.62	159.08
9-137	防雨百叶风口(1000mm×500mm)安装	个	1	20.43	7.88	0.22	44.01	20.43	7.88	0.22	44.01
人工单价		小 计						94.28	45.45	11.88	203.09
23.22元/工日		未计价材料费						0			
清单项目综合单价								354.70			

材料费明细	主要材料名称、规格、型号				单位	数量	单价(元)	合价(元)	暂估单价(元)	暂估合价(元)
	其他材料费									
	材料费小计									

工程量清单综合单价分析表

表 9-29

工程名称：　　　　　　标段：　　　　　　第 27 页　共 31 页

| 项目编码 | 030903007006 | 项目名称 | | 碳钢风口制作安装 | | 计量单位 | | 个 | | |

清单综合单价组成明细

定额编号	定额名称	定额单位	数量	单价				合价			
				人工费	材料费	机械费	管理费和利润	人工费	材料费	机械费	管理费和利润
9-93	防雨百叶风口(630mm×630mm)制作	100kg	0.038	1230.89	626.21	193.73	2651.34	46.77	23.80	7.36	100.75
9-137	防雨百叶风口(630mm×630mm)安装	个	1	20.43	7.88	0.22	44.01	20.43	7.88	0.22	44.01
人工单价			小　计					67.20	31.68	7.58	144.76
23.22 元/工日			未计价材料费					0			
清单项目综合单价								251.22			

材料费明细	主要材料名称、规格、型号	单位	数量	单价(元)	合价(元)	暂估单价(元)	暂估合价(元)
	其他材料费						
	材料费小计						

工程量清单综合单价分析表

表 9-30

工程名称：　　　　　　标段：　　　　　　第 29 页　共 31 页

| 项目编码 | 030903007007 | 项目名称 | | 碳钢风口制作安装 | | 计量单位 | | 个 | | |

清单综合单价组成明细

定额编号	定额名称	定额单位	数量	单价				合价			
				人工费	材料费	机械费	管理费和利润	人工费	材料费	机械费	管理费和利润
9-93	防雨百叶风口(360mm×360mm)制作	100kg	0.025	1230.89	626.21	193.73	2651.34	30.77	15.66	4.84	66.28
9-135	防雨百叶风口(360mm×360mm)安装	个	1	10.45	4.30	0.22	22.51	10.45	4.30	0.22	22.51
人工单价			小　计					41.22	19.96	5.06	88.79
23.22 元/工日			未计价材料费					0			
清单项目综合单价								155.03			

材料费明细	主要材料名称、规格、型号	单位	数量	单价(元)	合价(元)	暂估单价(元)	暂估合价(元)
	其他材料费						
	材料费小计						

工程量清单综合单价分析表　　　　表 9-31

工程名称：　　　　标段：　　　　第 30 页　共 31 页

项目编码	030903020001	项目名称	消声器制作安装	计量单位		kg

清单综合单价组成明细

定额编号	定额名称	定额单位	数量	单价				合价			
				人工费	材料费	机械费	管理费和利润	人工费	材料费	机械费	管理费和利润
9-200	阻抗式复合消声器（1350mm×1350mm）制作安装	100kg	2.15	385.71	585.05	9.27	830.82	829.28	1257.86	19.93	1786.26
	人工单价			小　计				829.28	1257.86	19.93	1786.26
	23.22 元/工日			未计价材料费				0			
	清单项目综合单价							3893.33/215＝18.11			

材料费明细	主要材料名称、规格、型号				单位	数量	单价（元）	合价（元）	暂估单价（元）	暂估合价（元）
	其他材料费									
	材料费小计									

工程量清单综合单价分析表　　　　表 9-32

工程名称：　　　　标段：　　　　第 31 页　共 31 页

项目编码	030903020002	项目名称	消声器制作安装	计量单位		kg

清单综合单价组成明细

定额编号	定额名称	定额单位	数量	单价				合价			
				人工费	材料费	机械费	管理费和利润	人工费	材料费	机械费	管理费和利润
9-200	阻抗式复合消声器（1150mm×1150mm）制作安装	100kg	1.24	385.71	585.05	9.27	830.82	478.28	725.46	11.49	1030.22
	人工单价			小　计				478.28	725.46	11.49	1030.22
	23.22 元/工日			未计价材料费				0			
	清单项目综合单价							2245.45/124＝18.11			

材料费明细	主要材料名称、规格、型号				单位	数量	单价（元）	合价（元）	暂估单价（元）	暂估合价（元）
	其他材料费									
	材料费小计									

二、定额工程量

通风管道、调节阀、风口的定额工程量计算同清单中与之对应的工程量。

（一）1000mm×500mm 碳钢风管制作安装

1. 保温层工程量

$V = 2 \times [(A+1.033\delta)+(B+1.033\delta)] \times 1.033\delta \times L$

$= 2 \times [(1.0+1.033\times0.08)+(0.5+1.033\times0.08)] \times 1.033\times0.08\times24.62$

$= 6.78\text{m}^3$

2. 防潮层工程量

$S = 2 \times [(A+2.1\delta+0.0082)+(B+2.1\delta+0.0082)] \times L$

$= 2 \times [(1.0+2.1\times0.08+0.0082)+(0.5+2.1\times0.08+0.0082)] \times 24.62$

$= 91.21\text{m}^2$

3. 保护层工程量

$S = 2 \times [(A+2.1\delta+0.0082)+(B+2.1\delta+0.0082)] \times L \times 2$

$= 2 \times [(1.0+2.1\times0.08+0.0082)+(0.5+2.1\times0.08+0.0082)] \times 24.62 \times 2$

$= 182.42\text{m}^2$

4. 刷第一道红丹防锈漆工程量

$S = 2 \times (A+B) \times L = 2 \times (1.0+0.5) \times 24.62 = 73.86\text{m}^2$

5. 刷第二道红丹防锈漆工程量

$S = 2 \times (A+B) \times L = 73.86\text{m}^2$

（二）800mm×400mm 碳钢风管制作安装

1. 保温层工程量

$V = 2 \times [(A+1.033\delta)+(B+1.033\delta)] \times 1.033\delta \times L$

$= 2 \times [(0.8+1.033\times0.08)+(0.4+1.033\times0.08)] \times 1.033\times0.08\times16.42$

$= 3.70\text{m}^3$

2. 防潮层工程量

$S = 2 \times [(A+2.1\delta+0.0082)+(B+2.1\delta+0.0082)] \times L$

$= 2 \times [(0.8+2.1\times0.08+0.0082)+(0.4+2.1\times0.08+0.0082)] \times 16.42$

$= 50.98\text{m}^2$

3. 保护层工程量

$S = 2 \times [(A+2.1\delta+0.0082)+(B+2.1\delta+0.0082)] \times L \times 2$

$= 2 \times [(0.8+2.1\times0.08+0.0082)+(0.4+2.1\times0.08+0.0082)] \times 16.42 \times 2\text{m}^2$

$= 101.96\text{m}^2$

4. 刷第一道红丹防锈漆工程量

$S = 2 \times (A+B) \times L = 2 \times (0.8+0.4) \times 16.42 = 39.41\text{m}^2$

5. 刷第二道红丹防锈漆工程量

$S = 2 \times (A+B) \times L = 39.41\text{m}^2$

（三）630mm×400mm 碳钢风管制作安装

1. 保温层工程量

$V = 2 \times [(A+1.033\delta)+(B+1.033\delta)] \times 1.033\delta \times L$

$=2\times[(0.63+1.033\times0.08)+(0.4+1.033\times0.08)]\times1.033\times0.08\times19.80$

$=3.91m^3$

2. 防潮层工程量

$S=2\times[(A+2.1\delta+0.0082)+(B+2.1\delta+0.0082)]\times L$

$=2\times[(0.63+2.1\times0.08+0.0082)+(0.4+2.1\times0.08+0.0082)]\times19.80$

$=54.74m^2$

3. 保护层工程量

$S=2\times[(A+2.1\delta+0.0082)+(B+2.1\delta+0.0082)]\times L\times2$

$=2\times[(0.63+2.1\times0.08+0.0082)+(0.4+2.1\times0.08+0.0082)]\times19.80\times2$

$=109.48m^2$

4. 刷第一道红丹防锈漆工程量

$S=2\times(A+B)\times L=2\times(0.63+0.4)\times19.80=40.79m^2$

5. 刷第二道红丹防锈漆工程量

$S=2\times(A+B)\times L=40.79m^2$

（四）500mm×320mm 碳钢风管制作安装

1. 保温层工程量

$V=2\times[(A+1.033\delta)+(B+1.033\delta)]\times1.033\delta\times L$

$=2\times[(0.5+1.033\times0.08)+(0.32+1.033\times0.08)]\times1.033\times0.08\times30.51$

$=4.97m^3$

2. 防潮层工程量

$S=2\times[(A+2.1\delta+0.0082)+(B+2.1\delta+0.0082)]\times L$

$=2\times[(0.5+2.1\times0.08+0.0082)+(0.32+2.1\times0.08+0.0082)]\times30.51$

$=71.54m^2$

3. 保护层工程量

$S=2\times[(A+2.1\delta+0.0082)+(B+2.1\delta+0.0082)]\times L\times2$

$=2\times[(0.5+2.1\times0.08+0.0082)+(0.32+2.1\times0.08+0.0082)]\times30.51\times2$

$=143.08m^2$

4. 刷第一道红丹防锈漆工程量

$S=2\times(A+B)\times L=2\times(0.5+0.32)\times30.51=50.04m^2$

5. 刷第二道红丹防锈漆工程量

$S=2\times(A+B)\times L=50.04m^2$

（五）400mm×200mm 碳钢风管制作安装

1. 保温层工程量

$V=2\times[(A+1.033\delta)+(B+1.033\delta)]\times1.033\delta\times L$

$=2\times[(0.4+1.033\times0.08)+(0.2+1.033\times0.08)]\times1.033\times0.08\times11.10$

$=1.40m^3$

2. 防潮层工程量

$S=2\times[(A+2.1\delta+0.0082)+(B+2.1\delta+0.0082)]\times L$

$=2\times[(0.4+2.1\times0.08+0.0082)+(0.2+2.1\times0.08+0.0082)]\times11.10$

$$=21.14\text{m}^2$$

3. 保护层工程量

$$S=2\times[(A+2.1\delta+0.0082)+(B+2.1\delta+0.0082)]\times L\times 2$$
$$=2\times[(0.4+2.1\times0.08+0.0082)+(0.2+2.1\times0.08+0.0082)]\times11.10\times2$$
$$=42.28\text{m}^2$$

4. 刷第一道红丹防锈漆工程量

$$S=2\times(A+B)\times L=2\times(0.4+0.2)\times11.10=13.32\text{m}^2$$

5. 刷第二道红丹防锈漆工程量

$$S=2\times(A+B)\times L=13.32\text{m}^2$$

（六）320mm×320mm 碳钢风管制作安装

1. 保温层工程量

$$V=2\times[(A+1.033\delta)+(B+1.033\delta)]\times1.033\delta\times L$$
$$=2\times[(0.32+1.033\times0.08)+(0.32+1.033\times0.08)]\times1.033\times0.08\times52.50$$
$$=6.99\text{m}^3$$

2. 防潮层工程量

$$S=2\times[(A+2.1\delta+0.0082)+(B+2.1\delta+0.0082)]\times L$$
$$=2\times[(0.32+2.1\times0.08+0.0082)+(0.32+2.1\times0.08+0.0082)]\times52.50$$
$$=104.20\text{m}^2$$

3. 保护层工程量

$$S=2\times[(A+2.1\delta+0.0082)+(B+2.1\delta+0.0082)]\times L\times 2$$
$$=2\times[(0.32+2.1\times0.08+0.0082)+(0.32+2.1\times0.08+0.0082)]\times52.50\times2$$
$$=208.40\text{m}^2$$

4. 刷第一道红丹防锈漆工程量

$$S=2\times(A+B)\times L=2\times(0.32+0.32)\times52.50=67.20\text{m}^2$$

5. 刷第二道红丹防锈漆工程量

$$S=2\times(A+B)\times L=67.20\text{m}^2$$

（七）320mm×160mm 碳钢风管制作安装

1. 保温层工程量

$$V=2\times[(A+1.033\delta)+(B+1.033\delta)]\times1.033\delta\times L$$
$$=2\times[(0.32+1.033\times0.08)+(0.16+1.033\times0.08)]\times1.033\times0.08\times26.55$$
$$=2.83\text{m}^3$$

2. 防潮层工程量

$$S=2\times[(A+2.1\delta+0.0082)+(B+2.1\delta+0.0082)]\times L$$
$$=2\times[(0.32+2.1\times0.08+0.0082)+(0.16+2.1\times0.08+0.0082)]\times26.55$$
$$=44.20\text{m}^2$$

3. 保护层工程量

$$S=2\times[(A+2.1\delta+0.0082)+(B+2.1\delta+0.0082)]\times L\times 2$$
$$=2\times[(0.32+2.1\times0.08+0.0082)+(0.16+2.1\times0.08+0.0082)]\times26.55\times2$$
$$=88.40\text{m}^2$$

4. 刷第一道红丹防锈漆工程量

$S = 2 \times (A+B) \times L = 2 \times (0.32 + 0.16) \times 26.55 = 25.49 \text{m}^2$

5. 刷第二道红丹防锈漆工程量

$S = 2 \times (A+B) \times L = 25.49 \text{m}^2$

（八）250mm×120mm 碳钢风管制作安装

1. 保温层工程量

$V = 2 \times [(A+1.033\delta) + (B+1.033\delta)] \times 1.033\delta \times L$
$= 2 \times [(0.25 + 1.033 \times 0.08) + (0.12 + 1.033 \times 0.08)] \times 1.033 \times 0.08 \times 6.28$
$= 0.56 \text{m}^3$

2. 防潮层工程量

$S = 2 \times [(A+2.1\delta+0.0082) + (B+2.1\delta+0.0082)] \times L$
$= 2 \times [(0.25 + 2.1 \times 0.08 + 0.0082) + (0.12 + 2.1 \times 0.08 + 0.0082)] \times 6.28$
$= 9.07 \text{m}^2$

3. 保护层工程量

$S = 2 \times [(A+2.1\delta+0.0082) + (B+2.1\delta+0.0082)] \times L \times 2$
$= 9.07 \times 2$
$= 18.14 \text{m}^2$

4. 刷第一道红丹防锈漆工程量

$S = 2 \times (A+B) \times L = 2 \times (0.25 + 0.12) \times 6.28 = 4.65 \text{m}^2$

5. 刷第二道红丹防锈漆工程量

$S = 2 \times (A+B) \times L = 4.65 \text{m}^2$

（九）200mm×120mm 碳钢风管制作安装

1. 保温层工程量

$V = 2 \times [(A+1.033\delta) + (B+1.033\delta)] \times 1.033\delta \times L$
$= 2 \times [(0.2 + 1.033 \times 0.08) + (0.12 + 1.033 \times 0.08)] \times 1.033 \times 0.08 \times 5.00$
$= 0.40 \text{m}^3$

2. 防潮层工程量

$S = 2 \times [(A+2.1\delta+0.0082) + (B+2.1\delta+0.0082)] \times L$
$= 2 \times [(0.2 + 2.1 \times 0.08 + 0.0082) + (0.12 + 2.1 \times 0.08 + 0.0082)] \times 5.00$
$= 6.72 \text{m}^2$

3. 保护层工程量

$S = 2 \times [(A+2.1\delta+0.0082) + (B+2.1\delta+0.0082)] \times L \times 2$
$= 6.72 \times 2$
$= 13.44 \text{m}^2$

4. 刷第一道红丹防锈漆工程量

$S = 2 \times (A+B) \times L = 2 \times (0.2 + 0.12) \times 5.00 = 3.20 \text{m}^2$

5. 刷第二道红丹防锈漆工程量

$S = 2 \times (A+B) \times L = 3.20 \text{m}^2$

（十）160mm×120mm 碳钢风管制作安装

1. 保温层工程量

$$V = 2 \times [(A + 1.033\delta) + (B + 1.033\delta)] \times 1.033\delta \times L$$
$$= 2 \times [(0.16 + 1.033 \times 0.08) + (0.12 + 1.033 \times 0.08)] \times 1.033 \times 0.08 \times 2.75$$
$$= 0.20\text{m}^3$$

2. 防潮层工程量

$$S = 2 \times [(A + 2.1\delta + 0.0082) + (B + 2.1\delta + 0.0082)] \times L$$
$$= 2 \times [(0.16 + 2.1 \times 0.08 + 0.0082) + (0.12 + 2.1 \times 0.08 + 0.0082)] \times 2.75$$
$$= 3.43\text{m}^2$$

3. 保护层工程量

$$S = 2 \times [(A + 2.1\delta + 0.0082) + (B + 2.1\delta + 0.0082)] \times L \times 2$$
$$= 3.43 \times 2$$
$$= 6.86\text{m}^2$$

4. 刷第一道红丹防锈漆工程量

$$S = 2 \times (A + B) \times L = 2 \times (0.16 + 0.12) \times 2.75 = 1.54\text{m}^2$$

5. 刷第二道红丹防锈漆工程量

$$S = 2 \times (A + B) \times L = 1.54\text{m}^2$$

（十一）120mm×120mm 碳钢风管制作安装

1. 保温层工程量

$$V = 2 \times [(A + 1.033\delta) + (B + 1.033\delta)] \times 1.033\delta \times L$$
$$= 2 \times [(0.12 + 1.033 \times 0.08) + (0.12 + 1.033 \times 0.08)] \times 1.033 \times 0.08 \times 21.42$$
$$= 1.43\text{m}^3$$

2. 防潮层工程量

$$S = 2 \times [(A + 2.1\delta + 0.0082) + (B + 2.1\delta + 0.0082)] \times L$$
$$= 2 \times [(0.12 + 2.1 \times 0.08 + 0.0082) + (0.12 + 2.1 \times 0.08 + 0.0082)] \times 21.42$$
$$= 25.38\text{m}^2$$

3. 保护层工程量

$$S = 2 \times [(A + 2.1\delta + 0.0082) + (B + 2.1\delta + 0.0082)] \times L \times 2$$
$$= 25.38 \times 2$$
$$= 50.76\text{m}^2$$

4. 刷第一道红丹防锈漆工程量

$$S = 2 \times (A + B) \times L = 2 \times (0.12 + 0.12) \times 21.42 = 10.28\text{m}^2$$

5. 刷第二道红丹防锈漆工程量

$$S = 2 \times (A + B) \times L = 10.28\text{m}^2$$

（十二）DBP150Ⅱ空调器

安装 2 台　查 9-236　吊顶式，0.2t 以内　套定额子目

（十三）DB401-X空调器

安装 1 台　查 9-236　套定额子目

（十四）DBPX151-X空调器

DBPX151-X空调器为吊顶式新风处理器，安装 1 台，查 9-235，套定额子目。

（十五）风机盘管 FP-3.5

安装1台 查9-245 套定额子目

（十六）风机盘管 FP-2.5

安装5台 查9-245 套定额子目

（十七）手动对开多叶调节阀 1000mm×500mm 制作安装

1. 制作

安装4个 查 T308-1 1000mm×500mm 25.90kg/个

则制作工程量为 4×25.90＝103.6kg

查9-62 套定额子目

2. 安装

周长为 2×（1000＋500）＝3000mm

查9-85 套定额子目

（十八）手动对开多叶调节阀 630mm×400mm 制作安装

1. 制作

安装1个 查 T308-1 630mm×400mm 16.50kg/个

则制作工程量为 1×16.50＝16.50kg

查9-62 套定额子目

2. 安装

周长为 2×（630＋400）＝2060mm

查9-84 套定额子目

（十九）手动对开多叶调节阀 250mm×320mm 制作安装

1. 制作

安装7个 查 T308-1 250mm×320mm 9.80kg/个

则制作工程量为 7×9.80＝68.60kg

查9-62 套定额子目

2. 安装

周长为 2×（250＋320）＝11.40mm

查9-84 套定额子目

（二十）风管防火阀 400mm×500mm 制作安装

1. 制作

安装2个 查矩形 T302-9 400mm×500mm 15.41kg/个

则制作工程量为 2×15.41＝30.82kg

查9-65 套定额子目

2. 安装

周长为 2×（400＋500）＝1800mm

查9-88 套定额子目

（二十一）风管防火阀 250mm×400mm 制作安装

1. 制作

安装1个 查矩形 T302-9 250mm×400mm 7.12kg/个

则制作工程量为 1×7.12＝7.12kg

查 9-65 套定额子目

2. 安装

周长为 2×(250＋400)＝1300mm

查 9-88 套定额子目

（二十二）风管防火阀 120mm×120mm 制作安装

1. 制作

安装 1 个 查方形 T302-8 120mm×120mm 2.87kg/个

则制作工程量为 1×2.87＝2.87kg

查 9-65 套定额子目

2. 安装

周长为 2×(120＋120)＝480mm

查 9-88 套定额子目

（二十三）散流器 400mm×400mm 制作安装

1. 制作

安装 10 个 L＝1100m³/h 查 CT211-2 400mm×400mm 8.89kg/个

则制作工程量为 10×8.89＝88.90kg

查 9-65 套定额子目

2. 安装

周长为 2×(400＋400)＝1600mm

查 9-148 套定额子目

（二十四）散流器 320mm×320mm 制作安装

1. 制作：

安装 18 个 L＝950m³/h 查 CT211-2 320mm×320mm 7.43kg/个

则制作工程量为 18×7.43＝133.74kg

查 9-113 套定额子目

2. 安装

周长为 2×(320＋320)＝1280mm

查 9-148 套定额子目

（二十五）单层百叶侧送风口 200mm×150mm 制作安装

1. 制作

安装 12 个 L＝560m³/h 查 T202-2 200mm×150mm 0.88kg/个

则制作工程量为 12×0.88＝10.56kg

查 9-64 套定额子目

2. 安装

周长为 2×(200＋150)＝700mm

查 9-133 套定额子目

（二十六）防雨百叶风口 1250mm×500mm 制作安装

1. 制作

安装 1 个　查 T202-1　均小于 1250mm×500mm 的风口尺寸

选假定风口 1250mm×500mm　7.60kg/个

则制作工程量为 1×7.60＝7.60kg

查 9-63　套定额子目

2. 安装

周长为 2×(1250＋500)＝3500mm

查 9-137　套定额子目

(二十七) 防雨百叶风口 1000mm×500mm 制作安装

1. 制作

安装 1 个　查 T202-1　假定 1000mm×500mm　6.00kg/个

则制作工程量为 1×6.00＝6.00kg

查 9-93　套定额子目

2. 安装

周长为 2×(1000＋500)＝3000mm

查 9-137　套定额子目

(二十八) 防雨百叶风口 630mm×630mm 制作安装

1. 制作

安装 1 个　查 T202-1　假定 630mm×630mm　3.80kg/个

则制作工程量为 1×3.80＝3.80kg

查 9-93　套定额子目

2. 安装

周长为 2×(630＋630)＝2520mm

查 9-137　套定额子目

(二十九) 防雨百叶风口 360mm×360mm 制作安装

1. 制作

安装 1 个　查 T202-1　450mm×225mm　2.47kg/个

则制作工程量为 1×2.47＝2.47kg

查 9-93　套定额子目

2. 安装

周长为 2×(360＋360)＝1440mm

查 9-135　套定额子目

(三十) 阻抗复合式消声器 1350mm×1350mm 制作安装

安装 1 个　查 T701-6　1500mm×1400mm　214.82kg/个

则制作工程量为 1×214.82＝214.82kg

查 9-200　套定额子目

(三十一) 阻抗复合式消声器 1150mm×1150mm 制作安装

安装 1 个　查 T701-6　1200mm×1000mm　124.19kg/个

则制作工程量为 1×124.19＝124.19kg

查 9-200　套定额子目

定额工程量计算表见表 9-33。

序号	定额编号	分项工程名称	单位	工程量	单价(元)	人工费	材料费	机械费	合价(元)
						其中(元):			
1	9-7	1000mm×500mm 碳钢风管制作安装	10m²	7.39	295.54	115.87	167.99	11.68	2184.04
	11-1943	1000mm×500mm 风管保温层	10m³	6.78	417.82	58.98	352.09	6.75	2832.82
	11-2155	1000mm×500mm 风管防潮层	10m²	9.13	11.11	10.91	0.20	—	101.32
	11-2171	1000mm×500mm 风管保护层	10m²	18.24	99.31	95.90	0.58	2.83	1811.41
	11-51	1000mm×500mm 风管刷第一道红丹防锈漆	10m²	7.39	7.23	6.27	0.96	—	53.43
	11-52	1000mm×500mm 风管刷第二道红丹防锈漆	10m²	7.39	7.23	6.27	0.96	—	53.43
2	9-7	800mm×400mm 碳钢风管制作安装	10m²	3.94	295.54	115.87	167.99	11.68	1164.43
	11-1943	800mm×400mm 风管保温层	10m³	3.70	417.82	58.98	352.09	6.75	1545.93
	11-2155	800mm×400mm 风管防潮层	10m²	5.10	11.11	10.91	0.20	—	56.66
	11-2171	800mm×400mm 风管保护层	10m²	10.20	99.31	95.90	0.58	2.83	1012.96
	11-51	800mm×400mm 风管刷第一道红丹防锈漆	10m²	3.94	7.34	6.27	1.07	—	28.92
	11-52	800mm×400mm 风管刷第二道红丹防锈漆	10m²	3.94	7.23	6.27	0.96	—	28.49
3	9-7	630mm×400mm 碳钢风管制作安装	10m²	4.08	295.54	115.87	167.99	11.68	1205.80
	11-1943	630mm×400mm 风管保温层	10m³	3.91	417.82	58.98	352.09	6.75	1633.68
	11-2155	630mm×400mm 风管防潮层	10m²	5.47	11.11	10.91	0.20	—	60.77
	11-2171	630mm×400mm 风管保护层	10m²	10.95	99.31	95.90	0.58	2.83	1087.44
	11-51	630mm×400mm 风管刷第一道红丹防锈漆	10m²	4.08	7.34	6.27	1.07	—	29.95
	11-52	630mm×400mm 风管刷第二道红丹防锈漆	10m²	4.08	7.23	6.27	0.96	—	29.50
4	9-6	500mm×320mm 碳钢风管制作安装	10m²	5.00	387.05	154.18	213.52	19.35	1935.25
	11-1943	500mm×320mm 风管保温层	10m³	4.97	417.82	58.98	352.09	6.75	2076.56
	11-2155	500mm×320mm 风管防潮层	10m²	7.15	11.11	10.91	0.20	—	79.44

续表

序号	定额编号	分项工程名称	单位	工程量	单价(元)	人工费	材料费	机械费	合价(元)
						\multicolumn{3}{c} 其中(元):		
	11-2171	500mm×320mm 风管保护层	10m²	14.31	99.31	95.90	0.58	2.83	1421.13
	11-51	500mm×320mm 风管刷第一道红丹防锈漆	10m²	5.00	7.34	6.27	1.07	—	36.70
	11-52	500mm×320mm 风管刷第二道红丹防锈漆	10m²	5.00	7.23	6.27	0.96	—	36.15
5	9-6	400mm×200mm 风管制作安装	10m²	1.33	387.05	154.18	213.52	19.35	514.78
	11-1943	400mm×200mm 风管保温层	10m³	1.40	417.82	58.98	352.09	6.75	584.95
	11-2155	400mm×200mm 风管防潮层	10m²	2.11	11.11	10.91	0.20	—	23.44
	11-2171	400mm×200mm 风管保护层	10m²	4.23	99.31	95.90	0.58	2.83	420.08
	11-51	400mm×200mm 风管刷第一道红丹防锈漆	10m²	1.33	7.34	6.27	1.07	—	9.76
	11-52	400mm×200mm 风管刷第二道红丹防锈漆	10m²	1.33	7.23	6.27	0.96	—	9.62
6	9-6	320mm×320mm 风管制作安装	10m²	6.72	387.05	154.18	213.52	19.35	2600.98
	11-1943	320mm×320mm 风管保温层	10m³	6.99	417.82	58.98	352.09	6.75	2920.56
	11-2155	320mm×320mm 风管防潮层	10m²	10.42	11.11	10.91	0.20	—	115.77
	11-2171	320mm×320mm 风管保护层	10m²	20.84	99.31	45.90	0.58	2.83	2069.62
	11-51	320mm×320mm 风管刷第一道红丹防锈漆	10m²	6.72	7.34	6.27	1.07	—	49.32
	11-52	320mm×320mm 风管刷第二道红丹防锈漆	10m²	6.72	7.23	6.27	0.96	—	48.58
7	9-6	320mm×160mm 风管制作安装	10m²	2.55	387.05	154.18	213.52	19.35	986.98
	11-1943	320mm×160mm 风管保温层	10m³	2.83	417.82	58.98	352.09	6.75	1182.43
	11-2155	320mm×160mm 风管防潮层	10m²	4.42	11.11	10.91	0.20	—	49.11
	11-2171	320mm×160mm 风管保护层	10m²	8.84	99.31	95.90	0.58	2.83	877.90
	11-51	320mm×160mm 风管刷第一道红丹防锈漆	10m²	2.55	7.34	6.27	1.07	—	18.72

序号	定额编号	分项工程名称	单位	工程量	单价(元)	人工费	材料费	机械费	合价(元)
						其中(元):			
	11-52	320mm×160mm 风管刷第二道红丹防锈漆	10m²	2.55	7.23	6.27	0.96	—	18.44
8	9-5	200mm×120mm 碳钢风管制作安装	10m²	0.32	441.65	211.77	196.98	32.90	141.33
	11-1943	200mm×120mm 风管保温层	10m³	0.40	417.82	58.98	352.09	6.75	167.13
	11-2155	200mm×120mm 风管防潮层	10m²	0.67	11.11	10.91	0.20	—	7.44
	11-2171	200mm×120mm 风管保护层	10m²	1.34	99.31	95.90	0.58	2.83	133.08
	11-51	200mm×120mm 风管刷第一道红丹防锈漆	10m²	0.32	7.34	6.27	1.07	—	2.35
	11-52	200mm×120mm 风管刷第二道红丹防锈漆	10m²	0.32	7.23	6.27	0.96	—	2.31
9	9-5	160mm×120mm 碳钢风管制作安装	10m²	0.15	441.65	211.77	196.98	32.90	66.25
	11-1943	160mm×120mm 风管保温层	10m³	0.20	417.82	58.98	352.09	6.75	83.56
	11-2155	160mm×120mm 风管防潮层	10m²	0.34	11.11	10.91	0.20	—	3.78
	11-2171	160mm×120mm 风管保护层	10m²	0.69	99.31	95.90	0.58	2.83	68.52
	11-51	160mm×120mm 风管刷第一道红丹防锈漆	10m²	0.15	7.34	6.27	1.07	—	1.10
	11-52	160mm×120mm 风管刷第二道红丹防锈漆	10m²	0.15	7.23	6.27	0.96	—	1.08
10	9-5	120mm×120mm 碳钢风管制作安装	10m²	1.03	441.65	211.77	196.98	32.90	454.90
	11-1943	120mm×120mm 风管保温层	10m³	1.43	417.82	58.98	352.09	6.75	597.48
	11-2155	120mm×120mm 风管防潮层	10m²	2.54	11.11	10.91	0.20	—	28.22
	11-2171	120mm×120mm 风管保护层	10m²	5.08	99.31	95.90	0.58	2.83	504.49
	11-51	120mm×120mm 风管刷第一道红丹防锈漆	10m²	1.03	7.34	6.27	1.07	—	7.56
	11-52	120mm×120mm 风管刷第二道红丹防锈漆	10m²	1.03	7.23	6.27	0.96	—	7.45
11	9-236	DBP150Ⅱ空调器	台	2	51.68	48.76	2.92	—	103.36
12	9-236	DB401-X空调器	台	1	51.68	48.76	2.92	—	51.68

续表

序号	定额编号	分项工程名称	单位	工程量	单价（元）	其中（元）：			合价（元）
						人工费	材料费	机械费	
13	9-235	DBPX151-X 空调器	台	1	44.72	41.80	2.92	—	44.72
14	9-245	风机盘管 FP-3.5	台	1	98.69	28.79	66.11	3.79	98.69
15	9-245	风机盘管 FP-2.5	台	5	98.69	28.79	66.11	3.79	493.45
16	9-62	手动对开多叶调节阀 1000mm×500mm 制作	100kg	1.04	1103.29	344.58	546.37	212.34	1147.42
	9-85	手动对开多叶调节阀 1000mm×500mm 安装	个	4	30.79	11.61	19.18	—	123.16
17	9-62	手动对开多叶调节阀 630mm×400mm 制作	100kg	0.16	1103.29	344.58	546.37	212.34	176.53
	9-84	手动对开多叶调节阀 630mm×400mm 安装	个	1	25.77	10.45	15.32	—	25.77
18	9-62	手动对开多叶调节阀 250mm×320mm 制作	100kg	0.69	1103.29	344.58	546.37	212.34	761.27
	9-84	手动对开多叶调节阀 250mm×320mm 安装	个	7	25.77	10.45	15.32	—	180.39
19	9-65	风管防火阀 400mm×500mm 制作	100kg	0.31	614.44	134.21	394.33	85.90	190.48
	9-88	风管防火阀 400mm×500mm 安装	个	2	19.82	4.88	14.94	—	39.64
20	9-65	风管防火阀 250mm×100mm 制作	100kg	0.071	614.44	134.21	394.33	85.90	43.62
	9-88	风管防火阀 250mm×400mm 安装	个	1	19.82	4.88	14.94	—	19.82
21	9-65	风管防火阀 120mm×120mm 制作	100kg	0.029	614.44	134.21	394.33	85.90	17.82
	9-88	风管防火阀 120mm×120mm 安装	个	1	19.82	4.88	14.94	—	19.82
22	9-113	散流器 400mm×400mm 制作	100kg	0.89	1700.64	811.77	584.07	304.80	1513.57
	9-148	散流器 400mm×400mm 安装	个	10	10.94	8.36	2.58	—	109.40
23	9-113	散流器 320mm×320mm 制作	100kg	1.34	1700.64	811.77	584.07	304.80	2278.86
	9-148	散流器 320mm×320mm 安装	个	18	10.94	8.36	2.58	—	196.92
24	9-94	单层百叶侧送风口 200mm×150mm 制作	100kg	0.10	2014.47	1477.95	520.88	15.64	201.45
	9-133	单层百叶侧送风口 200mm×150mm 安装	个	12	6.87	4.18	2.47	0.22	82.44
25	9-93	防雨百叶风口 1250mm×500mm 制作	100kg	0.076	2050.83	1230.89	626.21	193.73	155.86

续表

序号	定额编号	分项工程名称	单位	工程量	单价(元)	其中(元)：人工费	其中(元)：材料费	其中(元)：机械费	合价(元)
	9-137	防雨百叶风口 1250mm×500mm 安装	个	1	28.53	20.43	7.88	0.22	28.53
26	9-93	防雨百叶风口 1000mm×500mm 制作	100kg	0.060	2050.83	1230.89	626.21	193.73	123.05
	9-137	防雨百叶风口 1000mm×500mm 安装	个	1	28.53	20.43	7.88	0.22	28.53
27	9-93	防雨百叶风口 630mm×630mm 制作	100kg	0.038	2050.83	1230.89	626.21	193.73	77.93
	9-137	防雨百叶风口 630mm×630mm 安装	个	1	28.53	20.43	7.88	0.22	28.53
28	9-93	防雨百叶风口 360mm×360mm 制作	100kg	0.025	2050.83	1230.89	626.21	193.73	51.27
	9-135	防雨百叶风口 360mm×360mm 安装	个	1	14.97	10.45	4.30	0.22	14.97
29	9-200	阻抗复合式消声器 1350mm×1350mm 制作安装	100kg	2.15	960.03	385.71	585.05	9.27	2064.06
30	9-200	阻抗复合式消声器 1150mm×1150mm 制作安装	100kg	1.24	960.03	385.71	585.05	9.27	1190.44